酒精简史

A BRIEF HISTORY OF ALCOHOL

薛化松 著

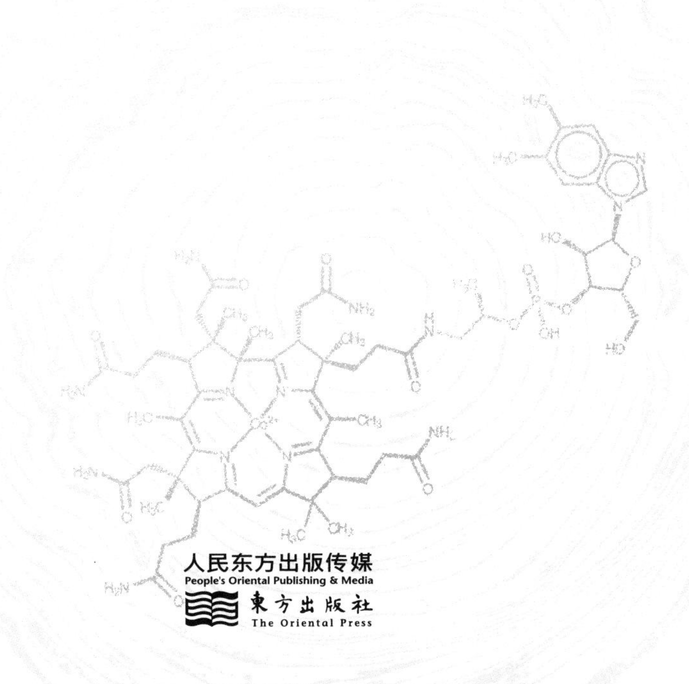

人民东方出版传媒
People's Oriental Publishing & Media
東方出版社
The Oriental Press

图书在版编目（CIP）数据

酒精简史 / 薛化松 著 . —北京 :东方出版社，2024.9
ISBN 978-7-5207-3777-7

Ⅰ.①酒… Ⅱ. ①薛… Ⅲ. ①酒文化—文化史—世界 Ⅳ.①TS971.22

中国国家版本馆CIP数据核字（2023）第229277号

酒精简史
JIUJING JIANSHI

作　　者： 薛化松
责任编辑： 李小娜
出　　版： 东方出版社
发　　行： 人民东方出版传媒有限公司
地　　址： 北京市东城区朝阳门内大街166号
邮　　编： 100010
印　　刷： 北京美图印务有限公司
版　　次： 2024年9月第1版
印　　次： 2024年9月第1次印刷
开　　本： 880mm×1230mm　1/32
印　　张： 15.625
字　　数： 325千字
书　　号： ISBN 978-7-5207-3777-7
定　　价： 128.00元
发行电话：（010）85924640

南京大学新中国史研究院　学术支持

江苏洋河酒厂股份有限公司　出版资助

目　录

CONTENTS

第三章 三分天下，各有千秋——饮料酒

第四章 社会来回移动的一面镜子——酒馆

第五章

不妨先做个“知道分子”——“酒话”

第六章

藏在医学里的严肃秘密——“酒疑”

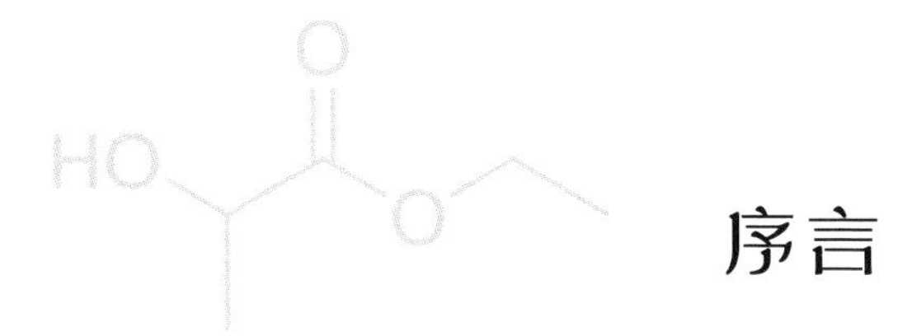

序言

很多人走在一条困难的路上，也有很多人走在一条容易的路上，但本书的作者却走了一条不可思议的路。化松兄虽然在知名酒企长期从事营销工作，却久溺于酿造科技史和经济史的研究，尤其注重考证以酿酒业为代表的食品工业在新中国成立后的发展历程，成为一行方家。前两年邀约聚会，觥筹交错间神吹胡侃地讨论国际形势，其中谈到俄乌战争导致的全球粮食危机，大家的悲悯之心觉得这会给全世界带来饥荒，推高粮食价格，带来经济灾难，从而又反思我国的粮食安全问题。化松兄听罢，悠然说道："即使这个世界有俄乌战争影响，也不存在粮荒的问题，因为有大量的粮食，被全球四大粮食贸易商售卖到各个国家，制成乙醇类的生物燃料了。"席中某君应声回应："不会被你们买去酿酒了吧？"闻听此言，大家哄然一笑。殊不知，化松兄一脸认真地说："2022 年度全球粮食产量将近 30 亿吨，也就是全球人均约

375千克，美国是全球第一大乙醇生产国，乙醇产量约为4500万吨，消耗了1.35亿吨粮食。生物乙醇与酿酒可不是一回事，世界六大蒸馏酒里，只有中国白酒是复式蒸馏，和酒精塔蒸馏提纯的单边发酵不同，和工业酒精、燃料酒精不同……”大家听了之后纷纷“吹捧”其研究涉猎广博，但他旋即向我提出他正在写一本涉及酒精、酒类的通识类的书，等完稿时请我写一篇序言。真的愧莫敢担此大任，化松兄这个“酒家”居然一只脚跨到了我研究的化学领域，虽然酒横跨化学、生物学和工程学，但我对其他专业领域也不精通，然而他对学问的追求，对目前所从事工作的热爱，让我颇有点同道中人的感觉，答应见稿一试。

他的书稿还是着实让我惊叹的，几乎囊括了所有与酒、酒精制品有关的话题，生动地介绍了工业酒精、燃料酒精、食用酒精、医用酒精、饮料酒等作用于人体医学，酒作用于人类社会产生的影响等方面的内容。其内容之丰富、描述之精彩都是值得一观的。

诺贝尔化学奖得主约翰·沃克曾言：“生物化学不仅关乎个体的健康和幸福，也影响社会的繁荣和发展。”本书以酒的历史为起点，于传世文本及考古发现中钩沉稽考、发明幽微，往事越千年，娓娓道来，引出了“主角”酒精的前世今生；从生物化学视角，深入浅出地介绍了酒精的多种用途，如消毒，作为溶剂、反应物、燃料和固定剂等，乙醇脱氢酶（ADH）和乙醛脱氢酶（ALDH）在人体内如何分解酒精等生物化学过程，为读者展现出一个丰富多彩的“酒精宇宙”，读来有“始知乾坤大”之感。此外，对于酒精的一种重要存在形式——影响人类历史的饮料酒，本书作了详细介绍。从西方的啤酒到中国的白酒，从古代的雅文邑到现代的苏联红，横亘万里，纵跨千年，对各种酒类的历史文化如数家珍，专业学养可见一斑。同时，作者选取了酒馆这个与酒关联最为密切的场所作为切面，串联起与酒相关的社会与文化、古代与现代、东方与西方，大大丰富了书的人文内涵，使酒与酒精的话题更多了几分厚重与温情。最后，作者笔锋一转，从现代科学与现代医学的角度向读者解答了酒及酒精相关的诸多问题，介绍了学术界的新发现、新成果，使全书在历史文化的魅力之外，亦闪烁着现代科技的光辉。

化松兄以学者之笔，著大众之书，这不仅有助于我们更全面地了解酒的各个方面，还让我们意识到酒精在人类发展史中的重要地位，让我们可以“科学知酒、健康饮酒、快乐谈酒”，于学界，于社会，皆功莫大焉。本书作为科普读物，虽包罗广博，但也充分考虑了避免专业学术的枯燥宣教，文理兼容，诸科并蓄，实在是一本“便携式”的酒知识地图。作为首批读者之一，我深感此书将可以为我们的生活带来积极的影响，我愿将这部优秀的作品推荐给学林与社会，为优秀作品的传播与知识的普及略尽绵薄之力。

周东山

（南京大学化学化工学院教授、博导，科学技术处副处长）

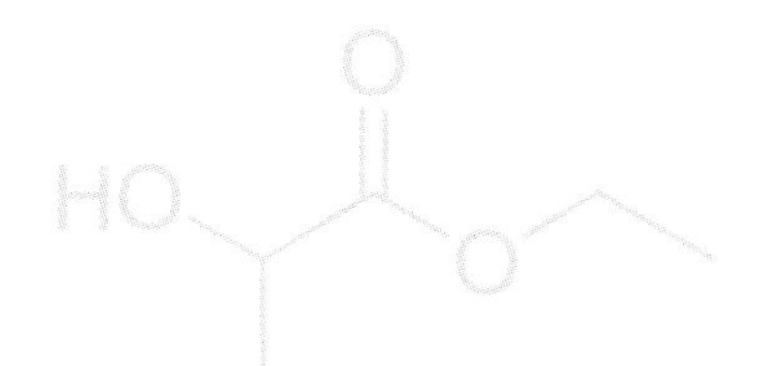

酒精新话

酒精，在世界不同的语系中有不同的表达方式。虽然表达有别，但毋庸置疑，这绝对是一个世界各国人民都耳熟能详的事物。但熟悉不等于了解，德国哲学家黑格尔就提出“熟知非真知”。在他的名著《小逻辑》中，黑格尔讲述了这样一个故事：很久以前，有一个部落的族人崇拜一个名叫“Golshok”（戈尔肖克）的东西，认为它是孕育万物和智慧的源泉，奉它为万灵的符咒。为了破译掌握它的真谛，这个部族的每一代智者都前赴后继、穷经皓首，智者们的研究成果被汇编成典籍，世代相传，部族的每一代人也都理所当然地将其视为金科玉律。直到有一天，一个对此感到厌倦的人提出了一个问题——到底什么是“戈尔肖克”，这个词究竟指什么？问题一出，仿佛是在一潭静水中投下了一块巨大的石头，人们瞬间沸腾了，叽叽喳喳讨论半天，也无法对这个他们再熟悉不过的词做出精确解释。此刻，人们才发现，原来，他们对这个自以为特别熟悉且一直奉为金科玉律的词竟然一无所知。这个故事蕴藏的道理很简单：人类的日常生活中有很多表象和常识，对于它们，人类并非一无所知，但也并非真正知道，只是多数时候，人们不假思索或自以为是地以为自己已经知道。但是这些我们平时习以为常的东西，可能藏着很多我们不知道的知识，而这些潜藏的不为人知的知识往往影响着我们对这一事物的认知和正确判断。就像酒精，我们好像知道很多，但又好像并不是那么了解。我们知道哪些？还有哪些是我们知而不一定是真知的？它有着什么样的过去、什么样的现在，又会有什么样的将来？在人类历史上，它的出现和存在有什么特别的意义？

这一连串问题看似浅显，实则涉及医学、化学、人类学等多个学科的知识。人类认识一个事物，最直接的方法是实践，但我们不可能穿越漫长的时空回到酒精诞生之初去了解这一事物的本源。换言之，即便我们可以穿越时空，我们也无法确定酒精到底是什么时候出现的。所幸，人类还有很多其他方法可以认识事物，比如间接经验，人类可以通过书本、借助各种工具认识酒精。现在，要想多方面、全方位了解酒精，我们不妨层层递进、抽丝剥茧，从最简单的办法开始，一点一点走近酒精的历史。比如“望文生义”，酒精是由“酒”和“精”两个字构成的合成词，“酒”自不必说，作为一种可入口之物，几乎已达到妇孺皆知的程度。那么，

“精”是什么呢？说起精，人们会不由自主地想到“精华”。何为“精华”？即事物最重要、最好的部分。道家常说，“采天地之灵气，集日月之精华”，认为摄取天地灵气和日月精华，可以弥补自身不足，达到更高层次的修为。所以，中国古代的神魔作品里，经常可见各种植物、动物因经年累月汲取日月之精华而成精的描述。其实，精华还有物质中最纯粹的部分提炼出来的东西之意。那么，酒精是什么呢？是酒吸日月之精华变成了酒精，还是将某种事物最纯粹的部分提炼出来而得到了酒精？

现在超市酒架上的各种酒和酒精之间存在什么联系？有些人买酒总喜欢比较度数，瓶身上标注的诸如 8°、10°、11°、52°、53° 等是不是指酒精含量？不同的饮料酒，比如啤酒和白酒的度数是否又代表相同的含义？我们通常以为酒精度越高的酒越容易让人喝醉，但现实生活中，喜欢喝酒的人会有这样的经历，明明喝的是两种酒精度相同的酒，喝其中一种酒却比另一种酒更容易醉。其中又隐藏着什么样的奥秘？有些人追求“速度与激情”，喝起酒来又快又猛；有些人却认为喝酒过快不但容易醉还会伤身，所以他们恪守“饮必小咽”，事实果真如此吗？《周易·系辞传上》有言：“仁者见之谓之仁，知者见之谓之知，百姓日用而不知，故君子之道鲜矣。”其中，“百姓日用而不知”意思是，一些道理贯穿于百姓的日常生活中，百姓按这些道理来行动，但百姓不能阐明这些道理。除了酒这种显而易见能让人联想到酒精的日用品，人们日常生活中是否也存在“不识庐山真面目，只缘身在此山中”的认知迷雾，以至于我们忽略了很多和酒精有着千丝万缕联系的事物呢？

我们不妨来“敲敲小黑板”，看看日常生活中有哪些东西是含有酒精的。对现代人而言，吃穿用度各类日用品集聚的地方当数超市。如果稍微留点心，一圈超市逛下来，会发现很多含有酒精的日用品。一些可以直接入口的食物中，不少就含有酒精成分。比如各种预包装的蛋糕，这种蛋糕中的酒精里有部分是在面点发酵过程中产生的；还有一些食品中的酒精则是为了使蛋糕保持松软而添加的，比如蛋黄派中的酒精。在禁止酒驾的宣传实验中，警官分别对两名刚吃了一个蛋黄派的女生进行酒精测试，结果显示都达到了“饮酒”标准。小小的一个蛋黄派竟然会导致“酒驾”，原因是什么？观察蛋黄派的配料表，我们会发现其中有一种成分是“丙二醇”。酒精的学名是“乙醇”。“丙二醇”和“乙醇”之间到底有什么关系？它们是不是一回事呢？丙二醇又到底是什么东西？事实上，“丙二醇”和“乙醇”虽然都带有“醇”字，但丙二醇并不是酒精，它无毒、无害、无刺激，有一种微微发甜的味道，在食品中，它是作为食品添加剂存在的，能让食品口感更佳。同时，它作为一种有机溶剂，有保持水分的特殊作用，所以一些日化产品中也有这种成分。一些不了解“内情”的爱美女士一听到化妆品里有酒精成分难免会花容失色，其实大可不必如此。因为在化妆品里，酒精是作为溶剂存在的，是经过特殊处理的，不良反应的发生率在肌肤可接受的范围内。很多面膜、精华液、爽肤水、香水里都含有酒精。只要添加比例合理，它们并不会对皮肤造成伤害，反而有一定的控油、清洁、杀菌的作用。当然，这类化妆品对油性皮肤的人较为友好，对一些皮肤比较敏感的人，可能就不那么友好了。

说到消毒、杀菌，人们不免会想到医用酒精，在很多人的儿时记忆里，“打屁股针”是挥之不去的阴影。当屁股一阵湿凉，就是针头与屁股结下“恩怨情仇”的时候了。杀猪般的号叫，惨绝人寰的哭声，足以让许多孩童望而却步。让人感觉到湿凉的就是医用酒精，现在流行的短视频平台上经常会有一些让人捧腹大笑的“段子”视频，对于为什么打针前要在屁股上涂抹酒精，有“小顽童”表示，“给屁股喝点酒，让它喝醉，打针就不疼了”。当有人问“那为什么我抹了酒精还是疼”时，“小顽童”表示，“因为你的屁股酒量大”。这当然是笑话，但不得不说，现实生活中人们对医用酒精的用途还是存在某些认识误区的。除了用于表皮消毒，医用酒精还有很多用法，比如用酒精对发烧的患者进行物理降温，用酒精擦拭医用器材，用酒精为长期卧床的患者擦拭背部、腰部和臀部等。人们对这些用法可能并不陌生，但是对于这些用在不同地方的是不是同一种医用酒精，分别属于哪一类医用酒精，恐怕很多人就一问三不知了。

酒精还有一个学名——乙醇，世界上很多国家都在推广使用乙醇汽油。这种乙醇汽油用的是燃料乙醇，20 世纪 80 年代，美国为解决能源安全及粮食产能过剩问题，开始大力发展燃料乙醇；巴西则通过 1975 年实施“国家酒精计划”（包括价格手段、政府补贴、配比标准等）强力推动燃料乙醇的发展；中国从 2000 年开始推广乙醇汽油，目前已在全国 6 省区（黑龙江、吉林、辽宁、河南、安徽、广西）全境及 5 省区（河北、山东、江苏、湖北、内蒙古）的 30 个地市推广燃料乙醇；泰国为减少对石油的依赖，降低汽车尾气的污染，鼓励消费者使用由国内农产品（甘蔗和木薯）制成的乙醇与汽油混合制成的乙醇汽油。这种乙醇汽油和酒精之间有什么关系？从名称来看，它们显然不同，但区别究竟在哪里？

世界上有很多名字特别相似的事物，这些事物之间有的关联颇深，有些则因为一字之差而差之千里。比如和乙醇只有一字之差的甲醇。虽然它们属于同系物，从化学式而言，乙醇也只比甲醇多了一个 CH_2，但二者的用途和安全性却有天壤之别。甲醇有毒，乙醇则一般无伤害。甲醇主要应用于精细化工等领域，很多农药中含有甲醇。世界各国出现的假酒中毒案中涉及的酒类大都是因为掺入工业酒精造成甲醇中毒。20世纪末，中国西北部某市出现了特大假酒案，导致原本用来点缀春节气氛的白酒变成了夺人性命、致人伤残的毒药，造成多人死亡、多人永久失明，危害之大令人震惊、愤怒。这一假酒案发生之后，中国对酒类市场的监管力度加大，但时至今日，市场上的各种假酒还是屡禁不止。

当然，制销假酒并不只出现在中国，世界其他国家也是如此。在印度，假酒中毒致死时有发生，那些对酒精上瘾又买不起品牌酒的穷人只能选择非法生产的廉价酒，而这些生产廉价酒的商家为了增加酒的烈度经常加入工业酒精。在俄罗斯，不法商人将含有工业酒精的消毒液经过稀释加工后掺入酒中，引发了数起群体性中毒事件。在土耳其、爱尔兰、哥斯达黎加等国家，都出现过因饮用含有甲醇的酒精而中毒的事件。这些假酒中的甲醇主要来源于工业酒精，工业酒精的酿造成本比较低廉，生产假酒的商人们选择在酒中添加工业酒精的原因显而易见。

如果说在印度生活在社会底层的穷人明知道是假酒依然“飞蛾扑火”般进行消费，是属于“明知不可而为之”的范畴，那么，世界上其他国家呢？事实上，很多爱饮酒的人们对于假酒是深恶痛绝的，他们买到假酒多数是因为不知道是假酒，这就属于“不知不可而为之”的范畴了。要想减少

“不知”的情况，对人们进行酒精知识的普及就显得尤为重要。需求决定生产是假货存在的市场逻辑，但如果让消费者掌握更多的酒精知识，能辨别各种假酒，并自觉抵制，那么商家不择手段、争相拜倒于假酒利益之诱惑下的行为也许能找到另一种比监管、惩戒更有效的办法。

认识来源于实践。生活中无处不在的酒精，是我们了解酒精最直接的凭借。但仅仅借助这些日常生活用品，我们与酒精之间似乎还是隔着千万层纱。要了解更多，显然不能止步于此。世界上有成就的科学家无不崇尚格物致知的精神，这种“打破砂锅问到底”的精神可以指引我们探究事物的本源。要了解更多酒精知识，理当先弄清酒精是怎么产生，又是何时产生的。回答这两个问题，自然绕不开与酒精有着千丝万缕密切联系的媒介——酒，也绕不开人类的历史。无数研究表明，在人类出现之前的类人猿阶段，已经有了酒。英国《独立报》称科学家发现“酒精代谢能力的进化可能使人类的史前猿类祖先免于灭绝”。科学家们认为人类的祖先类人猿靠采野果为生，吃各种发酵的水果——落果在所难免，正是这种看似寻常的能力帮了人类的“大忙”，使人类祖先得以挺过让无数物种消失的大灭绝时期，发展成今天的人类。

由此来看，酒并非人类的发明，它是自然的恩赐，人只是在机缘巧合之下发现了酒精自然发酵的奥秘，然后开始利用它酿造各种酒。说到这里，不得不叹服人类的伟大智慧。与自然界的其他动物相比，人的“硬件”其实有很多先天劣势，比如人的肺，完全不能和鸟类媲美，鸟类可以一边吸气一边呼气，人只能一吸一吐；比如人的繁殖能力，不但要怀胎十月，数量还不多，生多胞胎被称为奇迹，但自然界的很多动物可以一次生几个，比如旅鼠，一年可以生产八次，每次可以生十几个小旅鼠；再说人的反应速度，自然界比人反应速度快的动物数不胜数。一言以蔽之，从生理上而言，人绝对不敢自称高等生物，但人类却有着让自然界的一切动物都自愧不如、甘拜下风的核心——人的大脑，它是人类智慧的源泉。正是因为有它，人类用不到一万年就建立起了人类文明，那些在地球上生活了几十万年甚至几亿年的物种都望尘莫及。

迄今为止，人类有很多伟大的发明，人类智慧之无穷，可见一斑。所以人类发现了酒精自然发酵的现象之后，便一发不可收地开始了种种探索与尝试。从考古科学家们提供的证据中，我们发现了一个有趣的现象，那就是虽然世界各地的文明在远古时期互相之间并无交集，世界各地的人们几乎处于一种隔绝的状态，“你不认识我，我不认识你”，但他们却不约而同地开始酿造酒。比如中国在公元前7000年就已经开始将发酵的稻米、粟米和葡萄、蜂蜜混合在一起制造酒精饮料；两河流域的美索不达米亚和古埃及地区，人们则用储存的谷物酿造啤酒；古罗马和希腊因为具备葡萄成长所需的气候和风土条件，用葡萄酿造出了葡萄酒；东非用盛产的香蕉和棕榈制造啤酒；日本用大米发酵酿造清酒。既然开始酿酒，说明人们知道这种东西可以喝，甚至从某种程度上而言它还很美味。那么，人类又是什么时候知晓这一事实的呢？

人类对酒的认识绝不是灵光一现突然完成的，必定是经历了从实践到认识、再实践、再认识的迂回曲折又无限反复的过程的。但是，从一开始，酒这种液体就不单单是作为饮品存在的。从存在形式上来看，它是有形的、具体的、物质的，在人类生活中扮演了生活必需品的角色；从体验层面而言，酒作为一种可以刺激感官、让人产生精神愉悦的液体，又是无形的、抽象的、精神的，在人类文化发展史上留下了浓墨重彩的一笔。然而对于酒的这些属性，人们一开始并不知道。在科学诞生之前，虽然人们对自然万物有认识，但这种认识多来源于点滴经验或人类自己的想象，人们不会有意识地去思考，更不会能动地去探索酒是怎么来的这种“古怪”的问题。那么那时的人们是怎么看待酒的呢？其中的时间跨度及所涉及的人类文明知识实在是太过繁杂，当代人只能依据考古发现、史料记载和零星的神话，并辅之以大胆的猜想，方能探寻到些许踪迹。

目前，世界上有很多考古发现都能佐证人类酿造酒的历史。考古学家在埃及南部的阿比多斯考古遗址，发现了世界上“最古老”的啤酒厂，其距今已有大约5000年的历史，而古埃及文明本身也只有4500—5000年的历史，这说明，酿酒技术在古埃及文明的最早期就已经产生。中国考古学家在对河南贾湖遗址的考古发掘中，根据对出土文物的分析，得出距今近9000年前，古代人就已经掌握了酿酒的方法的结论，这一研究结果刊登在《美国国家科学院学报》杂志上。斯坦福大学和海法大学的研究人员在《考古科学期刊》发表的文章提出，以色列北部遗址中发现世界上最古老的酿酒遗址，距今约1.3万年。不断出现的考古证据，不仅有力地说明了酒在人类文明进程中所留下的难以磨灭的印记，还不断刷新着人类酿造酒的历史。虽然这些不会说话的证据不能直接告诉我们那时的人们为什么要酿酒，但我们可以从以下途径尝试获得一些讯息，比如那时的文字记载作品、口头传说等。毕竟，在现代科学没有诞生之前，人们对于事物的认识大多通过直观感受获得，人们将自己对自然和各种现象的理解与想象相结合，通过口口相传或文字记录的方式记录下来，神话便是在这样的土壤中自然而然地实现了开花结果。

神奇的是，世界各国神话的产生有着十分相似的心理根源，即都不外乎困惑、崇拜与想象。但神话人物与神话故事却又千差万别，就像世界各国的人们见面都会打招呼，但打招呼的方式却大不同。毛利人见面问候的常用方式是“碰鼻子”，法国人喜欢用“贴面礼”问好。中国人见面打招呼则有多种讲究，“您吃了吗？”是日常最常用的招呼方式，“鞠躬礼”是古代最常用的礼仪方式，“握手礼”则是现代人最常用的方式。那么为什么世界各国会出现这种相似性和差异性呢？这是因为每个地域、每个国家文化的产生与该国的社会制度、历史、地理环境等要素是密不可分的。正如司马迁在《史记》中说：“百里不同风，千里不同俗。”马克思主义关于矛盾的共性与个性的论述也许可以更好地解释这一现象。唯物辩证法认为，共性和个性是一切事物固有的本性，事物既有共性又有个性。共性决定事物的基本性质，个性揭示事物之间的差异性，个性体现并丰富着共性。共性是绝对的，个性是相对的、有条件的。世界各国的文明也存在共性与个性，这使得各国的文明彼此之间既有差别又在某种程度上表现出相通性，呈现百花齐放、争奇斗艳、交相辉映之势。世界各国古老的神话为当代人探寻当时的历史、文化、政治等方面的信息提供了载体，其中关于酒的记录，便为了解早期人类对酒的认识提供了入口。它使得我们得以穿越时空，与古人进行对话。

世界上有六大较为完整且成系列的神话体系，分别是古希腊神话、古罗马神话、北欧神话、中国神话、古印度神话、古埃及神话。这些古代神话中有各种神，神的存在表明当时的人们把世间万物的创造者都归结于某一神灵，认为是神力创造了一切，酒神就被人们视为酒的创造者。不同文明里有不同的酒神，如古希腊神话中的酒神是狄俄尼索斯，古罗马神话中的酒神是巴克斯，古埃及的酒神是俄赛里斯，中国神话中的酒神则有仪狄及杜康……虽然不同文明信奉的酒神不同，但世界各国人民对酒的喜爱却是相通的。

古希腊很多诗人都曾写过与酒有关的诗歌，比如，古希腊诗人卡利马科斯曾写下诗句“你从巴提艾迪斯的墓前经过，他生前在适当的时刻，边大笑边饮酒边写诗歌”[①]。古波斯诗人奥玛·海亚姆在《鲁拜集》中写道：“我弃绝一切，但唯独爱酒/我摆脱一切，但人不离酒。”[②]从西方诗人的种种描述中，我们不难看出他们对酒的沉醉和狂热。而在中国，有才情的诗人、画家们同样有浓郁的酒情节。以酒会友、饮酒作诗可以说是中国古代重要的文化。中国古代新乐府运动的主要倡导者、唐代大诗人白居易，在酿酒方面很有自己的一套方法，他既取酿酒之旧法，又学他人之新方法，对酿酒的水也极为讲究，九月初九的井水和五月上旬做的酵曲是他酿酒的标配。为了做出一觞好酒，白居易可谓煞费苦心。他不辞劳苦，到处取经，不断优化配方和工艺。想象一下，如果白

① Peter Jay (ed.), *The Greek Anthology* , London: Penguin Classics, 1982, p.150.

② ［波斯］奥玛·海亚姆：《鲁拜集》，张鸿年、宋丕方译，四川人民出版社2017年版，第215页。

居易生活在现代，知道酿酒讲究水土、气候、气温、微生物等方面的知识，怕是要多一位兼具才情与酒技的双栖大师了。

当然，酒从来不是某一阶层的专属，文人墨客爱喝酒，政治家、士兵，甚至思想家、哲学家们也爱喝酒。中国古代，根据战争的不同时间节点，酒可以分为壮行酒、犒劳酒、庆功酒。王翰的《凉州词二首》中“醉卧沙场君莫笑，古来征战几人回？”的诗句描述了战争的残酷与将士们的豪放、开朗。对将士们而言，每一次出征都有可能有去无回，所以出征前喝一杯壮行酒，既是壮胆，又是在表明不成功便成仁的决心。古代军队作战战线长、生活艰苦，士兵们的生活枯燥乏味，酒对他们而言，是一种特别的兴奋剂，胆怯时喝酒能够壮胆，疲惫时喝酒可以提振精神，所以很多军队会在局部或某场战役取得领先时，用酒犒劳将士，以激励士气。庆功酒往往是在战场凯旋之后，由统治者赏酒以酬战功，共庆胜利。《旧唐书·太宗本纪下》：“（贞观四年）三月庚辰，大同道行军副总管张宝相生擒颉利可汗，献于京师。”① 太宗李世民非常高兴，登顺天楼引见“上皇”李渊，李渊叹曰：“吾付托得人，复何忧哉！”于是置酒犒赏。酒酣之际，李渊、李世民父子也起身共奏同舞，喜庆气氛达到极点。可见，酒也是烘托气氛的一把好手！

① 《旧唐书》卷三，中华书局 1975 年版，第 39 页。

在欧洲，不可一世的拿破仑也爱喝酒。据说，拿破仑的父母给他起的这个名字寓意为“荒野雄狮”，人如其名，拿破仑也果真像一只雄狮一样驰骋于欧洲战场，成为名副其实的“战争之王”。伴随拿破仑横扫欧洲的，除了他卓越的军事和政治才能，还有一件重要的东西——酒。拿破仑在 9 岁时就到军事学院学习，而这个军事学院就位于香槟地区。那时候，香槟只属于法国，但拿破仑战争结束之后，这发生了变化。他在这里结识了酩悦香槟主人的孙子雷米·酩悦，并与他成为一生挚友。拿破仑成为军事家之后，香槟也成为拿破仑作战的“标配”，“庆祝胜利需要香槟，作战失败更需要香槟”。据说，拿破仑不但爱喝香槟，还让人按照他妻子约瑟芬的胸部设计了半球形的御用香槟酒杯，传闻是否真实已不好佐证，但拿破仑对香槟的挚爱却是名副其实的。每次出征，香槟都是拿破仑的必带品，每次胜利，迫不及待的军人们会用马刀直接斩开香槟，橡木塞、瓶口碎片齐飞，与泉涌而出的香槟一起，将胜利的喜悦推向极致。也许是巧合，拿破仑只有一次出战时没有带香槟酒，而携带了啤酒，就遭遇了让他兵败如山倒的滑铁卢战役。这样说来，香槟为庆祝胜利而生有些名不虚传的味道。虽然拿破仑战败了，但香槟却成为对他的对手胜利的奖赏。1848 年 1 月，那些曾经被拿破仑的铁蹄蹂躏过的俄国、普鲁士和奥地利等国入侵法国东部，士兵们急不可耐地挺进香槟地区，将那里的酒窖洗劫一空。战争结束之后，香槟也迎来了它的辉煌时刻，开始从法国走向世界。据统计，到 1870 年，只有 25% 的香槟被法国人饮用，其余的都被英、美、德、俄等国大量订购。到 19 世纪末，法国的香槟出口已近 20 万瓶，香槟受喜爱的程度可见一斑。

欢乐和喜庆固然是香槟的“标签”，但在欧洲甚至世界历史上，几乎没有哪种酒或哪个产区像香槟一样饱受战事之苦了，香槟因战争遭受的那些事简直可以出一本“糟心事”合集。从中世纪开始，欧洲就开始硝烟不断，从拿破仑战争、普法战争到英法百年战争，再到一战、二战，每次战争中，香槟产区几乎都是主战场，比如兰斯前后被毁 7 次，香槟的故乡——埃佩尔奈被毁 25 次。这些香槟产区周围遍布的士兵坟墓就是最好的证据。香槟产区之所以屡遭战争重创，与多方面原因有关。最重要的因素莫过于地理位置，香槟区处于欧洲北部的十字路上，这里也是中法兰克和东法兰克的交界处，特殊的地理位置决定了只要有战事，香槟区就会首当其冲被波及。当然，还有一个不容忽视的原因——在当时的欧洲大陆，香槟酒是紧俏货。欧洲大陆很多国家对香槟垂涎，但这种酒当时只有法国有，罗马人走到哪儿就把葡萄栽到哪儿的习惯使得香槟区从古罗马时代起就盛产葡萄酒。从 496 年开始，葡萄酒就成为法国王室的最爱，历任国王的加冕仪式中都离不开它，898—1825 年，历任法兰西国王都选择在香槟产区兰斯举行加冕礼，香槟葡萄酒自然成为法国王室、贵族的宠儿。18 世纪以后，奢侈、高品质成了香槟葡萄酒的代名词，香槟文化、香槟的名气也随着战争传播到了法国以外的整个欧洲，英国人、德国人等也都对香槟情有独钟，在战争中争夺、战后掠夺香槟也就不足为奇了。

很多世界名人也爱葡萄酒，马克思、恩格斯这两位马克思主义的创始人就是典型代表。马克思出生在有名的葡萄酒产地，他的父亲有一片不大的葡萄园，从某种程度上说，马克思是泡在酒里长大的，因此，他不但爱酒，还善于评酒。恩格斯虽然没有这种经历，但却可以自酿一种叫“五月葡萄”的酒。所以这两个人不但在哲学、经济学等方面卓有成就，在酒文化方面也称得上权威人士，两个人之间的关系可谓是挚友加酒友。这一点在两人的书信中得到了充分佐证，两人的书信中提及葡萄酒的地方多达 400 处左右。例如 1846 年，恩格斯给马克思写的信中提道：“你全家午餐就要花五法郎，煎牛排一法郎，肉饼也是一法郎，酒是二至三法郎。这里的啤酒很差……”[①] 这封信是恩格斯在为马克思寻找在巴黎的住所时所写，恩格斯向马克思讲述了来到巴黎之后的各类生活开销。从恩格斯对酒的特殊说明来看，酒是被作为日常生活的必需品来看待的，所以也被纳入日常生活预

① 《马克思恩格斯全集》第 27 卷，人民出版社 1972 版，第 34 页。

算之列。1857年7月，恩格斯在写给马克思的信中说，“我已差人从曼彻斯特给你寄去一筐酒，有波尔多酒六瓶、波特酒三瓶、赫雷斯三瓶”，类似寄酒的描述在二人的书信中也出现过多次。马克思在很多地方都不加掩饰地表达着他对葡萄酒的喜爱。1886年，马克思在写给他女婿保尔·法拉格的父亲弗朗斯瓦·法拉格的信中，有这样一段话：衷心感谢您寄来的葡萄酒。我出身在酿葡萄酒的地区，过去是葡萄园主，所以能恰当地品评葡萄酒。我和路德老头一样，甚至认为，不喜欢葡萄酒的人，永远不会有出息（永远没有无例外的规则）。

这段话虽然是引用了马丁·路德的原话，但将喝葡萄酒上升到做人成事的高度，已经足以说明马克思有多爱葡萄酒了。

从发现了酒，到爱上酒，甚至争夺酒，人类与酒的故事不断被丰富、被刷新。在这个漫长的过程中，人类对酒精的认识也发生了翻天覆地的变化。17、18世纪，欧洲启蒙运动爆发，这是一场闪耀着理性之光的思想解放运动，将人类引向了更光明的去处。在此之前，虽然世界各国的人们很早就开始了酿造酒的历程，掌握了应用酒精的原理，但人们却无法运用科学原理解释其中的奥妙。说起科学，不得不提几位科学先驱。毕达哥拉斯、亚里士多德、培根等人都做过科学实验，并将实验作为科学研究的基本手段。伽利略则与臆测和神秘的宗教观彻底决裂，形成了具有工具理性的科学哲学思想，他也被誉为近代科学之父。他提出要研究自然界必须采用观察、实验和数学结合的方法，也就是说，在解释某一种现象或事物时，不但要进行定性描述，对原因进行解答，还要用观察和实验的办法探究“其所以然”，并自觉接受实践验证。以上这些先驱的科学实验观使人类科学走上了正轨，不同领域的科学家们不断涌现，他们开始用科学的眼光审视自然界和人类社会的一切事物。1680 年，荷兰显微镜学家、微生物学的开拓者列文虎克首次用自己发明的显微镜观察到了酵母，这是人类首次认识到酵母的存在。之后，1857 年，法国微生物学家巴斯德发现酵母对于酿造酒精发挥着至关重要的作用，他提出，没有酵母的作用，糖类是不可能变成酒精的。可以想象，如果没有这些科学研究和之后数不清的科学实践，酵母和酒精的工业化生产将无法实现，酒精在诸多领域的普及和应用将极大受限。

任何事物的发展都不是一帆风顺的，酒精的发展也不例外。最初，人们酿酒是为了满足自我饮用需求，之后，随着需求的扩大，酿酒开始成为一种商业化行为，酒类生产作为一种经济行为也引起了更广泛的关注。恩格斯在《德意志帝国国会中的普鲁士烧酒》一文中指出，“在我国东部和北部几个省，广袤无垠的大片土地，数百平方英里相当贫瘠的土地，由于普遍栽种马铃薯，达到了较高的肥力和栽种水平，而栽种马铃薯又是由于这些地区分布着许多酿酒厂，它们以生产酒精作为农村的副业。过去，这些地区每平方英里约有居民 1000 人；现在，有了酒精生产，每平方英里土地可以供养将近 3000 人。由于马铃薯的体积大，运输困难，在严冬季节则根本无法运输，酿酒厂就成为马铃薯的必要的销售市场。其次，酿酒厂使马铃薯变成价格昂贵而易于运输的酒精。最后，有了大量作饲料的残渣，土地变得更肥沃。每个人只要注意到，尽管德国的酒精税比起世界各国是最低的，例如比俄国低五分之四，但是我们国家每年从酒精税得到的收入大约为 3600 万马克，由此就会明白，从这项事业中得到的收入有多么大。”①

根据恩格斯的描述，结合当时德国的实际情况，我们可以得到几条重要讯息：其一，德意志东部和北部地区土地贫瘠，土壤肥力达不到，就很难种植农作物，对于靠农业为生的当地农民而言，无法种植农作物，就意味着没有充足的粮食，有限的粮食无法养活更多人口，所以这些地区人烟稀少也就不足为奇了。其二，在 18 世纪，德国酿造烧酒的原料主要是粮食。由于技术和认知限制，人们并不知道烧酒中含有杂醇油，也不知道如何将其分离出来，只是凭借经验知道

① 《马克思恩格斯全集》第 25 卷，人民出版社 2001 年版，第 45 页。

烧酒酿造出来之后可以通过存放来减少其烈性、提高质量，所以多将粮食酒藏于地窖之中。同时，这一时期，由于人民对酒的需求尚未真正发展起来，所以德国酿酒业并不发达，只有像闵斯德、诺特豪森这样的城市才有发达的酿酒业。其三，到了19世纪初之后，德国的酿酒业逐渐迎来了转折点。这一方面与供需关系有关，这一时期，德国烧酒的消费需求扩大了，造成消费需求扩大的因素是多方面的。1807年，在对法战争中惨败之后，普鲁士首相开始推行各项改革，改革的成效显著，普鲁士人民爱国主义情绪高涨。1813年，普鲁士对法国宣战，并接连击败法军，最终缔结和约，法国割地赔款，德国也趁着这场战争的余热一举统一德国全境。普法战争的胜利成了德国经济发展的催化剂，利用50亿法郎的赔款，普鲁士进行了工业革命，德国工业经济迅速崛起，大批农民成了产业工人。据统计，1882年，德国工业人口在总劳动人口中的比重达到40%。前线作战的军队和工人们喝烧酒的嗜好，极大地刺激了德国酒精工业的发展。德国酿酒业愈发普遍。另一方面，1816年是世界历史上的“无夏之年”，这一年，世界各地的气温普遍降低，降幅达4—7摄氏度。在这种极端天气下，农作物生产遭遇重创，农作物歉收、牲畜死亡，《泰晤士报》描述了当时的情况，“寒冷潮湿的天气正在毁灭英格兰的草场和苜蓿，这对农民来说是一场灾难，毁灭了大多数人生活的希望”，德国也不例外。受粮食歉收和饥荒的影响，德国的粮价大幅上升，用粮食酿酒变得奢侈。人们不得不寻求替代品，很快人们便发现可以用马铃薯来酿酒。这一发现给整个德国的酿酒业带来了一次革命，德国东部和北部的几个省，普遍栽种马铃薯，以往马铃薯受体积和运输条件的制约，在严冬季节无法运输，但马铃薯可以酿酒的发现使得这些地区很快出现了许多酿酒厂，德国酿酒业的重心也从城市转移到了农村。有了这些酿酒厂，不易运输的马铃薯就可以就地直接用来进行酒精生产。

如此一来，就实现了马铃薯和烧酒之间的“双向救赎”，马铃薯用于酿酒解决了德国烧酒需求扩大造成的缺口，酒精生产的扩大又使德国东部和北部几个省的马铃薯找到了极佳的销售市场。德国的烧酒工业就这样蓬勃发展起来，之后，普鲁士的马铃薯酒精又远销国外，成为伪造葡萄酒、白兰地等的主要成分。虽然这种行为令人不齿，但销售马铃薯酒精使德国获得了巨额的酒精税，对德国经济的发展产生了巨大的推动作用。难怪恩格斯说“马铃薯酒精之于普鲁士，一如铁和棉织品之于英国”。

时至今日，酒依然在人们的生活中扮演不可或缺的重要角色。今人也好酒，亲朋欢聚要喝，一人独处要喝，生意往来要喝，人情往来还要喝。可选择的地方更是不胜枚举：格调高雅的西餐厅、星级大酒店、繁华街市上琳琅满目的酒吧、华灯初上时的消夜摊……除此之外，大街小巷的各种烟酒店，寻常人家的酒柜、厨房，无不有酒的影子。人们对酒类消费的热情高涨，2019年5月7日，德国德累斯顿工业大学临床心理学和心理治疗研究所雅各布·曼瑟（Jakob Manthey）等人在国际顶级医学期刊《柳叶刀》中发表题为“1990年至2017年全球酒精暴露情况及2030年之前的预测：一项建模研究”的研究论文，该研究显示，1990—2017年，全球成人人均酒消费量从5.9升增加到6.5升，预计到2030年可以达到7.6升；1990—2017年，在全球范围内，饮酒的比率从45%增加47%，预计到2030年达到50%。[①]这些数据足以显示当代人对酒的炽热感情，而世界上多数国家在这方面都惊人地相似。话说英国人爱酒只有“三天”：昨天、今天和明天；在法国，红酒是餐桌必备品；在德国，随便一个街道的报刊亭里都可以买到酒。但是要说起对酒的态度，怕是“一千个读者就有一千个哈姆雷特”。有人嗜酒如命，高呼“酒是粮食精，越喝越年轻”，有人恨之入骨，疾呼“酒是穿肠毒药，让人家破人亡”。酒是什么？酒精是什么？何以与我们的生活如此形影不离，让人又爱又恨？有人可能要问酒和酒精到底是哪个先出现的呢？“酒”和“酒精”看起来像“鸡”和“鸡蛋”的关系，人们关于“先有

① Jakob Manthey,et al, “Global Alcohol Exposure between 1990 and 2017 and Forecasts until 2030: A Modelling Study”, *The Lancet*,Vol.393, Issue 10190 (June 22, 2019), pp.2493–2502.

鸡”“还是先有蛋”的争论持续了几千年，古希腊哲学家亚里士多德在困惑之余也只能做出“鸡和鸡蛋必然是一直存在着的”结论。现在这个问题已经有了答案，卵生动物先于鸡出现。“酒”和“酒精”有着不可分割的关系，酒精的产生和含量是酿酒的核心技术，可以说，没有酒精成分，就不会有酒。当然，这绝不是说酒精就是酒，酒就是酒精，二者之间虽然“你中有我，我中有你”，却是两码事。

“酒精”到底是什么，为什么既可以入口成为酒，让人飘飘欲仙，又能用于消毒等医药用途，且还能成为燃料？决定它可以应用于不同领域的关键是什么？既然都是酒精，为什么不可以混用？为什么许多人知道酒精会让人中毒，伤害人的身体，但还是愿意醉生梦死，以饮酒为乐？“酒精”这个词如果替换掉“酒”，换成其他义项，又可以变成完全不同的事物，比如“味精”“香精”“醋精”“鸡精”等，虽然这些东西都与饮食相关，却又各有洞天，它们和酒精之间有什么联系和区别？这些问题，足以让人们“一个头两个大”。也许在抛出这一连串问题之后，人们才赫然发现，酒精原来是我们“最熟悉的陌生人”。探索这些问题背后隐藏着的酒精起源与发展之谜，或许能帮我们更客观地看待酒精，避免对酒精的种种误解。

当前，学术界的著作有围绕白酒、葡萄酒、啤酒等不同酒精饮料的研究，研究视点遍及酿造工艺、风味品鉴、人文地理等，也有著作从医学角度研究酒精对人体健康的影响……但尚未有著作涉及酒精的发展历程研究，也缺乏关于酒精的科普类读物。本书在“历史—文化—工艺—经济—社会生活”的多重视野下，对酒和酒精进行探索，兼具学术性与普及性双重意义。这应当能使当代人了解世界酒精文化的博大精深，感受酒精在人类文明史和当下人们日常生活中的独特魅力。归纳起来本书主要从以下两点展开：

第一，体现了当代视野和历史视角的融合。虽然从古至今，酒与酒精从形式上已经发生了多次具有革命性的变革，古代的酒与酒精距离现在的现实已经极为久远，与我们今日谈论之酒与酒精也有着不小的差别；但回望历史有其必要性，因为任何一个历史之物，都有其产生的时代背景，与不同时期人们的生存生活方式、生命体验等密切相关。如果剥离了这些历史的记忆和来龙去脉去探讨酒和酒精这种兼具有形物质载体和无形精神属性的物质，就无法全面客观真实地触及酒和酒精的社会意义和存在价值。本书提供的综合视角，可以让我们跨越时间的长河，将古与今、中与西串联起来，形成关于酒和酒精的大致时空脉络。

第二，在信息大爆炸时代各种关于酒和酒精的信息泥沙俱下的背景下，本书围绕酒和酒精，重视学术资源的利用，以浅显易懂的形式阐释酒的酿造，酒精产生、生产与应用的基本知识。这可以让人们了解酒和酒精这种日常生活中经常接触和使用到的饮品或物品究竟有着什么样的前世今生，从而帮助人们拨开认知迷雾，掌握一些正确的基本常识，提升人们对各种饮料酒和各类酒精的辨别能力，避免因一些“小道消息”对酒“草木皆兵”，或误用酒精造成严重后果及产生各类社会问题。

第一章

从“混沌”走向“明朗”
——酒与酒精的认知进路

人的一生中，会产生许多条件反射。就像一提起橘子，口舌之间似有酸感；一提起药，会泛起苦涩之感；一提起酒，则会有火辣辣之感。有时候，人们在条件反射之余，也会突然产生好奇心，是谁发明了酒这种让爱者如痴如醉、憎者咬牙切齿的液体呢？我们今日所饮之酒与远古时期的人们所饮之酒又是否一样呢？

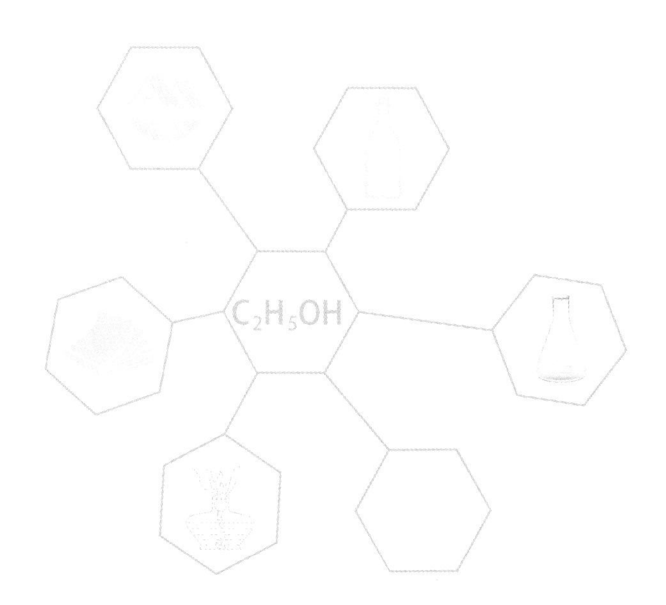

第一节

酒之滥觞疑云

这是一个与人类文明有关的故事。迄今为止，人类文明尚有许多未解之谜。比如地球的核心是什么，黑洞是怎么形成的，月球是怎么来的……科学家们普遍认为，如果能弄清楚这些谜题，人类文明将会上升到一个前所未有的层次。对于酒这种液体到底是什么时候产生的，目前也依然是未解之谜。2015 年 10 月 23 日，《科学发展》（*Science Advances*）期刊刊登的一项研究显示，洛夫乔伊彗星（Comet Lovejoy）上侦测到乙醇和简单糖类乙醇醛（glycolaldehyde）。一直以来，科学家们都将彗星视为时空胶囊，认为它包含了许多物质产生和生命诞生之谜。在彗星上发现酒精，可能会为人类了解酒精的诞生提供意想不到的新证据。或许，酒精的诞生时间与人类的酿酒历史之间存在着我们意想不到的时间差距。那么，人类与酒初遇时是如何看待、对待酒精的？他们和酒精之间又发生了什么鲜为人知的故事？探究酒和酒精的历史既需要借助科学手段，也需要借助大量的感性材料，只有将这

些感性材料和理性材料充分结合，并辅之以大胆的推测与想象，才能略知一二。

一、“万物有灵”的认知围城

如今的人们已经知道自然界的一切都有其发生、发展的规律，也知道事物的发展不以人的意志为转移。但远古时期的人们并没有这种认知，他们对周遭一切事物的认知或来源于直观感受，或来自先辈们的经验，对他们而言，大自然的一切都是神秘的。比如打雷这种自然界中极为常见的现象，是空气产生剧烈的上下对流运动引起的。但远古时期的人们却并不知晓，遇到电闪雷鸣的天气，他们会躲在某个洞穴里瑟瑟发抖，对雷的恐惧在漫长的岁月中逐渐演变成一种神灵崇拜。他们认为打雷是因为雷神发怒了，只要不惹怒雷神，就不会打雷。古希腊神话中的宙斯，就被认为是掌握天气和雷电的神，人们认为只要宙斯抖动盾牌，就会雷声隆隆。中国神话中也有很多关于雷神的描述，汉代原作者已经不可考的谶纬类典籍《春秋合诚图》中记载：“轩辕，主雷雨之神也。”这说明古代的中国人曾经认为黄帝是掌管雷雨的神。这样的神灵崇拜表现在远古人们对万事万物的认知上，对于一切让他们无比焦虑、恐惧，且又无法探明个中缘由的事物，他们都用“万物有灵”来解释。这似乎是某种安慰，一旦相信“万物有灵”，就意味着可以向神灵祈求福祉，只要不惹怒神灵，就能免受种种灾难。

有趣的是，远古的人们认为是神创造了人，殊不知，他们自己才是神的缔造者，他们在自己所能够感知到的世界里创造了各种各样的神。他们想上天，却觉得天是那么遥远，所以创造了天界；他们想下海，又觉得蓝色的大海深不可测，所以创造了龙王；他们认为作恶会遭报应，所以创造了地狱；他们想要预知未来，所以创造了预言之神阿波罗；他们想要让打雷下雨变成可控的事情，所以创造了雷神雨神……总之，一切不可知的事物，存在于早期人类幻想中的事物，最终都变成了神。远古人类就在这样的认知围城里，艰难地推动人类文明不断向前。

二、酒神造酒的异曲同工

酒神是远古人类“万物有灵”信仰下的产物，世界上有六大神话体系，这六大神话体系中都有酒神的影子，在不同神话中，它被赋予了别样的传奇色彩。古希腊神话中的酒神是狄俄尼索斯，他的父亲是宙斯，母亲塞墨勒只是一个凡人女子。受天后赫拉的挑拨，塞墨勒对宙斯的身份产生了好奇，她提出要见识一下宙斯的“庐山真面目”，宙斯为了不

违背誓言，只能以霹雳天神的真面目出现，最终导致塞墨勒化为灰烬。宙斯在灰烬中抢救出了他和塞墨勒的孩子，为了继续孕育这个生命，他将其放入自己的大腿。几个月之后，狄俄尼索斯出生，宙斯将他偷偷地托付给山中的仙子们抚养。在这些仙子和森林之神西莱娜斯的精心哺育和辅导下，狄俄尼索斯掌握了许多自然界的秘密，其中就包括酿酒的方法。也有传说称，狄俄尼索斯是在跟随仙子们在森林里玩乐的过程中发现了葡萄藤，继而学会提取藤上的果汁，制作出了葡萄酒这种特殊的酒精饮料。总之，当狄俄尼索斯掌握了制作葡萄酒的奥秘之后，他发现这种神奇的饮品可以让人们忘却痛苦和悲伤，产生奇妙的愉悦感。或许是人们饮酒之后载歌载舞的快乐体验让狄俄尼索斯产生了成就感，他立志要把葡萄酒施与全人类。据说，他曾到过叙利亚、埃及、阿拉伯、印度等许多地方，每到一地，他就教那里的人们种植葡萄和酿造葡萄酒的技巧。久而久之，人们对狄俄尼索斯的感情也开始升华，从最初的感激到与日俱增的崇拜，狄俄尼索斯也就理所当然地被奉为“酒神”。

古罗马神话中的酒神是巴克斯，他被誉为葡萄与葡萄酒之神。收藏于梵蒂冈博物馆的一块古代浮雕记录了巴克斯的出生，场景与狄俄尼索斯十分相似，他也出生于父神的腿中。由于古希腊和古罗马神话中许多人物是互通的，所以也有不少人认为巴克斯与狄俄尼索斯是同一位神祇。古埃及神话中的酒神是奥西里斯，传说他将耕作和酿酒的方式传给人类后，最终成了统治已故之人的冥神。中国神话中把酿酒的发明归功于某一个圣人、伟人，仪狄、杜康是最具代表性的人物，普遍认为是杜康发明了酿酒方法。与其他神话中的酒神不同，杜康这个人并不是人们凭空想象的，也不是神的儿子，他只是黄帝手下负责保管粮食的官员，大概相当于现在国家粮食和物资储备局的局长。他大概是周秦之间的一个著名的酿酒家。东汉许慎在《说文解字・酉部》中又进一步作了引申："酒，就也；从水从酉……古者仪狄作酒醪，禹尝之而美，遂疏仪狄。杜康作秫酒。"[①] 又《说文解字・巾部》云："古者少康初作箕、帚、秫酒，少康，杜康也。"[②]

由此可见，远古人类虽然在机缘巧合下发现了酒，但他们并不知道这些神奇的液体到底是如何产生的，他们将这伟大的发现奉为天赐，似乎只有如此，他们才可以心安理得地饮用这种会让人陶醉的液体。当然，从某种程度而言，酒神造酒的神话也反映了酒液神赐是世界各国文明在一定时期内的普遍认知。

① （东汉）许慎：《说文解字・酉部》，天津市古籍书店影印 1991 年版，第 159 页。
② （东汉）许慎：《说文解字・巾部》，浙江古籍出版社 2016 年版，第 253 页。

第二节

采集文明：人类与酒初相见

酒与酒精诞生于何时，至今仍是未解之谜。但可以肯定的是，如果人类与酒、酒精没有相遇，人类文明中的许多故事可能就会有其他版本，世界文学史中那些与酒有关的熠熠生辉又脍炙人口的篇章将不复存在；以酒作为政治斗争工具的历史将被改写；叱咤风云而又嗜酒如命的英雄豪杰们或许会少几分豪迈和英气；马克思的《资本论》中将不会有葡萄酒税这一经典的经济学案例，他与恩格斯也将会失去酒这一共同爱好。所以，人类与酒相遇，是一种双向的奔赴与成全，人类使酒的价值得到了最大限度的发挥，赋予了酒除了液体之外的精神价值，而酒则回馈人类灵感、豪气、安慰……满足了人类的诸多精神期待与需求。

一、一段不得不说的人类故事

我们已经知道，酒不是被发明，而是被发现的，它是一种只要经过自然发酵就可能会产生的物质。在人还没有开始喝酒之前，很可能就已经有动物喝到了酒。那为什么偏偏是人类与酒及酒精产生了漫长的历史纠葛，谱写出了如此绚丽多彩的篇章，而不是马、猴子、狐狸或其他动物？从空间的角度来看，人类之于宇宙不值一提，但人类又是一个极其特别的存在，因为它是宇宙中已知的唯一智慧生命。动物也有生命，为什么唯独人类被称为智慧生命？如果人类和动物一样，酒和酒精或许就只是存在于宇宙中的一种物质，不会被发现利用，也不会被改造创新，也就没有今天这个精彩的人类世界了。因此，在了解人类与酒相遇的故事之前，我们不得不回到人类发展的漫长轨迹中，沿着人类进化的道路，去发现这一智慧生命与众不同的地方，唯有如此，我们才能了解人类与酒是如何结下不解之缘的。

（一）人类进化链条的第一环——猿属

生物学家用“物种”来对所有生物进行类别划分，被划为同一物种的生物，可以彼此交配，繁衍后代，不同物种的生物则有各自独特的演化路径。在此基础上，生物学家们又将从同一个祖先演化而来的不同物种划分为一个“属”，比如“豹属”，就包含了老虎、狮子、豹等不同的物种。古人

类学的研究表明，在距今一两千万年以前，旧大陆生活着许多种古猿。能够肯定为属于人的进化系统的最早的代表，是生活在距今400万—100万年前的南方古猿。人类就是由古猿进化来的，是从猿的系统中分化出来的独立的一支，而猿又分为腊玛古猿、禄丰古猿、南方古猿等不同物种，这些猿统属于猿属。在人类由猿属到人属的演化过程中，是哪些具有历史意义的事件改变了猿属原本的轨迹，使之向人属进化的呢？

350万年前的非洲，出现了人类30万代之前的祖先——阿法南猿。和其他类人猿相比，阿法南猿似乎有些特别，比如在其他猿群还只是在树上荡来荡去的时候，阿法南猿已经可以从树上下到地上，并可以双腿助力行走。阿法南猿的“与众不同”与那一时期气候的巨大改变有直接关系，在地壳运动的作用下，非洲不再如昔日般被雨林覆盖，为了生存，一些古猿不得不从树上下到地面，并停留更多时间，生活习性的改变最终使得一些古猿进化成可以直立行走的阿法南猿。可以直立行走让阿法南猿拥有了更多优势，其中，最出人意料的就是利于繁殖后代。性和后代是自然界中物种延续的不二法门，直立行走比起爬行，可以减少热量消耗，对于需要繁殖后代的雌猿而言，直立行走减少的看起来似乎毫不起眼的热量却能让它们更快恢复体力，缩短孕育后代的周期，而对于一个物种来说，繁殖更多的后代往往是避免物种灭绝的最简单途径。对双腿站立的生活方式的适应，在经过数代进化之后，为阿法南猿打开了通往未来世界的大门。

（二）人类进化链条的第二环——人属

1974年，在埃塞俄比亚中部阿瓦什的阿法尔洼地发现了首个阿法南猿的骨骼。研究人员将这个骨骼化石命名为露西，认为她是“人类之母”，阿法南猿也因此赢得世界声誉。但是，既然猿分为腊玛古猿、禄丰古猿、南方古猿等不同种类，为什么只有阿法南猿最终在人类进化链条中胜出，而不是其他猿类？时间来到200多万年前的非洲，人类进化链条进入了第二环。此时的非洲，气候仍然在不断变化，地球越来越干燥。很多陌生的物种出现了，比如草，气候变化使得草在地球上疯长。对于这些新食物，不同的古猿做出了不同的选择，有些古猿可以继续以往的生存和生活方式，而放弃尝试新事物，有些古猿却选择适应新食物，对食物的选择最终导致多样化猿人的出现。

豹式古猿选择了坚硬的植物作为食物，在较长的旱季，由于可以食用植物（如芦苇），豹式古猿的生活要安逸许多。与之相比，能人的生存处境显得十分艰难，因为他们没有固定的食物，也无法适应坚硬的芦苇。生存的窘迫使他们开始探索其他未知的食物，很快，死去的猎物就成了他们的目标。和能人一样，智人也对具有丰富蛋白质和脂肪的动物

尸身虎视眈眈。漫长旱季的结束，似乎宣告了生存危机的解除。对豹式古猿来说，他们依然可以靠各种植物生存，但他们不知道的是，接下来的几十万年内，非洲大地的气候会再次发生翻天覆地的变化，而每一次的改变都是对食物链的重塑。最终，他们不得不吞下孤注一掷地将生存之蛋放到同一个篮子里的苦果，固守过去的饮食习惯将豹式古猿逼进了死胡同，不愿意做出改变的他们，最终被这个地球无情地抛弃了。与此同时，能人因为走了一条少有猿走的路，比如捡食野兽的尸体而获得了繁衍生息的机会。肉食中的蛋白质和脂肪，促进了能人大脑的发育，他们的思维开始敏捷，并变得善于发明，成为地球上首先用石头制作工具的动物。有了这一工具，他们可以获取更加多样的食物，并能用这一工具对食物进行一定程度的加工，比如敲开骨头，吸食里面的骨髓。能人杂食的生活方式和智慧使得他们可以以变应变，对于今天的人类来说，这一点至关重要。

150 万年前的南非，一个新的物种 —— 匠人出现了。现代科学家们从匠人的骨骼化石中发现了人类种子的萌芽。这些匠人的大脑有现代人大脑的三分之二那么大，他们能把在周围事物中发现的看似风马牛不相及的线索串联起来，拼凑出对世界的认知。比如他们可以从云的聚集判断天气，从新的动物的出现判断季节的变化。这是之前任何一个物种都不具备的；这是前无古“人”的革命性转变，也是人类进化旅程中的里程碑。聪明的大脑使得匠人可以制作类似石斧的工具，还可以进行集体合作、练习发声，并学会分享和沟通，这是在之前的猿属和人属中从未出现过的大事，推动人类进入新的进化阶段。为了寻找食物，他们不断迁徙，直到来到另一个新天地——亚洲，他们一直走到今天中国的南部。在这里，他们也被现代人赋予了新的名字——智人。超强的适应能力使得智人在亚洲甚至世界各地生存并繁衍，智人的数量不断增加。

（三）人类进化链条的最后一步——想象力

时间的车轮滚滚向前，来到50万年前的非洲。此时，我们的祖先依然会捡拾被猎杀的动物尸体，但令人惊讶的是，他们使用的工具依然是匠人在100万年前就已经在使用的石斧。时间并没有停滞，那么答案只有一个——在此期间，我们祖先的思维方式停滞了，他们并没有寻求技术的更新，他们就像鸟儿筑巢一样日复一日、不假思索地制作着石斧。如何才能跳出这种固定型思维的窠臼？一定需要一种特别的东西。火就是那个引起我们人类祖先突然转变思维的触发器，尽管我们无法知晓人类祖先是如何发现火并学会点火的，但火的出现确实改变了人类的进化轨迹。人类的祖先用火取暖、防身甚至烘烤食物，这使得他们有了更多时间和精力去思考，桎梏了他们100多万年的思维枷锁被冲开，人类

正式进入进化链条中的最后一步。40 万年前，在英格兰，出现了匠人的后代海德堡人，他们的大脑容量已经几乎与现代人相当，他们拥有了很多以往的人类祖先所不具备的能力，比如家族集体行动进行围猎，这使得他们可以捕杀很多大型动物，比如河马、犀牛和巨鹿，获得丰富的肉类。他们还可以给受伤的同伴止血。但与现代人相比，他们还缺乏一种重要的东西，即想象力。因为不具备想象力，所以对死去的家人，他们不会主动掩埋，也不会为其举行丧礼，而是让其抛尸荒外。

时间来到 14 万年前，此时来到欧洲的海德堡人已经成为一种新人——穴居人。在恶劣的极寒天气中，他们进化成了更能适应环境的外貌形态，比如他们身形小、四肢短，有利于保存热量，但他们的鼻子宽大，可以降温，避免鼻子出汗结冰。此时的穴居人，已经在很多方面与现代人一样了，他们会利用地形和借助自制工具捕捉猎物，会庆祝捕猎成功。但想象力仍然是他们与现代人的最关键区别，对穴居人而言，吃饱穿暖、吃苦耐劳就是他们生存的全部意义和追求。与此同时，来到非洲的另一支海德堡人在连年炎热干旱的天气中，进化得愈发高大瘦削黝黑。虽然非洲极端干旱的天气使他们濒临灭绝，但幸运的是，非洲极端的天气使得人类祖先再次发生了进化。他们学会了在地下保存水源，这个看似简单却是在为未来作打算的动作，意味着在人类祖先进化史中一直缺失的想象力终于出现了。更重要的是，它改变了人类祖先走向灭绝的命运。

二、不征服就死亡的食物抉择

对任何物种而言，食物都是至关重要的，如果缺乏食物，物种就会面临饥饿甚至饿死的风险。在人类漫长的进化历程中，食物也发挥着不容小觑的作用。大量的古猿灭绝就是由于食物短缺，而幸存下来的古猿，正是凭借自己对食物的探索和征服精神，不断进入陌生的环境发掘新的食物源，并最终免于灭绝，走向了新的进化道路，成为人类的祖先。对现代人而言，要了解一种食物是否有毒、是否可食，非常简单，只需要向精通食物知识的人请教，或利用各种便捷的搜索引擎进行检索，就可以获得准确的答案。但对古猿而言，征服食物并不是容易的事，很多时候它们只能通过观察是否有其他动物吃这种食物来判断它是否可食，而更多的时候，它们需要自己"以身试吃"。幸运的话，它们会获得新的食物源，丰富自己的食谱，倘若不幸吃到了有毒的食物，等待它们的就只剩死亡。但饥肠辘辘而死和中毒而死这两者之间似乎并无多大区别，所以面对事关生死的食物，古猿们并没有更多的抉择空间，这使得一部分古猿选择向食物挑战，结果是适应了各种不同的食物。

现在，如果我们放眼全球，会发现不同地方的人有着截然不同的饮食习惯，这是人类适应生存环境的结果。从人类历史来看，从 300 万年前开始到约公元前 1 万年这段时间，被称为旧石器时代，这一时期，人类以狩猎采集为生，天然食品是他们的主要食物。所谓天然食品，即狩猎动物获得的肉类、采集获得的各种植物果实、昆虫等，研究揭示，他们已经可以用近 500 种不同类型的动植物作食物、药品或其他用品，其中单是昆虫，他们就吃甲虫幼虫、毛虫、蜜蜂蛹、白蚁、蚂蚁和蝉等。如果不是可以食用种类如此之多的食物，恐怕就没有今天的人类了。不可思议的是，这看似庞杂

原始人类狩猎想象图

且让现代人瞠目结舌的食谱，却被现代科学研究认为是健康的饮食。现代科学研究表明，原始人的饮食结构要比现代人合理许多，肉类、昆虫、野生水果和蔬菜的组合使得他们的饮食具有高蛋白低碳水的优势，而这正是现代人孜孜以求的保持健康的重要砝码。为此，美国营养学家洛伦·科丹教授曾提出现代人应当回归到约1万年前人类祖先的饮食方法上，多吃水果、瘦肉、鱼类，不吃或少吃各种谷物类食物、糖及各种乳制品。

三、相遇是偶然也是必然

虽然狩猎采集生活让人类祖先的饮食结构很合理，但并不足以让他们每天都吃饱肚子，因为周围的资源是有限的，靠山吃山、靠水吃水，难免会有山穷水尽的时候。对原始人来说，空手而归是再正常不过的事了。为了不挨饿，人类祖先几乎不挑食，他们珍惜一切可以入口的食物。所以，尽管以他们的经验，他们知道树上那些熟到恰到好处的果子更美味，但当缺乏食物时，落在地上的烂果子一样可以用来填饱肚子。这就给了他们发现酒的机会，酒的主要成分是酒精，酒精的生成过程并不神奇，它可以不需要人工干预在自然条件下完成。最原始的果酒，就是野果中的糖与空气、尘埃和果皮上的酵母菌在一定的水分和温度条件下自然结合发酵的

产物，酵母菌可以使含糖物质发酵，将美味的果汁变成会让人产生更奇妙感觉的酒精。

人类祖先当然并不知道这种液体是酒，也没有嗜酒的喜好，他们只是本能地从大自然中搜寻一切可以充饥的食物。可能是人类祖先中的某一个在机缘巧合之下偶然捡拾了落在地上或石缝里腐烂的果子，品尝之后发现可以食用，其他同伴也竞相模仿，捡食这种烂果子。就是这样一个看似平淡无奇的寻找食物的习惯，使他们与野生果酒相遇了。这相遇看似偶然，因为人类祖先没有早一步也没有晚一步，偏偏在那时候发现了野生果酒，但却又似乎是必然的，因为人类祖先几乎每天、每时每刻都在面临食物匮乏的威胁，大自然中任何可食用的东西都有可能被他们发现并食用，野生果酒自然也不例外。

四、从被迫接受到资深酒精爱好者

现代科学研究表明，人类和最接近人类的灵长类动物都具有乙醇脱氢酶 4（ADH_4）。圣达菲学院的卡里根教授及其团队分析了包括 17 种灵长类动物在内的 28 种哺乳动物体内“乙醇脱氢酶 4”将近 7000 万年的进化史，发现早在 1000 万年前，人类的灵长类始祖体内已经具有能代谢酒精的“乙醇脱氢酶4”。美国佛罗里达州应用分子进化基金会研究所主管斯蒂芬·本纳博士认同了这一研究成果，他认为最初的酒精是在水果（比如葡萄）中出现的，他还进一步提出，人类慢慢地发展出较为完善的消化系统是在1200万—600万年前。卡里根教授还发现从几千万到几百万年前，我们祖先消化道里的乙醇脱氢酶基因发生了突变，他们分解酒精的能力骤增了约40倍。这说明，我们祖先的饮酒历史极为漫长，也许从他们从树上下来到陆地上生活时就已经开始了。而这种超强的分解酒精的能力使他们在进化中具备了其他物种所不具备的优势，英国埃克塞特大学的科学家得出结论，能够饮酒曾使人类的祖先免于灭绝。研究人员称，1000万年前，各类灵长类动物都在为食物和资源而战，多数灵长类动物因为无法消化熟透的含有酒精的水果而出现了中毒情况，中毒使得他们不得不对腐烂的水果敬而远之。在食物资源极为稀缺的情况下，无法代谢酒精显然对灵长类动物不利。但人类祖先却在这方面略胜一筹，可以分解酒精最终让他们在大灭绝时期得以存活下来。

也许，刚开始，人类的祖先在食用这种野生果酒的时候，感觉并不美好。毕竟如果刚开始他们不具备分解酒精的能力的话，很有可能发生酒精中毒或者醉酒，昏昏沉沉，这不但不利于他们接着寻找食物，甚至有可能让他们昏睡，成为野兽的捕猎目标。但为了生存下去，他们别无选择。幸运

的是，在对这种果酒经年累月的食用中，他们发生了基因变异，更容易分解酒精。而且随着时间的推移，人类的祖先或许渐渐发现，这种成熟腐烂的果实发出的气味很迷人，这种果酒，不但不会影响他们寻找食物，还会产生“飘飘然”的感觉，对果酒气味和这种异样感觉的迷恋，很可能让人类在进化之前就已经爱上了酒。这也就不难理解，为什么人类祖先的身体内具备分解酒精的超强能力了。如果说人类的祖先从1000万年前就已经爱上了酒，那么截至目前，他们大概就是这个星球上最资深的酒精爱好者了。与此同时，这种对酒精的喜爱大概会刻在人类的基因里，伴随着他们的进化一路向前。

从猿属到人属，再到现代人类，我们已经知道想象力是人类进化链条中的最后也是极为重要的一环。在没有想象力的时代，他们通过观察自然界中的火学会了使用火，通过观察飞鸟的迁徙来判断季节。有了想象力，他们学会了储存水源。那么进化的车轮继续向前，当他们的头脑足够聪明，思维也足够灵活时，想象力会让他们做什么呢？他们已经发现了酒这种液体饮用之后会有特别的感觉产生，为了能再度体验这种让他们如痴如醉的感觉，他们会怎么做？最简单的办法是守株待兔，即在每一个水果成熟的季节，捡拾已经熟透的发酵的水果，以定期或偶尔享用酒液。这一点是完全可能的，因为早在100多万年前，我们的人类祖先就已经学会静待时机以获取凶猛的猎杀者吃剩的动物尸体。但是，如果他们会做的不止于此，如果他们发挥想象力，将这种水果和食用之后产生的飘飘欲仙的感觉串联起来，他们就会有新的举动，比如观察并模仿这种自然现象，看看会不会发生期待中的事情。

第三节

农耕文明时期：主动为之的发酵酒

最早的酒是自然酒这一说法已经得到了普遍认同，那么，人类又是从什么时候开始酿酒的呢？马克思主义哲学认为人区别于物的一个重要特征就是主观能动性，人们通过发挥主观能动性认识客观世界，又在正确认识的指导下能动地改造客观世界。人类酿酒这一实践活动充分地体现了人的主观能动性。一方面，人们对酒的认识有一个从无到有的过程，早期人类并不知道微生物发酵的知识，但这并不影响他们运用这一原理。当他们发现食物或者熟透的果实放置一段时间会散发出特别的味道之后，他们便开始照葫芦画瓢地模仿实践，通过模拟自然发酵的过程，他们酿造出了许多不同种类的酒。通过研究人类酿造酒的历史，研究者进一步发现，酒不仅具有饮食属性，还具有社会属性，酒与农业、社会结构、礼仪及一定时期的工艺技艺关系匪浅。

一、考古复活人类酒史

考古研究是认识酒的历史的重要途径，考古发现的酿酒遗址、与酒有关的器具，是酒史的活化石，考古研究可以解开那些已经在历史的尘埃中被覆盖的未解之谜。第一次世界大战后，自然科学和技术科学在考古学上的应用使考古研究逐渐迈向科学化、世界化的新征程。世界各国关于酒的考古研究此起彼伏、遥相呼应，借助这些考古成就，我们得以拨开历史的迷雾，进入几千年甚至上万年前的人类世界，感受酒在那时人类生活中的独特作用。

关于酒的考古研究成果颇丰，其中，某些成果具有时间轴的作用，借由这些时间轴，我们可以在纷乱的信息中窥探到人类酿造酒的时间线索。1996 年，在伊朗北部的扎格罗斯山脉上的古村里，考古学家挖掘出一个陶罐的碎片，并在碎片上发现了略带红色污迹的残渣。专家分析证实，这是一种葡萄中特有的酒石酸和防止葡萄酒变成醋的树脂混合物。也就是说，这个陶罐曾经是装盛葡萄酒的器皿。专家们以此认定，如今的伊朗就是最早酿造葡萄酒的国家。2004 年，中国科学技术大学科技史与科技考古系张居中教授与美国宾夕法尼亚大学考古与人类学博物馆的帕特里克 · E. 麦戈文（Patrick E. McGovern）教授从河南贾湖遗址的陶器中发现了 8600 多年前的酒的证据，通过实物分析，他们得出中国当时已经掌握了酒的制作方法的结论，所用原料包括稻米、蜂蜜、水果等。[①] 2017 年，《美国科学院院报》（*PNAS*）刊文称，对古代瓦片进行的分析结果表明，格鲁吉亚居民 8000 年前便已开始酿造葡萄酒，比中东和伊朗酿酒技术的出现要早 1000 年左右。2018 年，斯坦福大学、海法大学的研究人员在《考古科学期刊》发布文章提出，以色列北部遗址中发现世界上最古老的酿酒遗址，距今约 1.3 万年。此项发现表明，酿酒不一定是农业生产过剩的结果，也可能是为仪式目的和精神需要而发展出来的。2019 年，王佳静等人在《美国科学院院报》发表的一项研究显示，霉菌早在 8000 年前就在中国被用于发酵过程。研究团队认为：“我们不知道 9000 年前人们是如何制造这种霉菌的，因为发酵可以自然发生。”王佳静说：“如果人们有一些剩余的大米，谷物也发霉了，他们可能已经注意到，随着时间的推移，谷物变得更甜，且酒精含量更高。虽然当时人们可能不知道与谷物发霉相关的生物化学知识，但他们可能观察了发酵过程，并通过反复试验最终加以利用。”[②]

这些考古研究不断刷新着人类酿酒的历史，未来可能

---

① 中国科学院：《中美考古学家联合研究表明：我国 9000 年前已经开始酿酒》，2004 年 12 月 13 日，见 http://www.cas.cn/ky/kyjz/200412/t20041213_1028475.shtml。

② Jiajing Wang, Leping Jiang ,Hanlong Sun, *Early Evidence for Beer Drinking in A 9000-year-old Platform Mound in Southern China*, August 12, 2021, https://doi.org/10.1371/journal.pone.0255833.

还会出现新的考古证据，人类酿酒的历史也可能会出现新的时间节点。因此，到目前为止，还无法对人类到底是从什么时候开始酿酒这一问题下一个确切的结论，但这并不影响我们探寻人类与酒之间的深厚缘分。我们可以无比确信的就是古时候的人类在并不知道酒为何物的时候，已经开始有意识地、能动地进行酿酒实践了。还有一个有趣的现象，即世界各国的人们在酿酒时似乎不约而同地选择了就地取材，很少有哪个地方的人们为了酿酒不辞劳苦跨越千里寻找原材料。由于世界各国在气候、地理环境等诸多方面的差异，人类的共同“偷懒”行为又造就了世界各国酒饮的独特性，几乎每个国家都有自己代表性的酒精饮料。比如，古代美索不达米亚平原水源丰富，非常适合谷物生长，这里的人们选择用谷物酿造啤酒；古希腊和古罗马盛产葡萄，这里的人们喜欢酿造葡萄酒；墨西哥被称为“仙人掌的王国”，墨西哥人将仙人掌奉为国花，他们用仙人掌汁酿造龙舌兰酒；东非盛产棕榈，这里的人们用它制作啤酒；水稻是日本的主要农作物，日本人用大米酿造清酒；中国是农业大国，中国人可以用稻米、小麦、谷物等酿造各种酒饮。

二、定居生活让一切有了转折

早期人类在很长一段时间内都过着四处迁徙、颠沛流离

的生活，但是从史前的某一时期开始，人类不再继续过去靠狩猎和采集为生的游牧生活，而是开始了定居生活，人类迈出的这一步在人类社会经济发展中具有里程碑式的意义。

目前的研究显示，大约公元前8000多年，西亚广大地区开始出现成熟的农业定居点，比如死海边的杰里科、土耳其的阿斯克力、叙利亚的穆赖拜特、伊朗的扎格罗斯山脉西部的阿白得等。到了公元前7000年，农业定居点广泛分布在黎凡特地区、美索不达米亚冲积平原边缘、安纳托利亚高原南部和扎格罗斯山脉西部。

公元前6000年，农业定居点出现在中国地区北部和南部。

考古证据显示，位于以色列的阿布胡赖拉（Abu Hureyra）遗址，是人类最早定居下来转为农业社会的地方之一，它出现的时间大约是在距今1.2万年前。土耳其加泰土丘的新石器时代遗址，是公元前7500—前5700年即新石器时代人类的一个定居点。人类为什么选择定居？环境、气候变化、人口增长和技术进步可能是最重要的几个因素。[①] 从环境角度来看，适宜的居住环境应当是人们选择定居的首要因素。比如

① 量化历史研究：《定居的起源：气候、人口和技术》，2020年6月23日，见https://history.ifeng.com/c/7xXy0vScmSH。

公元前 7000—前 5000 年的美索不达米亚南部冲击平原是一大片湿地，环境温暖湿润，优越的自然环境孕育了丰富的野生动植物资源。在这里，先民们可以渔猎、采集，他们的食物种类更丰富，食物安全也更有保障，这使得他们没必要再到处迁徙寻找食物。所以，湿地物产的丰饶，最终吸引先民们开始留在这个地方并长久居住。从气候角度而言，过去，地区间的天气差异使得不同地区的食物量差异较大，人们为了追求丰富的食物资源会不断迁徙到新的地方。但现在，自末次冰河时期之后，大约从 14000 年前起，全球气候开始变暖。与此同时，天气的地理差异也在相应变小，地区间的食物资源日趋均衡。这种变化使得人们对某一地的天气的接受

阿布胡赖拉遗址

度越来越高，当天气变坏时，有些人会选择继续迁徙，还有一部分人会选择留下来。留下来的人为了生存，想方设法拓展食物种类，日益丰富的食物满足了更多人口的生存需求，最终带来人口的增长，使得定居率保持在原来的水平之上。也有观点认为是人脑的智力进步让人类放弃了游牧，选择定居下来。

定居对人类来说是一个大事件，试想，如果每日疲于奔命，人类很难有精力思索其他事情。但定居改变了过去的一切，它使人类有了更多时间和精力认识身边的世界，这为他们改造周围世界提供了可能。

三、耕种按下人类创造力的“启动键”

现在，如果从时间维度让我们回想人类历史上发生过哪些具有历史转折意义的革命，我们第一时间想到的应该是离我们最近、我们至今仍在经历的信息革命。再往前的工业革命，也是我们耳熟能详的。再往前呢？有些熟知历史的人可能依然可以说出青铜器革命、铁器革命这样的答案。那么更早些时候呢？将历史的时钟拨回公元前 1 万年左右，人类又在经历什么样的革命？答案是农业革命。人类会种植并不是与生俱来的本领，它是人类祖先在漫长的进化进程中逐渐练

古埃及壁画中人类耕种场景

就的。而种植的起点就是公元前 1 万年左右的新石器时代。在两河流域一个看起来像回旋镖形的新月沃土上，人类开始了最早的耕种历史。

人类的耕种历史和采集历史并非相互割裂的，相反，它们之间有着密切的关系。可以说，没有采集文明就没有之后的农耕文明。这么说并非危言耸听，世界上最早的农业考古证据来自位于叙利亚幼发拉底河沿岸的阿布胡赖拉丘考古遗址，在遗址中发现了用于磨谷的石制工具。研究显示，这里的人们大概在 12000 年前开始了靠采集野生谷物为生的生活。这些野生粮食有力地推动了人类文明的进步，因为它们容易获得，能够让人们过上相对稳定的生活，加上它们不像水果

和肉类那样容易腐烂，吃剩的粮食可以被保存下来，这样人类就不必因为季节的变动或野兽的移动而来回迁徙。更为重要的是，人类需要有一个固定的地方保存这些粮食，保存粮食的需要反过来又加速了人类定居生活的进程。从发现野生粮食可以吃到采集野生粮食、保存野生粮食，人类对野生粮食的认识不断深化，但人类真正对粮食作物进行耕种则发生在更久之后。这是因为认识是一个从低级到高级不断发展的过程。

既然可以靠采集野生粮食为生，人类为什么还要自己耕种粮食呢？原因在于定居之后的人们，需要更为稳定的食物来源，加上人口增长，仅靠采集而来的粮食远不能满足他们的需求。人类必须自己种植一些粮食才能维持日常生活，他们会选择哪种作物呢？自然是最容易获得，也最容易驯化的。野生粮食作为采集文明时代的主要采集对象自然而然地成为人类最早驯化的粮食。因此，野生粮食分布的地区通常是率先出现农耕文明的地区。采集时代的野生粮食主要包括野生小米、大米和野生小麦，分别分布于东亚和西亚地区，这些地区首先出现了农业。由此可见，在人类由采集文明向农业文明过渡的过程中，粮食发挥了重要作用。人毕竟没有獠牙利爪，也没有金刚不坏之身，采集狩猎要在山川丛林中艰难地穿行，意味着更多的危险，定居和种植植物的生活方式则大大提高了他们的安全性。以种植植物和饲养牲畜代替原本的采集狩猎方式，对人类来说是最为经济的选择。当人类意识到利用脚下的土壤可以种植出更多可以食用的食物，并逐渐驯化出可以耕种的各种粮食时，人类的创造力便从此一发不可收。

四、自觉的饮酒需求

渐渐拥有了更强创造力的人类，开始在各个领域开疆拓土。人类到底什么时候开始对酒产生了特别的兴趣，并开始了酿酒实践，这不得而知。从国内外学者的一些观点中管中窥豹，或许可见一些踪迹。1937 年，中国考古学家吴其昌提出了“种植谷物为酿酒”的观点。他认为:“我们祖先最早种稻种黍的目的，是为酿酒而非吃饭充饥。”这一观点可谓标新立异，如果按照这种逻辑，酒在人类文明史中的作用足以彪炳史册。令人惊讶的是，国外也有不少学者提出了类似观点。美国宾夕法尼亚大学人类学家所罗门·卡茨博士就提出人类在发现采集来的谷物储存一段时间可以发酵成酒的秘密之后，就开始有意识地种植谷物，从而确保有充足的原料可以用来酿酒。他还提出这种推断有科学依据，绝非主观臆测。因为目前考古研究显示人类早在 1 万多年前就已经开始了酿造谷物酒的历史，但当时人类仍然处于采集文明时期，并没有开始种植谷物。按照这种时间逻辑推断，人类用谷物

酿酒应当早于人类种植谷物。因此，用酿酒解释人类为什么开始种植谷物也不失为一种虽显清奇但又言之有理的观点。当然，绝大多数的观点认为人类开始酿酒始于开始种植谷物之后。虽然人们对酿酒时间节点的认识存在分歧，但人类最初用野生植物酿酒这一猜想得到了普遍认同。世界上也有许多用野生果实及植物酿酒的例证。美洲印第安人可以用来酿酒的野生果实及植物多达数十种，包括野生的柿子、杏、仙人掌、蜂蜜和龙舌兰等，太平洋岛屿的人们则用棕榈酿酒。①

经济基础决定上层建筑，只有当人们的物质生活得到某种程度的满足之后，才会产生更多精神层面的追求。现代人喝酒，讲求品牌、酒色酒味，酒对他们而言，除了物质属性，还有远超于此的精神属性，有些人甚至将喝酒视为一种对自由的追求和对生命本性的回归。但对原始先民而言，对酒的追求也许有另一番意义。远古先民过着食难果腹的生活，对他们而言，吃饱饭不至于饿死应该是最大的追求。可以想象，当他们发现发酵的水果，饮用了由此产生的酒液之后，首先产生的不一定是飘飘欲仙的享受，而更可能是获得食物的满足感。直到进入农耕文明，人类拥有了更加稳定充裕的物质基础，可以填饱肚子使人类得以有更多心思审视周

① H. E. Driver, *Indians of North America*, University of Chicago Press, 1975, pp. 109–110.

围的世界。这一时期最重要的转变在于人类产生了自觉的饮酒需求，这种转变可能是偶然的，但偶然中存在必然，因为农业发展之后，生产出来的粮食总量增多，多余的粮食会被保管起来，那时候的人们还没有掌握保管粮食的科学方法，粮食在保管中发霉发芽成酒的事件应当是比较常见的。由于不舍得浪费食物，人们应当会先品尝发霉发芽的谷物是否还能入口，这样一来，人们就有了尝到粮食变成的酒的机会，粮食酿酒的秘密就这样被人类自然而然地掌握了。用余粮酿酒不但可以获得佳酿，还能防止粮食发霉被直接扔掉，对当时的人们来说着实是一件两全其美的事。由此观之，人类有意识地酿造的最早的酒应当是果酒和乳酒，因为在旧石器时代，动物的乳汁和果物一样容易获得，也极易发酵成酒。第二个阶段应当是粮食酒，主要使用的原料包括稻米、高粱、小麦等。当然，果酒、乳酒等的酿造都相对简单，在人们可以驾轻就熟地酿造这些酒种之后，人类会不会进一步发挥自己的创造力，探寻更有挑战性的酿酒方法，从而酿造出截然不同的新品种呢？

第四节

拓展酒世界的伟大革命——蒸馏的运用

在很长一段时间内，统治人类酿酒史的都是发酵酒。但想象力使人类始终保持着不满足于现状的精神，他们不知疲倦地探索未知世界，企图发现更多的秘密，实现更多的可能。在人类熟练掌握发酵酒技巧之后的若干年，人类酿酒史迎来了又一次大飞跃，蒸馏酒横空出世。蒸馏酒到底出现于何时，尚无定论，目前显示的记载大概始于中世纪之后。这是与原始果酒、乳酒和发酵酒截然不同的一种酒，它的酿制过程较为特殊，需要用到蒸馏提纯工艺，所以酒精含量高，在所有饮料酒中冠绝群雄，被称为最为纯粹的酒。

一、蒸馏技术迷雾

化学领域将蒸馏界定为一种热力学的分离工艺，混合液体或液—固体系中各组分沸点不同，蒸馏是将液体加热汽化，同时使产生的蒸汽冷凝液化并收集的联合操作过程。[①]关于蒸馏起源，受制于信息传播渠道的局限，只能在一些古籍中觅得些许甚是模糊的踪迹，并从只言片语中推断其与蒸馏技术之间的关联。这是因为在那个时代，蒸馏技术作为一种技艺，通常被牧师或寺庙仆人所掌握，这是他们不能对外说的秘密。正因如此，目前，关于蒸馏技术究竟最早起源于何时何地，仍然存在许多争议。这些争议像迷雾一样挡住了现代人了解蒸馏酒起源的视野，但这些观点对于我们洞悉当时的蒸馏技术发挥着不容忽视的重要作用。从人类探索世界的方式不难看出，人类每一项重大发明几乎都离不开对自然界的观察和模仿。人们对蒸馏的发明或许就是源于对开水锅中的水蒸气或对太阳作用下形成的水蒸气的兴趣和模仿，自然界中的水变成水蒸气再形成雨的循环过程，就是蒸馏的过程。早在公元前300多年，古希腊哲学家亚里士多德就发现了这一现象，他在《气象学》一书中写道："海洋中的水借助于蒸发作用变成了可以饮用的水，任何液体都可以经蒸发变成水蒸气之后，再次变成液体。"这说明，大自然中的水循环已经被人们发现。人类一旦发现了水循环的秘密，就会有意识地模仿自然界的水循环来分离液体，最终发明蒸馏器，并借由蒸馏设备蒸馏一切可以蒸馏的东西。最初人们蒸馏的物质是水，之后，当人们发现蒸馏水得到的物质还是水

① 王福来：《有机化学实验》，武汉大学出版社2001年版，第75页。

之后，就开始尝试其他液体，比如树脂。古埃及人通过蒸馏松脂得到了香树脂。这一点得到古希腊历史学家得洛特和西西里历史学家戴得斯·西克勒斯的证实，他们描绘了古埃及人是如何使用香树脂来干燥尸体的。古罗马人沿用了蒸馏树脂的技术，但他们并没有对蒸馏技术进行进一步的完善。对蒸馏的若干描述和世界不同文明的考古发现，是我们了解蒸馏技术演进历史的重要途径。

伊拉克境内出土了苏美尔人用于蒸馏的陶罐。考古学家们据此推断蒸馏技术大概产生于公元前3500年前的美索不达米亚平原。这种蒸馏器形状很特别，看起来好似一个巨型鸡蛋。对其进行加热时，蒸馏器内的液体会自下而上缓慢蒸发，在冷凝帽中冷凝之后，液滴会沿着帽壁下流到收集环中。R. J. 福布斯（R. J. Forbes）则宣称埃及才是最早创制和使用蒸馏器的国家，他认为当时蒸馏器的主要作用是用来提炼某种物质，比如精油、玫瑰水等[①]。E. O. 李普曼（E. O. Lippmann）发现公元前1550年埃及人曾将草药精油的蒸馏过程记录在莎草纸上。[②]李约瑟在《中国科学技术史》中记载了中国古代的蒸馏活动，但这些记载只能说明中国在当时也拥有了蒸馏技术，并无确凿证据表明中国的蒸馏技术先于

---

① R. J. Forbes, *A Short History of the Art of Distillation,* Brill：Leiden, 1970, pp. 1-113.

② E. O. Lippmann, *Entstehung und Ausbreitung der Alchemie*, Berlin: Springer, 1919, pp. 45-98.

其他文明。中国考古工作者在西汉海昏侯大墓中发现了与一种蒸馏装置极为相似的古代青铜器。史学界通过对青铜器中仅存的果实残渣进行分析，推测其可能用于蒸馏酒的制作。该蒸馏器外形上要复杂一些，由煮锅、甑、盖子三部分组成。底部的煮锅用来加热，有添水口，用来向煮锅中加水；中部的甑带有冷却隔层，冷却隔层上部有一个冷却液入口，下部有两个冷却液出口，还设有一个凹环形的集液器，用以收集冷却液。古印度文明中也有蒸馏技术的踪迹，现今巴基斯坦的士基拉博物馆内陈列着一个完整的陶土蒸馏器。这是一个制造于公元前450年左右的蒸馏器，只记录有年代信息，其他信息只字未提。令人难以置信的是，它的外形简洁而富有现代性。这些五花八门的蒸馏器虽然不言不语，但它们却像证据一样，证明在那个时期蒸馏技术曾经广泛存在于不同文明中。

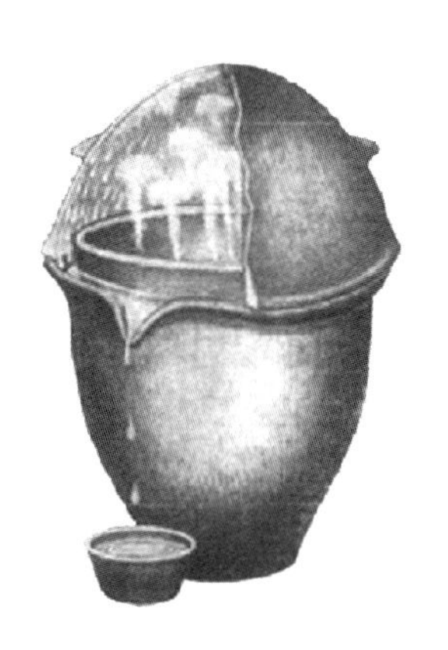

出土于伊拉克的蒸馏器

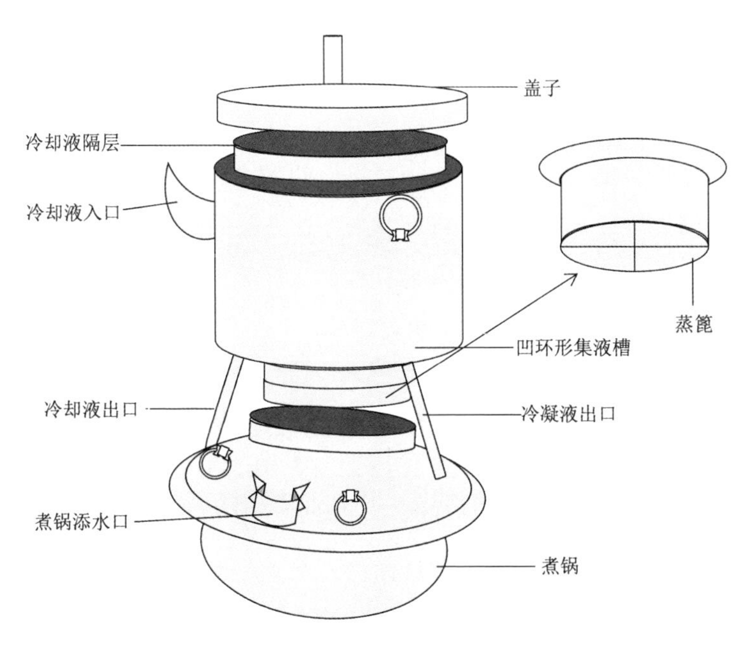

西汉海昏侯大墓的蒸馏器（根据考古照片和文献记载绘制）

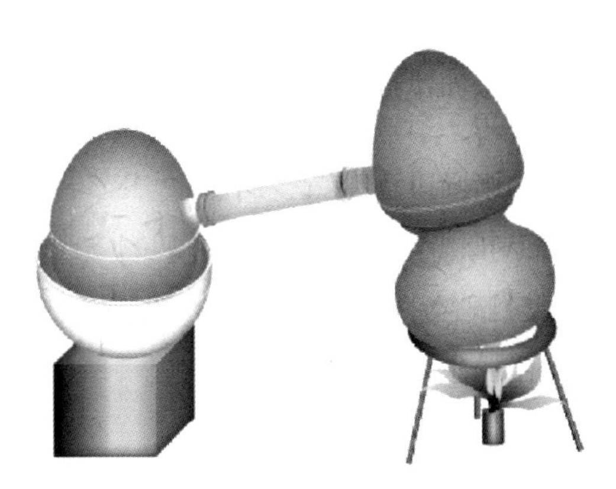

古印度文明中的陶土蒸馏器（根据图片绘制）

二、蒸馏与神秘的炼金术

黄金价格为何暴跌？还会涨吗？在金融市场，黄金价格的起伏总是能让投资者心头一紧。如果说黄金投资是资本市场的火爆话题，那么，古往今来，在人类的生活中，黄金又扮演着什么角色？它与人类有着什么样的千丝万缕的联系？与蒸馏技术之间又有什么纠葛？

黄金作为自然界的一种物质，一直都存在，但人类并非一开始就认识这一物质。按照远古人类的生存和生活习惯，他们很有可能是在野外偶然捡拾到了一小块黄金，这种有着金黄色迷人外表的物质，对远古人类一定也有着特别的诱惑力。它们可能先是被当作玩物，后来随着人类文明进程的演进，黄金的其他价值和属性逐渐被挖掘发现。其一，化学属性。黄金是一种特殊的金属，它具有较高的柔韧性和延展性，可以广泛应用于各行各业。电子行业中许多电子设备的连接线、连接条、连接器和焊点等都会使用镀金，以提高电子设备的耐用性和可靠性，我们日常生活中常见的电视机和全球定位系统等电子设备中都有黄金的存在。航空航天和国防工业对黄金的依赖程度更高，尤其是在一些需要长时间运行的航天器中。有人戏称黄金是高科技的防晒霜，因为用黄金制作的聚酯薄膜可以将太阳辐射反射出飞行器。除了较强的防辐射作用，黄金还有出色的耐用性和特殊的润滑作用，这使得它在航空航天工业中成为不可或缺的重要存在。医疗行业中也有黄金的影子，人们所熟知的烤瓷牙就用了黄金，这种金属可以与人体组织很好地相容，不会引起牙根发炎，这些优点使它在口腔修复中广受欢迎。其二，商品属性。大约在1万年前的新石器时代，人类发现了黄金，由于这种物质极为珍贵和罕见，它最开始被人类用作贡品或饰品。随着人类社会的发展，商品交换开始出现，人们需要一种物品来充当商品交换的媒介，黄金在这方面表现出了独特的优越性。它坚硬耐用、不会轻易磨损，且易于分割、便于携带，可以无损地熔化成各种样式的饰品。因此，成为当之无愧的一般等价物。其三，货币属性。在流通领域，黄金可以承担衡量和表现商品价值的职能，退出流通流域，它又可以充当独立的价值形式，成为社会财富的象征。在世界经济史中，黄金一直扮演着特别的角色。“乱世买黄金”成为人们在经济危机出现时的“黄金”策略。著名作家陀思妥耶夫斯基也说“黄金是被铸造起来的自由”，世界上的人们不分国界地域，都十分认可黄金的价值。其四，文化属性。世界文坛上有不少与黄金有关联的文学作品，关于淘金者的小说就是其中的特别一支。享誉世界的《野性的呼唤》《阿拉斯加的孩子》《威尼斯商人》等经典作品中，都有关于淘金热情形的描述。既然黄金具有这么多属性，在人类社会扮演着如此重要的角色，那么除了偶然捡拾，人类还有其他途径可以获得黄金吗？或者说人类是否还曾探寻过从其他途径获得黄金？在炼金术士们的实验室内，我们或许能觅到些许踪迹。

关于炼金术，有种种神秘描述，比如在一个位于某栋建筑地下室的黑漆漆的房间内，放置着一个正在加热的已经烧红的坩埚，一个身穿长袍的长者，一手抱着一沓古卷，一手不停地在一些广口瓶和细颈瓶中摆弄着一些不知名的溶液。炼金术士们通常有着更为神秘的身份，他们或许同时是哲学家，抑或是物理学家，甚至可能是修道院中的修士。炼金术诞生之初是被拒绝公开讨论的，至于个中缘由，不难猜想，如果炼金术真的存在，那么任何掌握它的人都可以一夜暴富。没有了财富差异，整个世界会变成什么样实在是无法想象的，比如，那些高高在上的贵族，将失去俯视平民的资格，人们可以不必再每日疲于奔命，社会可能会发生巨变。但在人类历史的某个时期，炼金术突然出现了。

公元前331年，亚历山大大帝在尼罗河口建立了亚历山大里亚，结束了埃及被波斯人统治的恐怖时期，埃及历史进入希腊统治时期。原本，亚历山大里亚只是一个名不见经传的村庄，但由于其具有独特的区位优势，很快便发展起来。这里有藏书颇丰的图书馆和缪斯神殿，吸引了埃及、希腊、亚洲地区的很多学者前往。人们在缪斯神殿中从事医学、哲学等各种学术研究，学术氛围极其浓烈。更为与众不

同的是，亚历山大里亚既有古埃及长久以来形成的应用化学基础，又兼有古希腊深厚的哲学思想，再加上神秘元素的加持，这里逐渐发展形成了造金造银的“神术”，炼金术由此诞生。炼金术是当代化学最初的模样，这种“神术”被认为有点石成金的功效，可以将贱金属变为贵金属，尤其是黄金。同时，人们还认为用这种方法可以制备长生不老的药物。同一时期，亚历山大里亚出现了最早的化学书籍。但那时候的化学和现在我们所认识的化学不可同日而语，带着一层神秘主义的面纱。为了避免被外行人知晓其中的秘密，这些伪造金银的化学书籍中常使用一些“隐名”或一些让外行人看了“一个头两个大”的技术符号和术语来掩盖原文的意义。1828 年，在埃及底比斯的坟墓中发现了公元 300 年的纸草，其中一部分被称为莱顿纸草，保存在荷兰的莱顿博物馆，另一部分被称为斯德哥尔摩纸草。莱顿纸草详细记录了伪造金银的过程：把金和铅研成粉末，细如面粉，以 2 份铅对 1 份金的比例混在一起，用胶调和。用这种混合物把铜环盖满，然后加热，重复几次，直到这环带上颜色。很难检查出它是赝品，因为试金石给出纯金的标记，加热耗掉了铅而不是金。提到这种炼金术，必须讲到一个特别的人物——佐西姆斯，他生于约公元 300 年，最大的成就在于改进了古代的蒸馏器，并首次绘制了蒸馏器的构造。同时，他还是阿拉伯世界乃至欧洲中世纪炼金术的重要奠基者。诚然，亚历山大里亚才是早期化学的起源地，但阿拉伯人的征伐使得希腊、埃及所拥有的荣耀无不披上了“阿拉伯的外衣”，这就使得炼金术的归属问题出现了本不该有的争议。

炼金术出现之后，并没有像我们现在想象的那样立刻受到追捧，事实上，炼金术一经诞生还未曾闪耀就先迎来了厄运。戴克里先统治罗马期间，发布了清剿炼金术师的命令，大批炼金术师因此遭到迫害，炼金术就此“消沉”。直到 7、8 世纪，阿拉伯人在翻译古代希腊典籍之时继承与发展了炼金术。与希腊炼金术相比，阿拉伯炼金术充分融合了东西方知识，既将希腊炼金术作为继承的基础，又融合了东方的神秘主义思想、中国的丹药概念，兼吸收了埃及的工艺学。由于注重理论与实践的双重创新，积极吸取不同文明的精华，阿拉伯炼金术成绩斐然，涌现出了享誉世界的炼金家，其中，对后世影响最大的当数格伯。后人在格伯的实验室中发现了他的炼金仪器，经过对比发现，他在炼金过程中所使用的蒸馏器、烧杯、烧瓶、炉子等都和现代使用的仪器相似[①]。

阿拉伯文化繁荣并向西方传播之后，炼金术才真正重回大众视野。阿拉伯人于 8 世纪将炼金术传到了西欧南部地区，10 世纪以后，炼金术的传播范围进一步扩大，[②] 科尔多瓦成为

① ［美］莱斯特：《化学的历史背景》，吴忠译，商务印书馆 1982 版，第 46 页。
② ［美］莱斯特：《化学的历史背景》，吴忠译，商务印书馆 1982 版，第 76 页。

炼金术的学问中心，吸引众多学者前往。12 世纪，欧洲爆发了文艺复兴运动，继承古希腊、古罗马遗产的知识风潮，使得炼金术开始盛行，并成为一种闪耀世界的存在。中世纪的欧洲，修道院、宫殿、贵族的庭院、新兴的城市……到处都活跃着炼金术师的身影。以修道院为例，这里环境安静，有很多空而无人的居所，便于改造成实验室，还有完善的图书配置，可以供炼金术师们随时查阅资料，简直是炼金术师们潜心钻研技艺的天堂。他们在实验室挥汗如雨，千方百计地进行着从常见物体中提取黄金的试验，在他们看来，黄金是永恒的代表，他们希望通过自己的双手将人类世界一切会腐朽坏掉的东西变成不坏之身。而要实现这种变腐朽为神奇的转变，离不开一种关键技术 —— 蒸馏技术。因为炼金术的核心在于将某种物质加热采其精华，炼金术师们笃信可以找到一种可以净化一切，使人类及其身边的物质达到最纯粹状态的物质。

阿拉伯炼金家的实验方法在这一时期受到重视，阿拉伯的炼金家们认为炼金的关键在于提纯，要提纯就必须用到蒸馏技术，所以炼金的秘诀就在于反复蒸馏。为了提炼出传说中的“智者之石”，自然界的一切都成为他们实验的对象。最初，他们只在金属中寻找，未果之后，他们又将目光投向矿物界，直至植物界、动物界，甚至动物的骨骼、血液、人体的尿液等，他们孜孜不倦地寻找着，当在地面上无法得到他们想要的“智者之石”时，天上的雨、霜、雪就成为他们的目标。在炼金术诞生和盛行的年代里，各种各样的声音不绝于耳。偶尔能听到一些大功告成的声音，有人说从坩埚中制出了“智者之石”，并用世界上最美丽的语言描绘它的光辉。当然，也不乏有些谣传因为被拆穿而沦为笑柄。有的炼金术师虽未功成却名声大振，有的炼金术师则被囚禁或处以火刑，还有些炼金术师怀揣梦想踏上异国他乡的土地寻找“智人之石”。总之，在很长一段时期内，炼金术师都执着地将蒸馏技术用于炼金，老一代的炼金术师们在期待中死去，又会有新一代满怀憧憬的炼金术师们出现。

三、蒸馏与新的酒世界

今天，我们已经知道，用化学方法是无法“炼金”的，点石成金只是人们美好的梦想罢了。缺乏科学基础的炼金术最终的结局必然是消亡。所以尽管历史上出现了不计其数的炼金术师，他们在理论与实践方面也取得了不少成就，但没有一个炼金术师真的炼出金子，他们怀抱着自己的乌托邦梦想不断地在失败中尝试，又在尝试中失败。在多次失败中，炼金术师们也日渐绝望。最终，随着西方资本主义的兴起和近代自然科学的建立，炼金术日薄西山。虽然炼金术被证明是当时人们的痴心妄想，也一度将化学引入歧途，使得化学

的发展偏离了正道，但事物都有两面性，从另一方面来说，炼金风波也催生了许多新的发现，这些炼金术师们在寻找财富和长生过程中发现和总结了物质转化理论，了解了许多不同种类的金属，知道了溶解、过滤、蒸馏等知识，并发现了酒精、乙酸等物质，为近代化学的出现奠定了必要的基础。被称为“炼金术之父”的贾比尔·伊本·哈彦是阿拉伯一位具有代表性的炼金术家。他博学多识，广泛涉猎天文学、物理学、地理学、药剂学等多方面知识，在8世纪，没有哪位学者像他一样，既热衷于古典时代的知识，又满怀激情地探索着未知领域的新知识。新旧知识的交融使得他具备了极其广博的知识体系和视野，他是一个不折不扣的实验主义者，他在实验中提出了蒸发、过滤、蒸馏等新的方法，制成了硫酸、硝酸等化合物，并在无意中首先将酒精分离出来，探索出了制酒的最先进技术——蒸馏。由此可见，利用蒸馏技术对酒精进行提纯并不是酿酒师们有意为之的行为，而来源于炼金术家的无心插柳。要运用蒸馏工艺，离不开蒸馏器。世界各国发现的蒸馏器也足以说明在蒸馏酒诞生之前，不同国家的人们已经开始在某些领域使用蒸馏工艺。当然，最初的蒸馏工艺主要应用于其他领域，比如中国古代的炼丹术和古埃及、阿拉伯等国家的炼金术。10世纪，阿拉伯医学家、哲学家阿维森纳在医典中改良了蒸馏法。过去，蒸馏采用的是沸水蒸馏，阿维森纳却发明了蒸汽蒸馏，这种方法的巧妙之处在于可以不让酒接触水，它的原理是在蒸馏槽中间加上了一个隔层，隔层上方放置葡萄酒，下方煮水，与沸水蒸馏相比，阿维森纳的方式可以获得高浓度酒精。而阿维森纳对喝酒是排斥的，他提高酒精纯度是为了医学，而不是为了酿造饮用酒。但他对蒸馏法的改良，却为蒸馏酒的诞生做出了巨大贡献。

蒸馏酒的酿造原理在于利用水的沸点为100℃、酒精的沸点在78℃，借助加热以获得较高的酒精浓度，酒放入蒸馏器加热的时候最初产生的是酒精浓度较高的蒸气，留住这些蒸气冷凝后即成为一种高浓度酒精的饮料。这种运用蒸馏技术酿制酒的方法使得酒首次突破了大自然的限制，进入了前所未有的新世界，它意味着过去只有果酒、乳酒和发酵酒等低度数酒的历史被改写，人类从此拥有了30°、40°乃至50°以上的高烈度酒。果酒、乳酒和粮食酒中的酒精度数之所以较低，是因为当酒醪中的酒精浓度达到20%之后，酵母菌就不再发酵了，故而在蒸馏酒技术出现之前，酿造酒的酒精含量一般都在18%左右。在阿拉伯炼金术师们发现酒精蒸馏的秘密之后，蒸馏酒技术逐渐开始向世界其他文明传播。事实上，烈性酒的概念早在3世纪的古希腊就已经出现，其制作过程为：取黑色、浓稠、年代久远的葡萄酒，加入两盎司的硫黄粉末、两英镑由上等白葡萄酒形成的酒石以及两盎司普通的盐。将这些东西置于燃烧的蒸馏器中，然后连接

一个蛇形管，就可以得到烈性酒。这里的烈性酒就是经过蒸馏以后得到的酒，但为什么这种酒在当时没有引起强烈反响和人们的重视不得而知，或许是因为当时的蒸馏技术还处于原始水平，或许是当时的人们还没有意识到蒸馏酒的特别之处。到了阿拉伯时期，伴随蒸馏技术和蒸馏器的不断改进，蒸馏水平得以大幅度提高，用蒸馏技术对酒精进行提纯变得更加简单。

在中国，关于蒸馏酒的起源一直存在争议。其一，认为蒸馏酒起源于汉代。《后汉书·列传》有“赵炳，字公阿，东阳人。能为越方（注：善禁咒）……升茅屋，梧鼎而爨。主人见之惊懅，炳笑不应。既而爨熟，屋无损异”[①]。孟乃昌据《抱朴子》载，左慈演示方术，“于茅屋上燃火，煮而食之，而茅屋不焦”[②]，推测这种燃料只能是高度酒，并将蒸馏酒起源上限推至东汉。[③]上海博物馆的马承源等人用汉青铜器仿制品成功进行了蒸馏酒精的模拟实验，认为汉代已经有了蒸馏器是有依据的。其二，蒸馏酒起源于唐代说。在唐代的一些古诗、文献作品里也有“烧酒”之词。由于烧酒被认为是中国早期蒸馏酒的雏形，所以人们据此认为至少在唐代就已经出现了蒸馏酒。唐代著名诗人白居易一生

---

① （宋）范晔：《后汉书·列传》卷112上—120下，商务印书馆1927年版，第28页。

② 王明：《抱朴子内篇校释》，中华书局1985年版，第103页。

③ 孟乃昌：《中国蒸馏酒年代考》，《中国科技史料》1985年第6期。

创作了很多流传千古的诗作，其中与饮酒有关的就有900多首，他在《荔枝楼对酒》中写道："荔枝新熟鸡冠色，烧酒初开琥珀香。"[①] 唐代另一位诗人雍陶也有诗云："自到成都烧酒熟，不思身更入长安。"[②] 李肇《唐国史补》："酒则有……剑南之烧春。"[③] 可见，唐代文献中已有"烧酒""烧春"等词。其三，蒸馏酒起源于宋代说。有人认为北宋已经出现了蒸馏酒，虽然可以佐证的文献极少，但宋代《物类相感志》"饮食"篇确有提到"酒中火焰，以青布拂之自灭"[④]，在酒类中，可以燃烧的只有蒸馏酒，所以此处提到的酒应当为蒸馏酒无疑。说明10世纪我国确实已经有了蒸馏酒。有人提出蒸馏酒起源于南宋，杨万里的《新酒歌》就被视为可靠证据之一，其中的诗句"松槽葛囊才上榨，老夫脱帽先尝新……一杯径到天地外……只觉剑铓割肠里"[⑤]，形象地描述了酒的制作过程和喝完之后的感受。通过对制作方法的描述，我们可以看出这种酒必须经过发酵、压榨等步骤，同时，从饮酒之后的感受中可以推测这是一种度数较高的酒。在中国古代的酒中，发酵酒的度数普遍不高，所以

① （唐）白居易：《荔枝楼对酒》，《白居易集》卷18，中华书局1979年版，第393页。

② （唐）雍陶：《到蜀后记途中经历》，《全唐诗》卷539，上海古籍出版社影印本1986年版，第6158页。

③ （唐）李肇：《唐国史补》卷下，上海古籍出版社1983年版，第78页。

④ （宋）苏轼：《物类相感志》，《丛书集成初编》，中华书局1975年版，第4页。

⑤ （宋）杨万里：《新酒歌》，转引自：辛更儒：《杨万里集笺校》卷33，中华书局2007年版，第1707页。

有人据此推断作者饮用的是较高度数的蒸馏酒，否则不会有剑铓割肠的强烈感受。显然，这种推论并不可靠。其四，蒸馏酒起源于元代说。蒸馏酒在元代被称为“哈剌吉”“哈拉基”等。忽思慧在《饮膳正要》（1330 年）中记载：“用好酒蒸熬，取露成阿剌吉。”[①] 叶子奇在《草木子》中记载：“用器烧酒之精液取之，名曰哈拉基。酒极浓烈，其清如水，盖酒露也。”[②] 说明这种酒液清澈如水，却又醇正浓烈。除了这些文字记载，还有很多考古发现可以佐证元代蒸馏酒的传说。江西李渡无形堂烧酒作坊遗址，被认为是元朝延续时间较长的酿制蒸馏酒的作坊。蒸馏酒究竟是起源于中国的炼丹术，还是从西方传入中国，至今仍无定论。很多酿酒史学家倾向于中国在元代才有了蒸馏酒，他们给出的依据较为直观，在元代以前的诗文中，经常有文人豪饮的记载，他们据此说明当时酒精度数较低，最多不超过 20 度，所以古人可以千杯不醉。但元代以后，这种豪饮的例子就变得寥寥无几，说明当时酒精的度数已经升高，动辄豪饮十七八碗的人自然难找。

目前，世界各国围绕蒸馏酒的产生年代争议主要是以蒸馏器物考古和一些文献古籍等为证据，这就使得蒸馏酒的产生年代存在不确定性。而关于蒸馏酒及其产生的争议，其实不外乎几个关键点：其一，蒸馏酒是否与蒸馏器一同出现？

---

① （元）忽思慧：《饮膳正要》卷 3，中国纺织出版社 2022 年版，第 202 页。
② （元）叶子奇：《草木子》卷 3 下，中华书局 1959 年版，第 68 页。

其二，是否有了可以炊蒸的器物就可以生产蒸馏酒？如果蒸馏酒与蒸馏器一同出现，或是人们在用了可炊蒸的器物之后就开始酿制蒸馏酒，那将意味着人类酿造蒸馏酒的历史要比现在可以考证的历史提前许多，但目前尚无足够的证据可以支持。有一点是毋庸置疑的，即虽然人们已经可以用蒸馏器蒸馏酒精，但一开始人们并没有将蒸馏酒作为饮料，而是将其作为一种长生不老药和药剂使用。从当时一些书籍对蒸馏酒的记载中可见端倪，中世纪将蒸馏酒称为“生命之水”（Aqua-Viate）。13 世纪，法国著名炼金术师阿诺德·维拉努瓦在他的著作《长生不老酒》中提到“葡萄酒蒸馏液”时谈到了它的美称“生命之水”，认为这个名字十分贴切，因为这种液体是人们寻觅已久的可以延长寿命的灵丹妙药。在很长一段时期内，蒸馏酒都被用于医疗方面，用来治愈寒冷导致的疾病或腐烂的伤口等。很多人好奇为什么最早掌握蒸馏术的阿拉伯国家没有率先酿制蒸馏酒，这与阿拉伯国家的宗教信仰有关，他们信奉伊斯兰教，不准饮酒、酿酒。所以掌握这门技艺的阿拉伯人只能探索蒸馏的其他用途，并通过传教士将其传入其他国家和地区。

当其他国家和地区的人们掌握了阿拉伯人的蒸馏技术后，他们可能会进行一些改进。15 世纪，巴斯里·瓦勒丁提出了改进蒸馏技术的想法。他建议在蒸馏时将酒精蒸汽管浸入冷水槽中，通过经常更换冷水的方法来加快蒸汽冷凝的

速度，还进一步提出要保证酒的纯度应避免重复蒸馏。这说明，当时的人们已经开始了酿造蒸馏酒的实践，并在不断探索更为先进的蒸馏酒酿制方法。但到底从什么时候开始，人们发现这种高酒精度的酒精可以饮用，而且还有特别的口感呢？据说，15 世纪中晚期，俄罗斯克里姆林宫的修道院中酿制了一种用于消毒的蒸馏酒。由于这种液体闻起来刺激感较强，没有人敢品尝。某日，有位不知名的僧人在这种液体所散发出的让人亢奋的气味的刺激下偷偷品尝了一口，顿觉烈火焚胸，但又欲罢不能，所以他忍不住接连喝了起来，直至醉倒。僧侣们这才知道原来这种液体不但可以用来消毒，还可以入口成为精美的饮品。虽然这可能只是蒸馏酒发展历程中的一个趣闻，但足以说明，人类在发现蒸馏酒可以饮用方面，应当是与发现果酒、发酵酒可以饮用有异曲同工之妙的，都有一个偶然得之、继而爱之的过程。从 16 世纪开始，蒸馏酒已经在各国出现，但不同国家的蒸馏酒之间有差别。之后，在不断演变、发展中，世界各国的蒸馏酒逐渐有了本质性的区别。与此同时，蒸馏技术在其他领域的应用也促进了蒸馏技术的日益完善。16—17 世纪，法国南部的格拉斯（Grasse）成为香精油生产和研究的中心，法国也由此成为世界香料的中心。制取香料的现实需要对蒸馏技术的完善起到了倒逼作用，蒸馏技术在这一时期得以不断改进，蒸馏酒也因此迎来了它的商业时代。

直到 19 世纪上半叶，化学家时代的到来，使得蒸馏技术迎来了转折性的发展。19 世纪初，爱德华 · 亚当发明了每天可以加热八次、完成八次蒸馏的蒸馏器，与原来一天只能加热两次、蒸馏两次的蒸馏器相比，新的蒸馏技术更加节省燃料、水和劳动力，新的蒸馏技术也带来了口感上的提升，可以让酒更加香醇。1826 年，苏格兰人罗伯特 · 斯坦提出了一个更具想象力的想法，即发明一种可以不间断加热蒸馏的蒸馏器，遗憾的是，他并未将想法成功地付诸实践。欣喜的是，这一想法给其他人提供了某些启迪，1831 年，科菲独创了可以连续进行蒸馏的科菲蒸馏器。新的蒸馏器不但运行速度快，消耗小，还能生产出纯净度和浓度更高的酒。

世界各国蒸馏技术的发展并不同步，所以难免存在蒸馏工艺的差别，这就使得世界各国的蒸馏酒表现出各自的特点。虽然相较于果酒、发酵酒，蒸馏酒走上人类历史舞台的时间要晚了许多，但这丝毫不影响蒸馏酒在人类历史舞台上绽放属于自己的特别光芒。它丰富了酒的种类，拓展了酒世界，世界不同文明的酒因为蒸馏高度酒的出现而面目一新，人类酿酒史也因此出现了跨越性的转变，大有“蒸馏一出，谁与争锋”之势。

第五节

工业文明时期：酒与酒精认识的飞跃

虽然人类有着悠久的酿酒史，但在漫长的酒及酒精发展史中，并没有人深究过酒精到底是如何产生的，酒精发酵需要哪些条件。这是因为那时候的人们还不知道什么是科学，他们信奉各种上帝创世说、自然发生说。而进入工业文明之后，科学革命与随之而来的工业革命，不断冲击人类的认知极限，在那些敢冒天下之大不韪的科学家们的指引下，人们终于愿意“睁开眼睛看世界”，重新认识周围的一切。拉瓦锡、巴斯德、李比希等是这一时期为人类做出杰出贡献的科学家，他们的科学研究，揭开了自然界和人类发展史上的诸多奥妙。这个时候，人们才发现原来酒及酒精的诞生与微生物有着密切关系，酵母菌的存在使得酒精得以发酵。至此，人类对酒及酒精的认识终于日渐明朗，人类开始明白酒及酒精并非神赐，人类完全可以依靠自身的创造力和科技的力量酿制出更加美味的酒。

一、工业文明大事件——科学与机器双翼齐飞

（一）“破冰”之旅

迄今为止，人类历史上已经发生了四次科学革命。距离我们最远的科学革命，也是第一次科学革命，发生于16—17世纪。这一时期，一个重要人物的出现改变了之前由中世纪神学与经验哲学统治的世界。现在，我们已经知道地球围绕太阳转，但那个时期的人们接受的都是被教会规定的，与神学教条相吻合的“真理”。然而总有一些人不愿意被教条束缚，哥白尼就是其中的一个。作为一个信奉真理至简的科学家，他认为中世纪基督教推崇的宇宙体系太过复杂，因此，他决定另辟蹊径，以一种简洁明了的方式来描述宇宙的结构。他广泛阅读古籍和前人著作，并日复一日地观测天象。在历经多年的反复观测、计算和思考之后，他提出了“太阳中心说”，即太阳是宇宙的中心，包括地球在内的所有行星都是围绕太阳转动的。他将自己的研究成果编写成《天体运行论》，他深知自己这一学说发表后可能会遭遇各种诘难，所以在序言里系统而又明晰地从物理学角度提前预测并答复了可能的责难。哥白尼是个聪明人，他料想到这一惊世骇俗的学说可能会掀起惊涛骇浪，所以一直到他行将就木时，才委托一名教士帮他出版这本书。教士为了哥白尼的书可以安全发行，炮制了一份具有迷惑性的前言，以致很多人都以为

这本书讲述的只是编算行星星表的一种方法。从这本书出版到其被列为禁书的70年间，哥白尼的学说被越来越多的科学家知晓并发展，后经开普勒、伽利略，特别是以牛顿为代表的一大批科学家的推动，近代自然科学体系得以建立。

近代自然科学体系的建立是真正意义上的第一次科学革命，它意味着人类开始了用科学实践活动探索周围世界和未知领域的步伐。过去的种种神权统治理论，“物种神创论”“上帝创世说”等曾被视为神圣不可侵犯的学说，置于被批判的位置。科学家们提出要用科学的方法和理论认识周围的一切，这意味着，过去人类认为日月星辰、万事万物皆是由万能的上帝创造的神学自然观分崩离析，取而代之的是更具时代性、科学性的观点。这种颠覆性的革命以天文学领域的革命为开端，继而向数学、物理学、化学、生物学等多个领域拓展。人类曾经以为酒精及酒是天赐的神圣液体，为此还创造了种种美妙的传说。但随着第一次科学革命的到来和近代自然科学体系的建立，这种学说不攻自破，人类开始思索酒精和酒产生的原理及规律，试图用科学去解释酒与酒精的出现。这是人类使用酒精历史上的一次前所未有的认知革命，它意味着人类对酒精与酒的认识正在由感性认识上升到理性认识的新阶段。

（二）让机器去生产

人们通常认为，革命事关政治斗争、王朝更替，所以这个字眼往往象征着暴动。但事实上，人类历史上，也有不少远超政治范畴的“革命”，它可能发生在经济领域，也可能发生在科技领域，科技领域的革命往往可以影响整个人类的发展进程，使人类迈上前所未有的新征程。爆发于18世纪的工业革命就是这样一场改变了人类发展进程的革命，英国是工业革命的主导国，是什么驱使英国人进行了工业革命呢？答案在于逐利。追逐利益是资本家的本性，当时的英国，商业欣欣向荣，商业的繁荣涌现了大批富人，富人过着天堂一般的生活，但他们仍然渴望更富有，而穷人则渴望像富人一样过上人上人的生活。为了实现利益的最大化，资本家们飞速地开动脑筋，想到了一种可以一本万利的办法，那就是把手工业者集中到一起，以统一劳动代替分散劳动。这样一来，那些奔波于乡下收羊毛毛线、倒腾布料的资本家就可以免去舟车劳顿的辛苦。随着统一劳动的发展，渐渐有了大型棉纺织厂，当工厂代替手工工场，就有了为提高生产效率进行技术革新的现实需求。棉纺织业的技术革新就在这样的背景下拉开了序幕。1733年，纺织工兼机械师约翰·凯伊发明了飞梭，这项发明使得棉纺织业的生产速度大大加快，但这项发明的实质是对手工工具部件的改造，还算不上机器的发明。直到1765年，哈格

里夫斯发明了珍妮机，这种新的纺织机开启了可以同时纺出八根纱线的新纪录。在改进之后，它可以纺出更多的纱线，这意味着过去要靠许多工人才能完成的工作量一夕之间被一部机器完成了。有了机器，人类的生产力得到前所未有的提高，人类面临的许多体力局限、脑力难题等，全都迎刃而解。

以棉纺织业为开端，让机器去生产成为第一次工业革命之后各行各业的普遍业态，冶金、金属加工、制盐、酿酒等行业都被工业革命重新塑造。过去，酿酒工匠在乡下各处的小作坊中忙碌，现在，工业革命加速了伦敦产业扩张的步伐，伦敦如火如荼的生产活动受到世界的瞩目。酿酒业进入规模经济时代，工匠们也随之大规模迁入伦敦，寻找属于自己的机会。在酿酒领域，工业革命的推动表现在方方面面。出版于1738年的《伦敦和乡村酒厂》一书中首次描绘了因工业革命而焕然一新的伦敦是如何重塑了啤酒生产的，与此同时，这一时期有不少学者注意到了规模化酿酒中的产品质量问题，他们发表论文，积极探讨可以实现酿酒流程标准化的可行办法。工业革命的车轮滚滚向前，为酿酒规模化生产扫清了种种技术障碍。18世纪，蒸汽机的发明和使用，使得啤酒生产可以机械化，啤酒产量开始增长。1770年，温度计、液体比重计相继出现，这两种仪器可以用来测量液体中酒精的体积，这意味着酿酒师们可以以相同的酒精体积作为标准来酿制啤酒，这就极大地保障了每批啤酒产品的一致性。还有一个问题需要解决：酿制啤酒要用到麦芽，过去，通常要通过木材、木炭或者稻草燃烧时的火焰对麦芽进行干燥，这种方法虽然可以达到较好的干燥目的，但缺点也十分明显，如果麦芽在烟雾中暴露的时间过长，啤酒就会出现明显的烟味。酿酒师们认为这会破坏啤酒的品质，饮酒者对这种味道也不是很喜欢。使用滚筒烘焙机烘干麦芽，解决了麦芽干燥中的烟雾问题，并使得麦芽干燥的工序变得简单，有效地降低了啤酒生产中的成本消耗。

二、迷雾初散——一只“硕大眼睛”发现的微观世界

人类应用微生物的历史由来已久，人类的酿酒史本身就是一部典型的微生物应用史，因为酿酒就是通过微生物使粮食、水果等原料进行代谢转化的过程。除了酿酒活动，利用豆科植物轮作以提高土壤肥力的农业生产活动、制酱和酿醋等活动也都见证了人类同微生物打交道的历史。这说明，在人类还不知道微生物的存在的时候就已经开始应用微生物了。微生物，顾名思义，长得特别小，小到人类用肉眼根本看不到。在食品、医药、农业等各个领域，微生物的影子无处不在。食品领域，人们日常喜爱的酱油、醋等调料品，甜酒酿、酸奶等饮品，让爱者爱之入骨、憎者掩鼻而逃的臭豆

腐，无不是微生物的杰作；医学领域，许多抗生素、疫苗的生产离不开它；农业领域，通过微生物发酵制作而成的肥料，可以极大地提升土壤肥力，并防治多种病虫危害。毫不夸张地说，现代人类的生活离不开微生物。那么，人类又是什么时候发现自己生活的周边充满了微生物的呢？有一样东西的出现，为人们观察生活中的微生物提供了必要媒介，那就是显微镜。

在显微镜诞生前，人类肉眼能看到的世界是有限的。1590 年前后，一位叫詹森的眼镜制造商偶然将两个凸透镜前后放置，通过这种特别的设置，他发现物体的细节被清晰地呈现出来。这一偶然发现促成了光学显微镜的发明。但真正让显微镜为人类所用的却是荷兰著名的微生物学家列文虎克。1665 年，列文虎克设计制造了一架由上下两块透镜组成的复式显微镜，这只和人类的眼睛有着相同作用却远超人类视力范围的“硕大眼睛”，为人类呈现出了一个此前从未发现过的新世界。列文虎克用它观察栎树皮的薄片，从中发现了植物中存在的蜂巢状的小室，他为它们起了一个特别贴切的名字——细胞，细胞的英文“cell”即为他所定名，直到现在，人类还在沿用这一称呼。发现了植物细胞构造的某些奥秘之后，列文虎克并未停止探索的步伐。1680 年，列文虎克观察到酵母里含有球形的小颗料（即酵母菌）。他还用显微镜观察血液里的血液细胞，观察昆虫、狗和人的精子、牛粪等诸多事物，这些发现说明，在人类肉眼之外的微米级世界中竟然生活着成千上万的“小支物”（微生物）。一次偶然的机会，使列文虎克萌生了用显微镜观察雨水的想法，他先是从水塘里取出一管雨水进行观察，发现雨水中有很多形状各异的小东西在蠕动。这一发现使得他对雨水里的“小东西”从何而来产生了好奇心，为了验证它们的来源，列文虎克又以开始下雨时落下的雨水作为实验对象，试图从中找到答案。这一次，他发现，并没有“小东西”的存在，直到几天后观察，神奇的一幕再次重现，雨水里又有了不计其数的“小东西”。列文虎克得出结论，这些“小东西”绝不是来自天上。雨水里有生物，列文虎克的发现像一记重磅炸弹，在英国学术界引起巨大震动。但科学的实验结果和真切的观察让一切质疑和谣言不攻自破，人们终于愿意相信，在人类肉眼之外，确实存在着一个有无数不知名的微生物存在的世界。不仅如此，列文虎克还破天荒地用显微镜观察到了细菌的存在，为人类战胜传染病开辟了新纪元。这些伟大发现，对列文虎克个人而言，使得他从一个看门老头儿一跃成为名扬世界的科学家；对人类而言，有力地驳斥了低等动物是自然发生的学说，解释了原本只能用封建迷信或神学解释的现象，对之后的细菌学和原生动物学起到了奠基作用。

三、曙光乍现——酒精的正确“打开方式”

（一）酒精的化学密码

酒精到底是什么？在18世纪之前，或许有人对这一问题产生过好奇，但没有人能准确说出这个问题的答案。尽管在此之前，人们对酒精的某些特性已经有了一些模模糊糊的认识。比如公元前4世纪，古代哲学家亚里士多德和泰奥弗拉斯托斯已经注意到酒散发的气体可以燃烧。9世纪，炼金术之父贾比尔在他的著作中提到，在沸腾的酒中加盐，可以增加酒的挥发性，酒蒸气也会变得更加易燃。9世纪末到10世纪之初的波斯医学家拉齐被广泛认为是第一个发现并分离出酒精的人。13世纪，有“光明博士”之称的方济各会会士拉蒙·柳利第一次提到了纯酒精。但直到18世纪之后，关于酒精的谜题才被一点点解开。

18世纪80年代，法国著名的化学、生物学家拉瓦锡通过燃烧酒精的试验找到了答案。他准确地弄清楚了酒精是由碳、氢、氧组成的，拉瓦锡的这一发现具有前无古人的重大意义，酒精化学秘密的大门被正式打开。在此基础上，他提出糖分解后可以生成酒精和碳酸，并提出了著名的质量守恒定律，他用等号表示这种变化过程，如葡萄糖=碳酸（H_2CO_3）+酒精，这是现代化学方程式的雏形。以拉瓦锡的研究为起点，科学家们对酒精的科学研究迈入了快车道。相继有科学家确定了乙醇的化学式（C_2H_5OH）和结构式，此后，关于酒化学研究的著作也开始出现，这些科学理论将酒酿造推向了新的历史阶段。

（二）酒液里的“精灵”

对多数人而言，用甘蔗制作白糖，用酵母制作面包或白糖，只是传袭某些经验，很少有人会产生好奇心，对其制作原理进行深思。如果人类只是按部就班地按照这种经验路线发展，人类的前途一定不会如今天这般光明。但总有些人不满足于已有的经验，他们不知疲倦地研究身边的一切，包括那些看似不经意的偶然，试图从历史、现实中发现那些不为人知晓却有着重大意义的东西。伟大的科学发现往往诞生于这些人对身边事物的敏锐观察和深邃思考中。

列文虎克的发明和创造为人类开启了认识微生物世界的大门，让人们了解到了微生物的基本形态，但他及当时的人们都不清楚微生物和人类的生活到底有什么联系，微生物的存在需要哪些条件。直到 19 世纪，法国生物学家路易斯·巴斯德用他的坚持不懈和实践为我们呈现了这个隐秘王国里的别样精彩。如果说列文虎克只是发现了微生物的存在，让微生物的秘密被人类知晓，那么巴斯德的存在对微生物世界来说就是惊雷，他打破了原本平静的微生物世界，让微生物们从此不得安生，甚至遭遇灭顶之灾。因为他不但发现了各种

微生物，还在不断的实验和研究中找到了抑制微生物生长繁殖及杀死它们的办法。1857年，巴斯德通过显微镜观察，发现了酒液中藏着的精灵。他提出酿酒过程中的发酵是由于酵母细胞的存在，没有活细胞的参与，糖类是不可能变成酒精的。

其实，从19世纪初期到19世纪中期，一直存在关于酒精发酵的“生命说”和“化学说”两种观点，且二者的交锋意味浓烈。持发酵“生命说”观点的代表人物是提出细胞学说的施旺。施旺等人发现，参与啤酒酿制的是一种有细胞结构的微生物，施旺为这种微生物取名叫“糖真菌”，把发酵归于微生物生命活动的结果。拉瓦锡认为糖发酵的产物是酒精、二氧化碳和醋酸，他提倡“化学说”。在他之后，德国化学家李比希也高度赞同“化学说”。他在研究中发现引起发酵的是酵素，虽然他尚未弄清楚是哪种酵素，但他已经意识到酵素产生于含糖植物汁液的腐败过程中，且其自身也处于腐败过程中。这种物质具有可以将自身状态传染给与它相接触的有机物质，使之发生分解并引起发酵的性质。他用讽刺性的语言表达了对生命的“发酵说”的嘲讽：酵母菌长着一张会吸吮的嘴，它吃下糖后，就能从肛门流出酒精，同时从它的泌尿器官向外冒二氧化碳气。巴斯德显然不认同这样的观点，为了驳斥李比希，喜欢用实验说话的巴斯德设计了针对性的实验。他以铵盐代替蛋白质类物质作为酵母菌的氮素营养，用它和糖及酵母灰接种极少量的酵母细胞，结果，酵母菌在其中大量增殖，并引起酒精发酵。显而易见，这个实验过程并不存在处于腐败过程中的物质，化学说的解释难以成立。最终，1860 年，巴斯德通过一系列严谨的实验，证明了酿酒是酵母菌产生的结果，这就等于他终结了自生论，确认了生源论（生物来源理论）：没有额外的微生物的作用，发酵是不会产生的，酒精是不会出现的。但是巴斯德的观点也不是最终的观点，20 多年后，德国科学家布希纳发现了使酒精产生的直接物质并不是微生物酵母菌，而是酵母菌代谢出来的酶。在没有酵母菌但有酶的情况下，蔗糖溶液照样可以转变成酒精。

（三）可恶的变质

科学家们对酒精及酒的研究自然引起了社会各界的注意，人们在意识到酒精这种液体的本质之后，开始关注一些现实问题的解决。彼时，酒是法国的一项重要工业，但这一产业在发展中却有一个一直悬而未决的问题，即酒在保存中的变质问题。作为一位科学家，巴斯德还是一个葡萄酒爱好者，他出生在拥有自家葡萄园的家庭，这使他从小就与葡萄酒结下了深厚的缘分。在自己的科学实验中，他不止一次用显微镜观察酒，并得出了许多科学结论。比如，酒中含有不同的酒石酸，不同的酒石酸结构不同；氧气可以通过橡木桶

的孔隙进入陈酿的葡萄酒中，从而使酒“老化”。巴斯德的科学发现和研究自然也被法国葡萄酒业关注，他们委托巴斯德研究葡萄酒在保存中的变酸问题。巴斯德欣然同意，他是一位执着且有着坚持不懈精神的科学家，他的研究最终找到了这一问题的答案，即酒之所以会变质，是微生物在“捣鬼”。

1859 年，巴斯德对发酵过程中的腐败现象进行了研究，发现了使发酵物腐败的微生物。他在观察中注意到靠近液滴边缘的那些微生物很快就静止不动了，而处于液滴中央的那些却依然非常活跃。巴斯德创造性地设想是氧气“杀害”了靠近液滴边缘的那些小生命。为了证实自己的想法，他在缺氧条件下培养这种微生物，结果这些微生物便活泼运动并生长繁殖了。就是说这种微生物可以在没有氧气的状况下生存，另外，氧气实际上对它的生存是有害的。这显然是对当时流行的“没有氧气就没有生命”的传统观念的一个突破。1864 年，在法兰西研究院举行的盛大讨论会上，巴斯德还巧妙地用鹅颈瓶和普通烧瓶作对比，他用实验证明，肉汤会变质是因为空气中的微生物进入了肉汤里，得到了营养，从而可以生长繁殖并让肉汤变质，只要能避免微生物进入肉汤中，肉汤就可以保存很久而不变质。巴斯德的实验宣告了自然生成说的荒谬性，那些以自然生成说否定创造论的论调被彻底推翻。人们第一次知道，原来食物、酒液会变质，伤口会发炎，都是微生物在暗中起作用，而苍蝇、蛆虫等小动物并非如古希腊哲学家、科学家亚里士多德等所认为的那样，是从腐烂物中自然生成的，在神奇的微生物世界里，都可以找到它们的祖宗。在这些科学研究的基础上，巴斯德创立了独特的高温灭菌方法，这种方法被称为“巴斯德灭菌法”，他提出将葡萄酒置于 50℃以上的高温储存，避免微生物酵解而发酸。这一方法最终解决了葡萄酒的发酸问题，为法国葡萄酒业创造了巨大的经济效益。

后人们踩在这些巨人的肩膀上弄清了微生物生长繁殖的条件——水、温度和有机物。人们对微生物的认识也更加客观，用“时而使坏，偶有功劳”来评价微生物最为贴切。它既让人们不得不面对食物腐烂、伤口发炎的烦恼，又能帮助人们酿制酸奶、美酒等美味的食物和饮品。正是因为了解到了微生物的诸多“脾性”，现代人才能更好地与微生物和平相处。

小结

从把酒当作美味的神赐之物，观察酒自然发酵的现象，到发现酒可以酿造；从用某一种原料酿造酒，到用多种原料酿造酒；从模仿自然发酵酿造简单的发酵酒，到凭借一定的

技术手段酿造工艺更为复杂的蒸馏酒；从只把酒当作一种单纯的饮品，到用科学的眼光和方法观察酒、审视酒、研究酒，人类走过了漫长的历程。在这个过程中，人类对酒与酒精的认识，也经历了巨大蜕变。从不知自己不知，到有意识地探寻其中的奥秘，从只知其一到知之甚多，再从知之到用之，人类对酒精的认识由浅入深、步步跃升；从最初的感性认识到理性认识，从开始的简单模仿到后来的理论创新、实践创新，人类对酒精的运用不断突破低级、迈向高级。

现在，人们对酒精有了更为全面、准确的认识，知道了酒精的基本属性，对酒与酒精的关系有了基本了解。这种认知的进阶表明，人类已经突破了生产力低下时期的认知围城，这是人类文明进步的结果，是人类孜孜不倦探索未知领域所取得的成就。当然，认知的进阶，必然带来实践的进步，当人类认识到酒精到底是怎样的一种物质之后，以人类在进化中所形成的强大的创造精神，人类必不会满足于此止步不前。相反，人类会一往无前，去尝试打开更多新世界的大门，让酒精在人类的日常生活中发挥更大的作用。

OH

第二章

看似同源，实则异流

——酒精分天地

日常生活中，人们会接触到许多物质，有些可有可无，有些却在人们的生活中发挥着无出其右的作用。酒精是其中既普通又特别的一种，说其普通，因为它随处可见；说其特别，因为不同的酒精有着截然不同的用途和功效。从性质上来看，它是一种易燃、易挥发的无色透明液体，低毒性，纯液体，不可直接饮用。它具有特殊香味，微甘，并伴有刺激的辛辣滋味。它易燃，其蒸气能与空气形成爆炸性混合物，能与水以任意比例互溶；从用途上来看，不同的酒精用途各异，可以广泛应用于国防化工、医疗卫生、食品工业、工农业等不同领域。我们日常生活中在超市、酒类专卖店等到处可见的许多饮品都含有酒精；每天入口的食物，有不少含有酒精；打疫苗时，要用到酒精消毒；外出野炊时，可能也需要用到酒精炉烧水做饭；出行给汽车加油，可能会用到乙醇汽油……这些出现在不同地方却都被冠以酒精之名的物质之间是否有关？它们有着怎样千丝万缕的联系，又有着怎样的差别？

第一节

一种并不神秘的物质——酒精

虽然人类很早就开启了接触和使用酒精的历史，但酒精被发现和制备的历史与之相比，要晚许多。1796 年约翰·托拜厄斯·洛维茨利用部分纯化的乙醇（乙醇—水共沸物）制备纯乙醇，做法是将部分纯化的乙醇加入过量的无水碱，再在较低的温度下蒸馏。其后，拉瓦锡发现乙醇是由碳、氢、氧等元素所组成。1807 年尼古拉斯·泰奥多尔·索绪尔确定了乙醇的化学式。50 年后，阿奇博尔德·斯科特·库珀发表了乙醇的结构式，这也是最早发现的结构式之一。1892 年的日内瓦国际化学命名法会议上，酒精的化学名字被正式定为乙醇。在充分认识酒精并尝试制备成功之后，人类就开始了大规模的酒精生产实践。在此基础上，一个新型的工业门类——酒精工业发展起来。酒精工业是基础的原料工业，其产品主要用于食品、化工、军工、医药等领域。如果了解一下酒精的生产过程，人们会发现这种在人类文明进程中被赋予了多重色彩的物质，并没有多么神秘。

一、原来酒精是这样变身的

酒精工业即生产酒精这种物质的工业门类，它与农业关系密切，因为酒精生产的主要原料来自农业，同时，酒精还能反作用于农业，比如酒精可以用来制备农药，酒精生产的下脚料则可以经过处理成为良好的饲料或肥料。那么，酒精究竟是如何从一种原料摇身一变成为新的物质的？要知晓这一秘密就必须了解酒精的生产原料及工艺。

（一）酒精生产原料

从自然界中酒精的产生原理可知，凡是含有可发酵性糖或可变为发酵性糖的物料，都可以作为酒精生产的原料，但后来随着酒精生产工艺的改进，酒精发酵的原料范围也进一步扩大，有一些原本被认为不可被发酵的糖，比如半纤维水解液中的主要糖分——木糖，也变为可发酵的了。这样一来，可以用作酒精生产的物料就大大丰富起来。但要成为酒精工业生产的原料还要考虑一些因素，比如原料资源是否丰富、收集和运输是否方便、是否含有对人体健康有害的因素、是否便于贮藏、是否会出现与人争粮等问题。目前，国内外酒精生产常用的原料主要有三类。

第一类是淀粉质原料，又被称为粮食原料，包括谷物原料和薯类原料。在酒精工业诞生初期，淀粉质原料是制备酒精的主要原料，后来，随着生产工艺的改进和节约粮食的现实需求，才渐渐出现了其他原料。目前国际上常用的谷物原料主要有玉米、小麦等，其中，玉米是最佳的酒精生产原料。用玉米生产酒精优点明显，玉米的产量高，在全球三大谷物中,玉米总产量和平均单产均居世界首位；同时，玉米的淀粉量、蛋白质和脂肪的含量都很高，生产的酒精品质更佳。薯类原材料主要包括木薯、马铃薯。木薯对生长环境的要求低，在亚热带、热带地区可一年四季种植，且能在土质贫瘠的山坡地上种植，不用与粮争地，亩产量和淀粉产量都比较高。但由于其种植主要集中在山区，加之总产量少，尚无法满足全面供应酒精生产的需要。马铃薯俗名土豆，有很多品种，广泛种植于世界各地，尤以欧洲（包括俄罗斯）种植面积最广。用马铃薯生产酒精的优点在于它的生长周期短，淀粉含量和蛋白质含量高，适合酵母生长；同时，马铃薯纤维质少，容易加工。所以在俄罗斯和东欧各国，马铃薯是主要的酒精生产原料，这也就解释了为什么 19 世纪初德国能靠马铃薯生产酒精获得巨额酒精税提振经济发展。第二类是糖质原料。酒精生产所用的糖质原料主要有糖蜜、甜高粱、甘蔗、甜菜等，糖蜜是甘蔗或甜菜糖厂制糖过程中的一种副产物，是最常用的；甜菜可以适应多种土壤和气候条件，俄罗斯和东欧各国历来有用过剩、受冻或变质的甜菜生产酒精的习惯；甘蔗是一种热带作物，最适合在北纬 37°

到南纬 31° 之间的地区生长，它的单产很高，是一种非常好的制糖原料，在巴西，甘蔗是酒精工业的主要原料；甜高粱也具有极强的生长适应性，其单位面积产量高于甜菜，秆中含糖量很高，是一种非常有前途的糖质原料，美国最先成功使用甜高粱生产酒精。第三类是纤维质原料。目前国内外用于酒精生产的纤维质原料主要有森林工业下脚料、木材工业下脚料、农作物秸秆、城市废纤维垃圾、甘蔗渣等工业下脚料。

（二）酒精生产工艺

使用不同原料生产酒精在工艺流程上有差别。淀粉质原料生产酒精要经过以下过程：第一步，对原料进行清洗、粉碎等预处理，便于淀粉游离。第二步，采用水热处理，过去一般采用高压蒸煮的方式将淀粉糊化，现在则普遍采用低蒸煮，或是 80°—85° 常压液化法。不同国家的不同酒精厂采用的蒸煮设备和蒸煮方式往往也不相同，常见的设备有管道蒸煮、塔式蒸煮、罐式（锅式）蒸煮等，蒸煮方式有连续蒸煮和间接蒸煮。20 世纪 50 年代，苏联的很多酒精厂采用管道式连续蒸煮法，米隆茨基酒精厂是其中的典型代表；中国则采用塔式连续蒸煮工艺。不同的蒸煮设备和蒸煮工艺在加工原料粮、蒸汽耗量、电耗、出酒精率等方面各有优劣，但各国的实践普遍表明，采用连续蒸煮工艺比间接蒸煮优越。

第三步，使用糖化剂进行糖化，目前国内外酒精生产基本采用淀粉酶系统进行糖化剂生产，它可以加速淀粉的糖化过程，并能使其完全糖化。第四步，发酵形成醪液。这一步就用到酵母，酒精发酵离不开酵母的作用，而大规模生产食用酒精更需要大量的酵母，但并不是所有的酵母都适用于酒精生产，用于酒精生产的酵母必须具有较高的发酵能力、耐酒精能力、抵抗杂菌能力、较快的繁殖速度，以及较强的适应培养基的能力等。酒精酵母进入糖化醪液之后，就开始了酒精发酵的过程，酵母细胞会吸附其中的糖分，糖分进入酵母细胞并在其细胞内的酒化酶系统的作用下生成酒精、二氧化碳和能量，这就是酒精发酵的基本机理。在这个过程中，糖化醪的浓度、发酵温度、发酵醪的酸度、酵母的接种量等都会影响酒精发酵的效果。但到了这一步，制备酒精的过程并未完结。接下来，进入第五步，也就是最后一步，对发酵成熟的醪液进行蒸馏和精馏，这是当前全世界酒精工业从发酵醪中回收酒精的唯一方法。蒸馏就是利用蒸馏塔，根据液体混合物中各组分挥发性能的不同，将各组分分离，获得粗酒精和酒糟。精馏是用精馏塔对粗酒精进行提纯，去除杂质，得到各级成品酒精和杂醇油等副产品。酒精工业发展初期，国外的酒精蒸馏和精馏是分别进行的，后来，随着连续蒸馏精馏工艺的出现，这种生产流程被替代，只有东欧波兰等少数国家仍然采用原来的生产工艺。而世界上的大多数国家都开始使用连续蒸馏精馏工艺，即对发酵醪直接进行连续的蒸

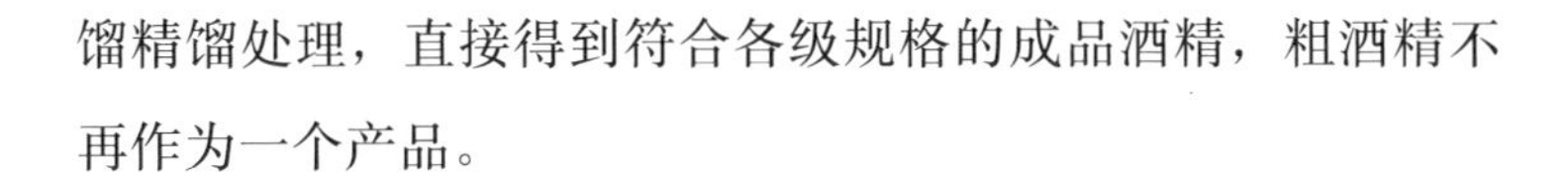

馏精馏处理，直接得到符合各级规格的成品酒精，粗酒精不再作为一个产品。

糖蜜原料酒精生产工艺流程为：第一步，制备稀糖液体；第二步，制备酵母；第三步，利用酵母发酵稀糖液；第四步，对成熟的发酵醪进行蒸馏。每一步又包含很多程序，比如对糖蜜的稀释，目前国内外常用的工艺流程包括两类，即单浓度流程和双浓度流程，双浓度流程是在糖蜜酒精发酵早期受工艺限制所使用的一种工艺流程，该工艺流程配制两种不同浓度的稀糖液，较稀的用来培养酒母，较浓的用于酒精发酵。后来，出于简化工艺流程的需要，伴随着工艺的改进，采用单浓度流程就可以制备出能达到发酵指标要求的稀糖液，很多酒精生产厂开始采用单浓度流程。糖蜜稀释方法有间隙稀释法和连续稀释法两种。糖蜜稀释之后会出现一个问题，即营养物质不足，这会影响酵母繁殖，对出酒率也有不良影响，因此需要添加营养盐。不同糖蜜发酵对酵母菌种的要求不同，需根据甘蔗、甜菜等糖蜜的实际需求制备相应的酵母。稀糖液发酵中要注意通风强度、发酵醪酸度、发酵温度等的控制。发酵采用的方式有间接发酵和连续发酵，不同国家的酒精厂采用的发酵工艺也有差别，俄罗斯、丹麦、美国等都热衷于使用的连续发酵工艺是利用糖蜜中富含的蔗糖，由酵母菌发酵生成酒精。

纤维质原料是一种含纤维的原料，它包括农作物下脚料、木材加工工业下脚料、工厂纤维素和半纤维素下脚料、城市生活纤维垃圾等。地球上有着丰富的纤维质原料，这也是它被人们作为试验对象用来生产酒精的一个重要原因。与淀粉质原料可能会存在与人争粮的问题不同，纤维质原料既能避免对粮食的消耗，又能实现对废物的加工再利用，是生产酒精的一种极佳原料，拥有广阔的生产前景。目前国内外已经有很多国家开始使用这种原料生产酒精，丹麦凯隆堡的因必肯（Inbicon）生物炼厂每年可以小麦秸秆为原料生产140万加仑的纤维素乙醇。纤维质原料的生产方法主要有热化学法和生物法，热化学法是使反应物的水溶液和金属盐的混合物在升高温度的条件下，形成中间络合物盐水或金属乳酸盐，当有水存在时，络合物盐经高温分解转化成乙醇，庄稼的秆茎、木渣等都适合采用这种方法。生物法又包括生物质合成气发酵工艺和生物质水解发酵工艺两种。生物质合成气发酵工艺先通过气化反应装置把生物质转化成富含一氧化碳、二氧化碳和氢气的中间气体，然后让这些成分进入气体整合设备转化成生物质合成气，并进入发酵设备，在细菌的作用下最终转化为乙醇。生物质水解发酵工艺，主要包括生物质预处理、糖化和发酵三个程序，通过预处理降低纤维素的分子物质，打开其密集的晶状结构，以利于进一步分解和转化，主要办法有热机械法、自动水解法、酸处理法、碱处

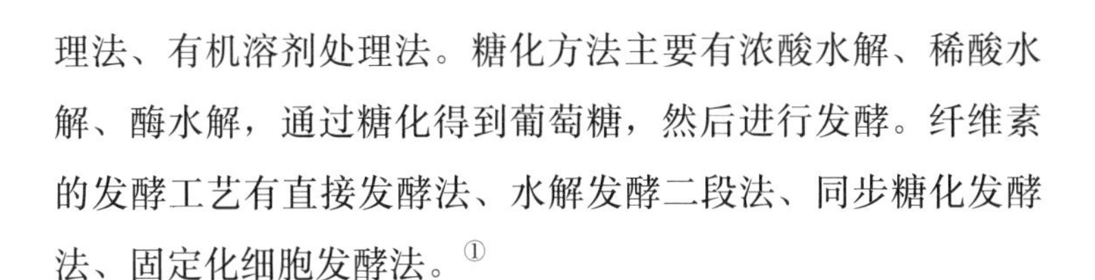
理法、有机溶剂处理法。糖化方法主要有浓酸水解、稀酸水解、酶水解，通过糖化得到葡萄糖，然后进行发酵。纤维素的发酵工艺有直接发酵法、水解发酵二段法、同步糖化发酵法、固定化细胞发酵法。[①]

总体来看，淀粉质原料和糖蜜原料酒精生产技术相对成熟，纤维质酒精生产技术由于诞生晚，发展中还存在不少亟待克服的技术难题，但纤维质酒精生产拥有的广阔前景不容小觑。自 20 世纪 70 年代初出现第一次石油危机之后，纤维质酒精生产技术就受到了广泛重视，但由于纤维素酶系组成复杂，酶解产糖成本过高，严重制约了纤维质酒精技术的产业化。目前，世界上领先的纤维质酒精生产与使用国当数美国，为了实现纤维质酒精的产业化，美国在政策、资金和研发方面给予了充分支持。从 2013 年开始，美国已着手建立了 3 个大型的纤维质乙醇厂，其预期生产规模为 7 万吨 / 年以上。但现实并未达到预期，美国的这几个纤维质乙醇厂在正式开始生产之后，总生产能力均未达到目标，目前仅剩位于艾奥瓦州的纤维质乙醇厂仍处于运行状态。巴西的纤维质乙醇产业也取得一定发展，2014 年，巴西的格兰生物（Gran Bio）公司建成并投产了纤维质乙醇厂，其年产可达 6.5 万吨，是巴西目前最大规模的工厂。2018 年，巴西的雷前

① 靳胜英、张礼安、张福琴：《纤维质原料制乙醇的关键技术》，《化学工业与工程技术》2009 年第 30 期。

(Raizen)公司投产了以甘蔗为原料的每年可产 3 万吨酒精的装置，该公司还宣布到 2024 年将建设 7—8 个与一代甘蔗酒精相配套的纤维质乙醇厂。中国目前有 6 个建成或计划建设的大型纤维质燃料乙醇项目，受到国际大环境的影响，这些装置目前基本属于停产状态。总的来看，虽然纤维质乙醇前景较好，但目前全球纤维质乙醇生产技术还不够成熟，制约了纤维质乙醇产业化的步伐。

（三）酒精的分类

酒精按不同的方式可以分为不同类型。按照生产方法，酒精可以分为发酵法酒精和合成法酒精。上述三种原料就是发酵法酒精的生产原料。合成法生产酒精是以煤炭焦化、石油裂解等化工生产的废气中的乙烯为原料，经化学合成反应制成酒精。合成法生产酒精的方法包括间接水合法和直接水合法，按照质量等级从高到低，可以将酒精分为制药用酒精、食用酒精、消毒医用酒精和工业用酒精。酒精质量是以酒精中乙醇浓度的高低来评判的，乙醇浓度越高，甲醇含量越低，酒精质量越高。[①]

① 刘广文、王立学：《食用酒精产业发展简要分析》，《食品安全导刊》2022 年第 9 期。

二、不同魅力的表达方式

世界上有七大语系，不同语系使用不同的语言，另外，即便是同一语系下，不同国家所使用的语言也有差别。语系及语言间的差异性导致酒精表达方式的多样性，而不同的表达方式又因为其所特有的文化内涵而散发出不同的魅力。英语里常见的指代酒与酒精的词有 alcohol、wine、spirit、liquor 等，这些称谓指代的对象有所不同。在英语里，酒精“alcohol”这个词来源于阿拉伯语中的“al-kuhul”，该词所指之物是粉末状的化妆品。这种化妆品是从锑石中精炼提取的锑粉，兼具美容和医疗保健的作用，是阿拉伯妇女的钟爱之物。追求美貌是女人的天性，何况美貌有时还能起到意想不到、超乎寻常的关键作用，埃及托勒密王朝后期就出现了一位凭一己美色支撑一个王朝的传奇女性——克娄巴特拉（前 70—前 30）。她自幼就非常美丽，长大之后，倾国倾城的容颜更是成为她纵横政坛的重要筹码。她利用自己的美貌赢得了罗马帝国几个最主要的男人的青睐，使他们甘心为她的政治前途铺路，原本已经濒临灭亡的埃及因为克娄巴特拉美貌的加持和罗马帝国的庇护，硬是续命 20 年。克娄巴特拉很注重自己的美貌和妆容，她喜欢用锑膏画眉毛，这种美容习惯也受到当时妇女们的推崇，此后中东妇女，都采用细锑粉来涂眼皮。锑粉在阿拉伯语中写作 al-kohl 或 al-kuhl，其中 al 相当于英语定冠词 the，而 kohl / kuhl 则意为“锑粉”。

16 世纪时该词通过拉丁语进入英语，作 alcohol，最初仅指“精细的粉末”。后来，人们发现锑粉的提制过程类似于制取酒精的分馏法，到了 18 世纪，alcohol 一词遂被用以指“酒精”，其原义也随之丧失。在英语里酒精饮料有多种称呼，drink 通称包括酒在内的各种饮料，也可特指酒；liquor、spirit（s），均指非发酵的烈酒或蒸馏酒，相当于汉语的“烧酒”“白酒”“白干”；Wine 源自拉丁语 vinum（葡萄），一般指发酵过的葡萄酒等果酒。

在汉语里，酒精可以拆解成“酒”和“精”两个字来理解。酒，在中国最早的文字甲骨文中，有两种写法，第一种写法用的是最原始的造字方法——象形，“酉”的字体形状类似于小口的尖底瓮。郭沫若在《甲骨文字研究》中如此描述：“……乃壶尊之象也。”第二种是在“酉”字旁加上几个点，这几个点用来表示液体。从“酉”的不同写法不难看出，其所指是有区别的，第一种写法中，“酉”侧重于指盛酒的器皿，第二种写法才是实指“酒”这种含有酒精的液体。此后，酒字又经历了种种演变，到了商代中期，钟鼎文中的酒字形体已经演变得愈发美观匀称，形似酒坛。在中国古代，人们已经尝试用自己所掌握的知识给酒下定义，比如东汉文字学家许慎在《说文解字》中提到：“酒，就也，所以就人性之善恶。从水酉，酉亦声。”从许慎对酒的解释不难看出，他是站在文化内涵的视角来定义酒的，认为这是一

种具有两面性的饮料，既可以助长人性的善良，也会助纣为虐，暴露人性丑陋的一面。虽然现在看来，这种认识过于感性，因为酒作为一种液体，是一种客观的存在，或许在人类出现之前，已经有了酒，但人类的出现，赋予了酒精神属性和文化内涵。更为难能可贵的是，在当时的时代背景和社会条件下，许慎对酒的认识已经远远超过了其物质属性，进入更深层次的文化内涵层面。汉语中“精”字的解释极为多元，《说文解字》里提到，“米”“青”为精，本义指精心挑选过的上等好米。《说文解字》对精的解释是“精，择也”，将“精”解释为在众多事物中择优挑选的结果。五行之中以青色配春天，汉语成语“一年之计在于春”即表明春天是生命力最旺盛的时期，所以“精”又引申为精神、精力。此外，“精”还表示物质中最纯粹、最美好的部分，如精华、精粹等。汉语中对“酒精”二字的种种注解演变，揭示了人类饮用酒、认识酒的历史，也初步涉及“酒精”这种物质的本质属性和精神属性方面的内容，但这些都不足以给酒下一个明确的定义。

还有一个值得注意的现象，在汉语文化里，不同的酒在不同时期，甚至在同一时期的不同地方，称呼也有差异，这些五花八门的别称构成了中国酒文化的独特神韵。比如以酿酒鼻祖杜康作为酒的代称，曹操在《短歌行》中的诗句“何以解忧，唯有杜康”就印证了古代人对杜康作为酒名的认同。不同身份的人对酒的称呼也有差异，佛教禁止饮酒，但有些僧人忍不住偷饮，为了避讳，以“般若汤”作为酒的隐称，苏轼在《东坡志林》中有“僧谓酒为般若汤”的记载。还有以酒的颜色为酒命名的情况，有些酒在酿制中未经过滤时，酒面会漂起一层浅碧色的泡沫，有人遂称酒为“碧蚁”，如吴文英在《催雪》中写道:“歌丽泛碧蚁，放绣箔半钩。”中国文化中酒的名称繁多，至少有上百种，如鹅黄、郫筒、冻醪、福水、桂酒、寒醅等，每一种雅称或隐称，都非凭空来的，而是有理有据的，或是依据盛酒的容器，或是依据酿酒时的状态、酒色、酒味。当然还有一些普通百姓耳熟能详的以原料、曲、储存和发酵时间长短、历史古迹和产地等命名的，比如洋河大曲、高粱酒、大曲酒、陈曲、头曲、古井贡酒、茅台酒、汾酒等，这些名称见证了也体现了中国人的智慧和创造性。不得不说，中国人给酒命名颇有一种“有必达之隐，无难显之情”的才情。

世界上不同地区对酒精的表达方式不同，酒精的多样化表达反映了世界上不同文明的独特魅力，也反映了不同地区的人们对酒精的态度，以及人们对酒精漫长的认识过程。它表明，人们对酒精的认识不是一蹴而就的，而是经历了漫长的发展阶段的。在很长一段时期内，人们都是在感性认识的框架内，通过自己对酒这种物质的感觉和实践，不断进行归纳、总结。

第二节
让人着迷的饮品——酒精饮料

因水而兴，向水而为，是不同文明的共识。水之于人类，一日不可或缺。人类很早就认识到水的重要性，所以早期人类选择临水而居，这种对水的本能需求也成为千万年来刻在人类基因里的“不能忘却”。但是在大约1万年前，一种饮料的出现，挑战了水的地位，它就是酒精饮料。比起水，它似乎更有滋味，更能刺激人的口腔、味蕾，所以历史上一度出现了某些国家的人们用喝啤酒代替喝水的现象。那么，酒精饮料到底是什么？是不是可以概括为酒？不同文明对这一事物又有着怎样的表述？

一、分类的规则

直到当代，对酒的定义才愈发明朗。比如，在中国，1999年版的《辞海》中是这样定义的：“酒，用高粱、大麦、米、葡萄或其他水果发酵制成的饮料，如白酒、黄酒、啤酒、葡萄酒。”这一定义有三个关键点，酒在本质上是一种饮品或饮料；酒的酿制原料丰富，可以是粮食，也可以是水果；酒的酿制方法特殊，需要经过发酵。国际上对酒的定义比较统一，认为酒是一种含有乙醇的酒精饮料，但是对于乙醇的浓度标准，各国又有一些差异。比如有的国家规定，只要乙醇浓度达到 0.5% 就属于酒类，有的国家则将乙醇浓度标准规定为 0.7%，还有的国家将这一标准提升为 1%。但各国对酒的分类相对较为明确，按照酒度和制作工艺进行分类成为具有普遍共识的主流分类法。以度数分类的方法规定：酒度低于 20 的酒为低度酒，葡萄酒、啤酒、低度鸡尾酒等都在此列；酒度在 20—40 之间的为中度酒，代表酒为雪利酒、波特酒等；酒度在 40 度以上的为高度酒，主要代表有威士忌、龙舌兰、中国白酒等。以制作工艺分类的方法规定：没有使用蒸馏工艺但采用发酵和陈酿酿制而成的酒叫发酵酒；使用了蒸馏提纯工艺制成的酒称为蒸馏酒；使用各种成品酒或酒精，进行后期一系列处理操作而调配的酒称为配制酒。通过酒精饮料的分类不难发现，酒精饮料虽然是历史的“遗物”，但却是千万年之后的继承者们发现了酒精饮料中的更多奥秘，对其有了更深刻、更全面的认识。

二、超出想象的复杂成分

酒精饮料由多种物质构成，这些不同的物质影响了酒体、酒味。若论含量，乙醇当属酒中含量较高的化合物。不同类型的酒中乙醇含量不同，如中国白酒中乙醇含量为28%—70%，朗姆酒的乙醇含量为38%—50%，白兰地的乙醇含量大约为40%，葡萄酒的乙醇含量为10%—20%，啤酒的乙醇含量通常为2%—5%。从不同饮用酒的乙醇含量可以看出，蒸馏酒的乙醇含量较高，发酵酒的乙醇含量与之相比，则要低许多。饮用酒的度数与酒精含量之间的关系极其紧密，酒的度数表示酒中含乙醇的体积百分比，所以，酒中乙醇含量越高，酒的度数就越高。酒中还存在一种微量的醇类，即甲醇，酒中的甲醇是酿酒原料中果胶降解时所产生的，这是一种毒性极强的化合物，[①] 过量饮用会致盲。酒类中另一种重要的醇被称为异戊醇，杂醇油或高级醇的主要成分就是它，这种醇在某些饮用酒中是形成香气的主要成分，比如意大利的格拉巴白兰地。除了上述提到的这些醇类，酒中还存在着1-丙醇、1-丁醇、1-庚醇、1-乙醇等醇类，这些醇类的共同特点在于普遍具有水果香，有些醇类甚至还呈花香和青草的气味。这些醇类在酒中的阈值各不相同，检测它们的浓度有时可以帮助判断酒精发酵过程中是否感染了醇类

① 沈怡方主编：《白酒生产技术全书》，中国轻工业出版社1998版，第224页。

气味。此外，饮用酒中还存在不饱和脂肪醇、多元醇等，不饱和脂肪醇中最为重要的是顺-3-己烯醇，这种醇的味道比较特别，类似于刚刚被割过的青草的味道。

除了醇类物质，饮用酒中还存在许多人们熟识的非醇类物质，例如醛类、有机酸、糖类、酯类化合物。其中，有一种化合物的影响不容小觑，它就是酯类化合物，在形成酒的风味的诸多要素中，酯类化合物占据非常重要的地位。以中国白酒为例，浓香型白酒的主体香味便是乙酸乙酯，清香型白酒的主体香味是乙酸乙酯和乳酸乙酯。在生成酒的酯类化合物中，乙酯类化合物的含量最高，地位也最高，因为酒的怡人香气离不开它，这类酯普遍具有水果香和花香。乙酯类化合物主要包括乙酸乙酯、月桂酸乙酯等。其中，乙酸乙酯在酒中的含量较高。葡萄酒中，乙酸乙酯的含量一般为22.5—63.5mg/L，啤酒中，乙酸乙酯的含量为8—32mg/L，阈值为21—30mg/L，从啤酒中乙酸乙酯的含量与阈值的数值可以看出，它们之间十分接近，这是绝大多数酯类化合物的共性，浓度和阈值差距的这种关系暗示了一个信息，即当这些酯类发生微小变化时，啤酒的风味将发生大的改变。对于酯类化合物在酒类生成中的机理，目前尚不清晰，但酯类对酒的风味的作用已经被验证。当然，酒精饮料中所含的成分非以上所述所能概括，以上所述之种种只是酒精饮料的主要成分。

第三节

一种加工后可入口的酒精——食用酒精

酒精饮料可入口饮用，还有一种酒精也可以入口，它就是食用酒精。根据中国国家（GB384-81）执行标准，酒精等级可分为优质、一级、二级、三级、四级。其中的一、二级属于食用级，三级属于医用级，四级属于工业用级。食用酒精是以谷物、薯类、糖蜜或其他可食用农作物为主要原料，经发酵、蒸馏精制而成的供食品工业使用的含水酒精。其中：酒精度（%vol）≥95.0，醛（以乙醛计）/（mg/L）≤30，甲醇/（mg/L）≤150，氰化物（以HCN计）/（mg/L）≤5，铅（以Pb计）/（mg/kg）指标为1.0。但是人们对食用酒精好像有一种误解，经常将其与造假联系在一起，导致食用酒精的“真身”鲜为多数人知晓。

一、“生而有罪”的误解

从名字上来看，食用酒精就是在酒精前面加上了“食用”这个前缀词，顾名思义，就是指可以作为人的食物的酒精。同样是酒精，为什么有的可以食用，有的则只能用作工业原料，区别它们的关键是什么？答案藏在不同酒精使用的原材料和工艺中。食用酒精，又被称为发酵性蒸馏酒，指的是以薯类、谷物类、糖类为原料，经过蒸煮、糖化、发酵等处理而得到的供食品工业使用的含水酒精。食用酒精的生产采用的是液态发酵法，如果采用谷物类或薯类淀粉质原料，酿造过程是将它们粉碎成糊状，加水进行蒸煮，在淀粉酶的作用下转化成糖。如果直接采用糖蜜作为酿造原料，就不需要这个步骤，之后再加入酵母发酵获得酒精。使用不同的生产原料所获得的酒精在质量和风味上也有差别，使用谷物类原料所生产的酒精品质最高，而使用木薯类原料所生产的酒精成本最低廉。所以，追求品质的生产商往往选择使用谷物类原料，而更关注利润空间的生产商则将木薯类原料作为首选。另外，在一些年份，粮食价格低，谷物类原料也会成为生产商们普遍的优选，毕竟生产商们是最知晓市场规律和消费者喜好的。用糖蜜作为食用酒精生产原料的初始成本也不高，但其生产中废液的处理会增加成本，导致综合成本高于木薯类原料。

从食用酒精所使用的原料和生产过程可以看出，它并非洪水猛兽。但在有些国家，人们却谈食用酒精色变，将食用酒精与勾兑、假酒等联系在一起。比如，在中国，食用酒精

在一些人眼中就是十恶不赦的“戴罪之词”。中国人对食用酒精的恐惧症是有深刻的历史背景的，20世纪50年代末至60年代初，中国遭遇了严重的干旱灾害，长时间的干旱使全国范围内出现了饥荒。而酿酒需要消耗大量粮食，在口粮尚不足以满足生存需要的紧张局势下，人们不可能将视若珍宝的粮食用于酿酒。加之，当时国家提倡要发展酿酒新工艺，“三精一水”就这样登上了历史舞台。所谓“三精一水”指的是用酒精、香精、糖精和水等制作的液态白酒。这种工艺酿制的酒，成本低廉，消耗粮食较少，便于大规模生产，受到许多商家的青睐，其导致的后果便是中国白酒市场一度被这些劣质酒占领。

这种工艺酿制的酒缺点十分明显，比如气味刺鼻，没有传统工艺酿制的粮食酒的醇香，但在那样的时代背景下，“有总比没有强”的酿造逻辑也有其合理之处。但恰恰因为白酒市场上的这一段“黑历史”，加上其后曾发生的工业酒精兑酒喝死人等恶性事件，使得人们对酒精勾兑酒有了深深的误解，连带将这种罪责强加给食用酒精，继而对“食用酒精”这个词望而生畏。一提到“食用酒精”，人们就将其与劣质酒、假酒等挂钩，认为其不可食用，“食用酒精”这个词也莫名其妙地有了“原罪”。

二、真相并不可怕

既然食用酒精并不像传闻中的那么可怕，那么食用酒精有哪些用途呢？第一个用途，就是用来生产酒类。食用酒精可以作为不同浓度的酒类的基础酒，它是通过一定比例的添加将一款酒提到既定度数的常规方法。食用酒精纯度更高，它的使用既可以凸显配制酒本身的原料风味，还可以在装瓶之后保证酒体的稳定性，使其不会因为时间的推移发生太大变化。在有些白酒中，也会用到食用酒精，以此为主体的白酒不但能达到传统白酒的质量水平，而且能在安全、卫生、纯净方面优于传统白酒。伏特加、金酒和日本清酒中也可见食用酒精的影子。以伏特加为例，被俄罗斯人奉为上帝的伏特加分为两种，一种采用传统酿造法酿造；另一种就是酒精勾兑酒，将食用酒精用活性炭去除异杂味，加水勾兑。两者的区别在于前一种价格更贵，口感更醇甜、爽净；后者更便宜，口感差。此外，食用酒精还可作为汽酒、小香槟的基础酒。第二个用途，食用酒精是生产食用醋酸、自然酿造酱油、食用香精的主要原料。第三个用途，作为香料的良好溶剂，食用酒精可以用于生产香水。

正是因为食用酒精有着如此广泛的用途，所以世界各国都十分重视食用酒精的发展。有些国家生产食用酒精的历史悠久，比如，中国已经有上百年的食用酒精工业发展历史，

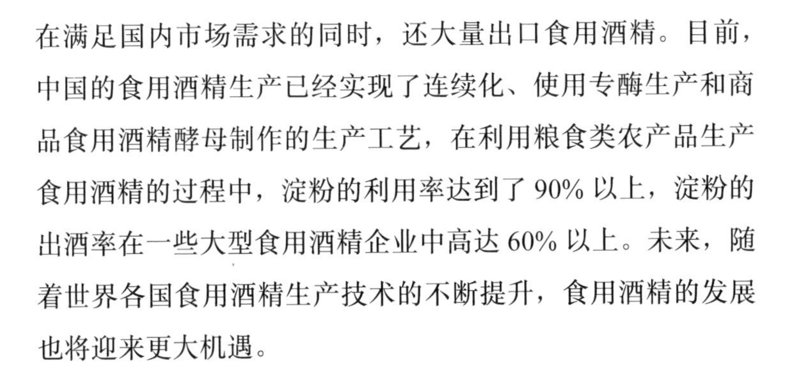

在满足国内市场需求的同时，还大量出口食用酒精。目前，中国的食用酒精生产已经实现了连续化、使用专酶生产和商品食用酒精酵母制作的生产工艺，在利用粮食类农产品生产食用酒精的过程中，淀粉的利用率达到了 90% 以上，淀粉的出酒率在一些大型食用酒精企业中高达 60% 以上。未来，随着世界各国食用酒精生产技术的不断提升，食用酒精的发展也将迎来更大机遇。

三、少有人知道的浪漫情缘

用食用酒精作为香料的良好溶剂生产香水，说明香水中含有酒精，但这并不是香水与酒精缘分的开始。事实上，很早以前，香水就与酒精结下了浪漫情缘。当然，这段浪漫情缘的缘起在于人类。独特的嗅觉和味觉，使人类十分喜爱香味，这可能是人类发明香水的主要动机之一。据说，公元前 3000 年左右，古埃及人就开始了使用香水的历史，考古学家最先在公元前 3000 年左右的古埃及城市遗址中发现了可能涂抹有香膏的人类尸体，如图所示，在埃及法老图坦卡蒙的墓葬中，学者们发现了若干盛放香膏或精油的罐子。据说，当图坦卡蒙的陵墓被开启时，墓室中仍然飘浮着从香膏罐子里溢出的淡淡的幽香。古代近东的香膏基本上呈固体状，这是因为近东人制作香膏所使用的原材料主要是肉桂、丁香、甘松等植物，这些植物的质地与形状决定了它们更适合做成膏状，但古埃及炎热的天气以及那里的水地和植物条件，使得那里更适宜制作和保存一些乳、水状的液体香料，这些液态香膏的出现被认为是字面意义上“香水”的最初起源。至于为什么墓室里会出现封存的一罐罐香水，大概与当时人们的认识有关，人们认为香水是一种神圣的东西，既可以让往生者在另一个世界使用，又能为尸体驱逐恶灵。

埃及法老图坦卡蒙的墓葬

那时候的香水尚不如今天这么普遍，所以并非愿意花钱就可以买到，只有某些特定人群才可以使用。香水刚开始是牧师们的专属，因为他们是香水制造过程的主要参与

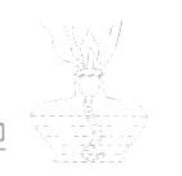

者。后来，埃及国王、王后及其他享有盛誉的人，也开始使用香水，埃及人对香水的狂热就是从这时候开始的。普林尼（Pliny）在《自然史》（*Natural History*）这本书中，记下古希腊罗马时期埃及香水的配方。白松香香水的成分，有小豆蔻、菖蒲、芦苇、蜂蜜、酒、没药、白松香、笃耨香（注：香木名，树如杉桧，羽状复叶。夏日开小花，圆锥花序，切破其茎，树脂流出，香气浓郁，可做香料供药用）和其他成分。这一复杂的配方中，出现了我们熟悉的物质——酒，这说明，当时古埃及的香水里已经将酒精作为一种添加物，至于他们为什么添加，目前无法知晓。但可以肯定的是，当时古埃及人制作的香水和今天的香水有很大不同，因为那时还没有蒸馏技术，古埃及人无法取得精油，他们取得香水的方式是将植物浸泡在油或油脂中，这是早期唯一使用的液态香气。

随着埃及文化的扩张和商贸活动的开展，香水传到了海的彼岸——古希腊，并很快受到人们的追捧，热爱芳香的古希腊人一边从国外进口数量巨大的香精油，一边开始了自己制作香水的尝试，并成为地道的香水制造大师。古希腊人喜欢用棕榈、麝香制作香水，并配之以薄荷、橄榄制成油状。他们将香水从头涂抹到腰身，就像今天的运动员涂橄榄油那样。与此同时，进口香精油的巨额开销让当时的执政者梭伦很恼火，他下令禁止滥用香水，但他的禁令很快失败。古希腊哲学家戴奥真尼斯（前412—前323）对古希腊人对香水的痴迷也极为不满，他虽然浑身肮脏，却在自己的脚上抹上香水，讥讽人们："如果在我的脚上涂上香水，那么我的鼻子就能闻到；如果我在头上抹上香水，那就只有鸟儿才能闻到了。"但无论是古希腊的最高统治者，还是伟大的哲学家，都无法阻挡人们对香水的狂热追求。香水成为古希腊人日常生活中不可缺少的一部分，几乎达到了人人使用香水的程度。在古希腊的影响下，古罗马帝国也对香水痴迷起来。起初，香水被用于一些重要场合，比如宗教活动和达官贵人的葬礼。后来，香水开始出现在越来越多的场合。比如酒神节上，古罗马皇帝尼禄（Emperor Nero）把香水作为晚宴上的调剂品，他会在两道菜中间将玫瑰香水洒向参加晚宴的众人，这种风气延续到了古罗马上流社会的宴会中，在有些宴

古罗马宴会

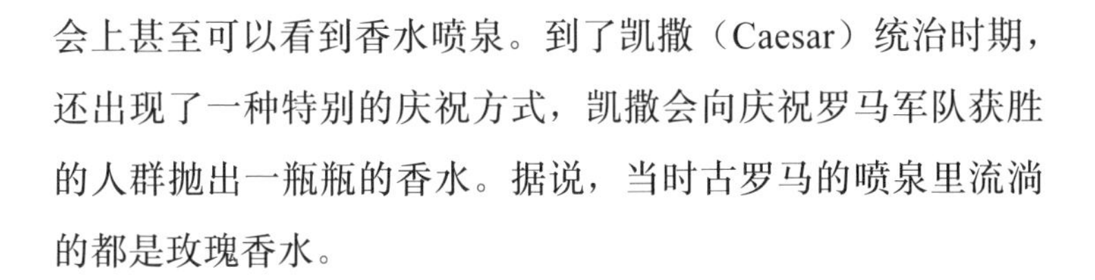

会上甚至可以看到香水喷泉。到了凯撒（Caesar）统治时期，还出现了一种特别的庆祝方式，凯撒会向庆祝罗马军队获胜的人群抛出一瓶瓶的香水。据说，当时古罗马的喷泉里流淌的都是玫瑰香水。

中世纪初，人们的生活环境十分恶劣，到处都是恶臭，香水被人们用来让周围环境好闻一些。这一时期，香水的发展平平无奇。直到 10 世纪，香水历史上迎来了极具转折意义的时刻，阿拉伯人发明的蒸馏工艺使香水制造出现了历史性的突破。彼时的阿拉伯炼金术士们沉迷于可以点石成金的炼金术，为了实现这个梦想，他们苦苦寻找各种植物的“精华”，在一次次的试验之后，他们认定那些昂贵的香精油中就有他们想要的“精华”，可是如何将它们提取出来又成为新的难题。前文提到 10 世纪阿拉伯医学家、哲学家阿维森纳改造了蒸馏法，揭开了饮用酒历史上的新篇章。事实上，他的贡献不止于此，他还实验用蒸馏法从玫瑰花朵中萃取精油，这一举动不但完成了炼金术士们孜孜以求的从植物中提取精华的梦想，还成为香水发展历史上的里程碑。要知道，在此之前的液体的香水主要由碎香草或花瓣等各种香料的粉末与油混合而来，但用蒸馏法提取的玫瑰精油更加精妙、纯净。12 世纪，阿拉伯人又发现在香精中加入酒精，可以使其慢慢释放出香味，部分浓缩精华也能更好地保存。阿拉伯人的发明和发现最终将香水事业的发展推向了一个新高度，香水制造工艺被传向世界。

之后的几个世纪，很多国家出现了香水，香水贸易也因此兴盛起来，意大利的威尼斯曾是当时世界上最大的香水贸易之城，来自远东的香料都汇聚于此。15世纪，在哥伦布发现美洲新大陆之后，葡萄牙和西班牙经过几番争论争夺最终达成了平分世界的协约，除欧洲大陆之外，世界被这两个国家收入囊中。即便如此，葡萄牙人和西班牙人仍不满足，他们针对欧洲大陆的其他国家实施封锁令，限制他们参与美洲、亚洲和非洲大陆的贸易活动。葡萄牙和西班牙由此成了真正的海上霸主，香料交易量突飞猛增，而威尼斯则失去了往日香水贸易之城的辉煌地位。这一时期，荷兰香水工艺发展迅速，荷兰人不但积极改进香料耕种技术，发展保护本国香料产业，生产出了包含花卉、草本、麝香等多种混合香料的、香味更加丰富的香水，还涉足国际贸易，促进了本国香水在国际上的流通，极大地提高了荷兰香水在世界上的知名度和地位。18世纪，香水又迎来了一次不同寻常的革命，一款可以喝的香水出现了。古龙水（法文“Eau de Cologne”，意为来自科隆的水），从它的名称就可以看出，这款香水与科隆这个地方有渊源。它是由意大利人吉欧凡尼·玛丽亚·法丽娜（Giovanni Maria Farina）于1709年在德国科隆推出的，一经推出就受到追捧，科隆也因此成为世界知名的香水之都。这款香水的主要成分包括香精、酒精和水以及添加剂（如微量的色素和螯合剂等），是一款含有龙涎香与2%—3%精油的清淡香水。这款香水最具特色的地方不但在于成分简单，使用的都是天然香料和酒精，还在于除了作为普通香水使用，它还可以用来沐浴，充当漱口水，甚至可以和红酒或糖混合直接饮用。据说，不可一世的拿破仑就是古龙水的极度痴迷者，他不但用古龙水洗澡，还将它与糖混合饮用，仅他一人每天就要使用5公斤的古龙水，如此大手笔的消费，拿破仑确实堪称古龙水的“铁杆粉”。

现在，又经过几个世纪的发展，香水已经可以通过工业化生产的方法制造，香水的价格不再高不可攀，定义也更加明确，即香水是香料溶于酒精中的制品，是一种具有浓郁芬芳香气，可以用来喷洒衣襟、手帕及身体某些部位的化妆品。也就是说，现在市面上可以购买到的香水里都含有酒精。根据香精及所用的溶液浓度的不同，香水可以分为四类：第一类为香精（Perfume）：香精浓缩度最高，香精油含量占20%—30%，配以70%—80%的纯酒精。第二类为淡香精（Eau de Perfume，简称EDP）：其香精油含量约为7%—15%，酒精为80%—85%。第三类为淡香水（Eau de Toilette，简称EDT）：其香精油含量为5%—10%，酒精浓度为80%—85%。第四类为古龙水或标科隆水（Eau de Cologne，简称EDC）：因起源于德国科隆而得名，其香精含量仅为2%—5%，酒精浓度为60%—70%。由此可见，从最初诞生到迎来转折，再到步入历史的新纪元，在漫长的发展历程中，香水与酒精之间一直都保持着奇妙的缘分。因为酒精的参与，香水里的精油可以被均匀稀释，可以挥发出自身特有的味道，更易附着在人类皮肤上。同时，酒精的存在，可以保护香精油，延长香水的保质期。可以想象，如果没有酒精，可能香水在世界上的不同国家，仍然是贵族的专属，毕竟好的香材或香料价格是非常昂贵的，而酒精的加入，使香水的香味得到了充分释放，并使其价格平民化。所以，酒精加速了香水融入人类社会的步伐，并使其价值得到更充分的体现。

第四节

与消毒治病密不可分的酒精——医用酒精

人类的祖先在机缘巧合之下发现了酒精，但酒精在人类发展历史中并不仅仅是作为一种可饮用的物质而存在的。事实上，人类很早就开始尝试用酒精治病、消毒，将酒精当作一种药品来使用，并最终在诸多实践的基础上生产出了医用酒精。医用酒精是用淀粉类植物经糖化再发酵后蒸馏制成，其合成和酿造相当于制酒的过程。但它又有不同于制酒过程之处，比如蒸馏温度要低于酒，但蒸馏次数比酒多，酒精度高，制成品出量高，含酒精以外的醚、醛成分比酒多。正是这诸多不同决定了医用酒精不能像酒一样被人们饮用，但可接触人体医用，为人体健康保驾护航。

一、酒精药用价值被发现

现代考古发现，最早将酒精作为药物使用大概在 5000 年前。研究人员曾在古埃及摩羯大帝一世（King Scorpion I）的古墓中发现了一个罐子。用现代科学技术和化学分析方法，从中识别出了残留的化合物中不但含有酒精，还含有一些草药成分，证明该罐子曾装有葡萄酒、香油、香菜、鼠尾草和薄荷等。该发现表明，古埃及人当时已经会将草本植物溶解于葡萄酒中，以医治胃病、疱疹等疾病。公元前1600年的古埃及医书《爱贝纸草书》上也记载了葡萄酒、啤酒等可以配合用药。《伦敦药典》记载，欧洲17世纪著名的拉蓝氏糖剂就是用40种植物药用酒浸泡后，与其他药配制而成。

除了与其他植物药等配合治病，古代的人们已经意识到酒本身也具有治病功效。古希腊“医药之父”希波克拉底（Hippocrates）赞同古埃及人认为的葡萄酒可以减轻胃病的看法。他说过：“葡萄酒作为饮料最有价值，作为药物最可口，作为食品最令人快乐。”他特别解释了葡萄酒的治病功效，提出利用葡萄酒可以给伤口消炎。他还提出，不同类型的葡萄酒药用功效不同，白葡萄酒可以帮助人们预防膀胱方面的问题，而红葡萄酒则有助于人体消化功能的改善。古罗马百科全书式的作家普林尼，在他的著作《自然史》中也曾记录，将葡萄酒与花草茶一起烹煮。到了中世纪时期，人们依然对酒的药用功效极为推崇。西班牙或加泰罗尼亚德维拉诺瓦医生，著有《葡萄面面观》（*Liber de Vinis*）一书，在该书中，他对葡萄酒的医疗功效进行了详尽的描述，他提出牛

舌草酒可以治疗心智失常和精神错乱，迷迭香酒的“神奇”功效包括促进食欲、振奋精神、养颜美容、滋生毛发、抵抗衰老与美白牙齿等。其实，将酒精作药用不难理解，因为当时的社会极为落后，缺医少药，人们自然不会放过任何一种可以用来治病的东西。或许这种东西的疗效并不像现在的某些特效药那样药到病除，有立竿见影的效果，但对当时的人们而言，其药用价值却是巨大的。

酒精的药用功能得到了当时人们的普遍认同，公元前200年，古罗马军队为了保证军队的战斗力，甚至颁布了一项规定，要求所有行军士兵每天都要摄入2—3升的葡萄酒。这种规定听起来似乎有些匪夷所思，但却真实反映了酒精在当时社会中的重要作用。事实证明，酒精确实具有杀菌和保健功效，据说在酒精的加持下，古罗马士兵们所向披靡，成功战胜敌人，巩固了古罗马帝国的霸主地位。

而在中国，酒精与医学的关系也甚密。古代的“医”字写为“醫”。从字形来看，该字的上半部分与治病有关，下半部分则与“酉”有关，从医字的构造就可看出酒与药之间关系匪浅。中国最早的中医经典著作《黄帝内经》中如是说道：“自古圣人之作汤液醪醴者，以为备耳。”长沙马王堆汉墓出土的《五十二病方》中，用到酒的不少于35个，其中，至少有5个都是酒剂配方。《伤寒杂病论》中记载用酒的方剂更是不胜枚举，如《金匮要略·胸痹心痛短气病脉证治》说："胸痹之病，喘息咳唾，胸背痛，短气，寸口脉沉而迟，关上小紧数，栝蒌薤白白酒汤主之。"《本草纲目》记载："治一切风湿痿痹，壮筋骨，填精髓：五加皮，洗刮去骨，煎汁和曲米酿成饮之；或切碎袋盛，浸酒煮饮，或加当归、牛膝、地榆诸药。"又说："风病饮酒，能生痰火，唯五加一味浸酒，日饮数杯，最有益；诸浸酒药，唯五加与酒相合，且味美也。"《汉书·食货志》说得更明确："酒，百药之长。"这些记载都足以说明，在古代，酒被当作药物，供人们使用，人们普遍认为酒可以治病，提高人体的抵抗力。

二、用酒消毒与消毒进阶

对现代人而言，用酒精消毒十分常见，酒精也几乎是每个家庭必备的医药物资。那么古代的人们是如何消毒的呢？从他们将酒作为药使用，到有意识地用酒消毒，再到后来用酒精进行消毒，这中间又经历了什么样的演变进阶？其实，在古代，人们并不知道消毒的重要性，他们的很多行为都是基于对过往生活经验的总结。比如清洁，不要以为古人没有牙膏、洗面奶、肥皂等日用品，就不注意日常清洁。人类文明史上出现的最早用来洗洁的物质，是在古巴比伦人使用的一只黏土陶罐中发现的，时间为公元前 2800 年左右。这说

明，人类可能很早就有了清洁意识。现代人刷牙可以用牙膏、牙刷，这些东西还在不断地更新换代，比如更智能的电动牙刷。古代人虽然没有这些东西可用，但也会清洁牙齿，只不过他们清洁牙齿的方式比较原始。记录显示，公元前1600年，人们会通过咀嚼某些有芳香味的树枝等清洁口腔。据说，到了公元前3世纪，罗马人已经开始建立公共浴室，鼓励人们洗澡保持个人卫生。人类的清洁行为本质上就是一种给自己身体的消毒行为，只不过，当时的他们并未意识到这一点。那么，他们是什么时候起有了真正的消毒意识呢？从人类的发展历程来看，可能与瘟疫有莫大关系。

从历史记载来看，人类历史上发生过许多大规模的瘟疫，没有瘟疫的时代极少，瘟疫几乎贯穿了人类的整个发展历史。如今，人们有了科学技术、现代医学等的保驾护航，已经具备了一定的预防和抵御瘟疫的能力，但是在没有科学技术和现代医学的古代，人类面对瘟疫难道只能束手就擒、坐以待毙吗？当然不会，因为人类与其他动物相比，最厉害的地方就在于想象力。虽然在条件极其恶劣的古代，人类没有掌握任何关于瘟疫的科学知识，但他们却可以通过日常生活经验总结出许多让现代人都叹为观止的办法。在中国，1972年发掘的距今约2200多年的马王堆汉墓，发现一具古尸手中握有两个熏囊（香囊），内装有药物。另外还发现四个熏囊，六个绢袋，一个绣花枕和两个熏炉，也都装有药物。鉴定发现，这些药物为辛夷、桂、花椒、茅香、佩兰等，都是香药。可见当时人们随身携带香囊，使用香枕、熏香等香疗方法来辟秽消毒，防治疾病。中国古代，还有许多应对和治疗瘟疫的记录。李时珍的《本草纲目》提到对得了瘟疫的病人可采用蒸汽熏蒸的方法。晋代葛洪《肘后备急方》中记载："断瘟疫病令不相染，密以艾灸病人床四角，各一壮，佳也。"这些记载表明，古代的人们会通过一些草药熏蒸的办法治疗和杀死瘟疫病毒，那么，当时的人们并不知道这些原理，他们又为什么会采用这种办法呢？原因就在于他们在不断地同自然抗争中总结出的宝贵经验。过去，人类对抗瘟疫采用的是祈求神灵保佑的方法，他们认为瘟疫是神灵对人类的惩罚，希望通过祭祀等方式与神灵沟通，得到神灵的庇佑。但天长日久，人类也不得不承认这种方法收效甚微。这促使人类开始观察周围的世界，寻找更可靠的方法。人们在观察中发现很多植物具有驱虫的功效，原因是很多虫子见了这些植物会绕着走，人们因此开始联想可以用草药熏蒸的办法来防治瘟疫，因为瘟疫、病毒在古人的观念里都可以等同于虫子。而这些方法，已经得到了现代医学的验证和认可，说明确实有用。当时的朝廷也十分重视瘟疫的防治，比如宋代，朝廷还专设太医局、和剂局，并组织专家编纂大型医药方书《太平圣惠方》和《太平惠民和剂局方》，《太平圣惠方》中就记录了多种香疗防疫的方法。

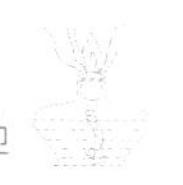

人类在生存和发展中不但要对抗具有大规模杀伤力的瘟疫，还要应对日常生活中的各种病毒侵袭。当他们感染风寒、身体不适时，他们也会尝试各种办法驱散疾病，提高机体免疫力。这使得他们积累了丰富的知识，比如两千多年前的春秋战国时期，人们在不知道将水煮沸可以杀菌的情况下已经提倡喝煮开的水，《吕氏春秋》中即有“九沸九度”的记述。人们还会采集各种草药用于各种消毒场合，比如贾思勰在《齐民要术》中提到用茱萸叶为井水消毒。

同一时期，欧洲的医疗技术也不发达，人们也没有先进的消毒方法。频繁发生的战乱，战士们身上久未治愈的伤口，严重影响了军队的战斗力。但是葡萄酒在欧洲的盛行，让人们发现了它的新用途。当时的欧洲，除了将葡萄酒作为一种重要的内服药，还将其作为一种通常的消毒剂。战士受伤后，医生会将葡萄酒倒在其伤口位置，或用葡萄酒浸透绷带，为士兵绑扎。人们发现这种方法可以减少伤口发炎的概率，促进伤口恢复，挽救士兵的生命，之后，这种方法成为内外科通用的方法。之后，被誉为“穆斯林医学之父”的拉齐发现了酒精，还在外科缝合手术中首创了酒精“消毒”的办法，但由于当时的人们认知有限，这种消毒办法并没有在医学界得到广泛推广，人们依然沿用酒消毒的办法。一直到19世纪中叶，美国南北战争时期，军队中仍然将酒作为消毒药使用。这种习惯固然与当时的医学发展落后，军医、士兵缺乏医学知识有关，也与当时恶劣的战场条件有关。战场上的士兵很难喝到洁净的水，比起那些不洁净的水，酒中的细菌更少，饮用起来更安全，加之蒸馏酒度数高，饮用后可以缓解身体疼痛，所以军队会给士兵配发威士忌。

在形成消毒概念之前，人类已经有了消毒的意识，并且进行消毒实践，也取得了明显的成效。那么从什么时候开始人们真正意识到消毒的重要性呢？应当是在西方近代医学、微生物学、流行病学、化学、物理学等相关学科的发展中逐渐形成的。在这个过程中，临床医学的需要应当是消毒观念形成的关键因素。在消毒观念的形成中，世界“流行病学之父”塞麦尔维斯功不可没。在当代人看来，医生在为病人治疗之前洗手消毒是常识，但如此简单的事情在现代医学消毒观念诞生之前却并不被认可，其推行的过程也异常艰难。可以说，人类医学史乃至人类历史上的每一点进步背后都意味着巨大的代价，有时甚至是无数生命的代价。

塞麦尔维斯原本学习的是法律，后来在发现了自己对医学的兴趣之后，他转而改学医学并成功成为一名妇产科医师。19 世纪之前，产妇的死亡率很高，高到什么程度？大概相当于每四个产妇中就会有一个死亡，甚至更高。医学研究发现这些产妇死亡的原因与产褥热有直接关系。所谓产褥热即产妇产后发热持续不退，这种高死亡率引起了塞麦尔维斯

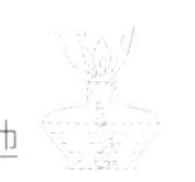

的警觉。他发现产褥热这种疾病几乎只流行于医院内，在医院外的其他地方则没有流行。为了弄清楚原因，他分析了种种可能造成疾病的因素，得出产妇在生产中子宫部位容易出现损伤，免疫力会下降，可能会给细菌留下可乘之机。他还有一个重要发现，即如果一个医师连续对几位产妇进行阴道检查，接下来就会连续出现几位产妇被感染产褥热而死亡的情况。对这种现象，塞麦尔维斯百思不得其解，直到他的一位同事，法医病理学教授在进行尸体解剖时不慎割伤自己的手指而死亡，其症状和产褥热相同。塞麦尔维斯将这些事件串联起来，有了不一样的发现——尸体上有传染物。而在当时的医院，可以对产妇进行检查的只有医师和他们的助手，这些人在解剖完尸体后通常不经任何消毒就进入产房为产妇作检查，健康的产妇正是因被感染而发生了产褥热。为了证实自己的判断，预防产妇产褥热的发生，塞麦尔维斯提出所有医师和助手在进入产房接触产妇之前，都必须先做一项基本的工作，即洗干净手，然后用氯化物消毒剂浸泡消毒，他还提出对医院的医疗器械进行消毒的建议。实施这些措施之后的一年，医院产褥热的发病率明显降低，医师们这才意识到塞麦尔维斯提出的消毒理念是多么有先见之明。

但是，遗憾的是，塞麦尔维斯的洗手消毒主张并没有因此而立即被医学领域广泛应用，相反，还遭遇了不小的阻力。很多人反对他，包括他的导师。原因很简单，如果承认了塞麦尔维斯洗手消毒理念的正确性，就意味着要承认他们过往的检查行为都是在自觉或不自觉地谋害产妇的生命，这意味着这些人的学术地位和个人名誉将遭遇毁灭性的打击。所以很多同行为了维护自己的利益，宁愿继续将错就错，也不愿意接受塞麦尔维斯的理论，许多产妇因此继续滑入丧命的深渊。之后的塞麦尔维斯更是遭遇了种种排挤，他不得不离开了他所在的医院，回到自己的故乡，但他依然坚持以一己绵薄之力继续推行他的洗手消毒理念。直到 1861 年，塞麦尔维斯将自己研究产褥热长达 17 年的材料进行总结整理，以观察报告的形式出版了一本书，书名为《产褥热的病因、实质和预防》，这是塞麦尔维斯唯一的著作，也是医学史上公认的经典著作。在他死后，他的洗手消毒理论终于被医学界承认。

洗手消毒理论为消毒学的形成奠定了基础，1857 年，威尔士提出术前消毒的主张，倡导所有手术都必须严格进行手和手术器械的消毒。此后，李斯特又提出用石炭酸消毒创面的主张，这一系列倡导和做法使得消毒在临床医学中的重要性被认可，并逐渐得到贯彻执行。19 世纪下半叶，巴斯德发现了细菌，这一发现为现代微生物学奠定了基础，也为消毒学提供了更坚实的科学理论支撑。巴斯德的细菌学说表明细菌与疾病有着密切关系。人们逐渐意识到，在传染病的流行中，切断细菌传播的途径有至关重要的作用，而消毒是阻断

细菌传播途径的重要方法。也是从这一时期开始，各种消毒方法和各种化学消毒剂出现，醇类消毒剂便是其中之一。

三、医用酒精消毒

古代的人们依靠生活经验得知用酒可以治病，但用酒精给伤口消毒属于他们的下意识行为，并非因为他们知道酒精具有杀菌消毒的作用。人们真正意识到酒精可以杀菌消毒大概是在 19 世纪 80 年代。在“细菌致病理论”的影响下，科学家们也开始研究起酒精的杀菌作用。科赫在试管中对乙醇的杀菌能力进行了系统试验。从 19 世纪 90 年代开始，乙醇被用于皮肤消毒。早期，研究人员在对乙醇杀菌能力进行观察时发现，稀释后的乙醇杀菌能力更佳，50%—70% 的浓度比 95% 的乙醇杀菌效果更好。此后，关于乙醇杀菌的研究不断推进。1922 年，德国科学家研究表明用异丙醇擦手能够减少手上的菌落数。1935 年，异丙醇就被纳入美国医学会化学和药剂理事会名单，成为新的化学消毒剂，被推荐用于皮肤消毒。20 世纪 30 年代晚期，有研究人员推荐使用 70% 的乙醇作术前手消毒。这些研究表明，虽然酒精可以用作消毒，但酒精浓度会直接影响消毒效果。人们通常会认为酒精浓度越高，杀菌能力会越强，事实并非如此。因为 95% 的纯酒精一旦与细菌产生接触，会使菌体表面迅速凝固并形成一层薄膜，这层薄膜会阻止酒精向菌体内部渗透，从而阴差阳错地起到保护细菌的作用，导致菌体内部的细菌无法被彻底杀死。有些细菌则更为狡猾，在遇到高浓度酒精时，它们会迅速启动防御机制形成孢子，孢子的坚硬外壳可以对抗酒精的伤害。一旦时机合适，这些细菌会重新复活。而使用 70%—75% 的酒精，既能够使组成细菌的蛋白质凝固，又能避免形成薄膜，可以保证酒精持续向菌体内部渗透，从而达到彻底的灭菌目的。

现在，世界卫生组织、欧洲和美国的手卫生指南中均推荐使用醇类消毒剂。在中国，医用酒精执行标准又称乙醇消毒剂卫生标准。配方中使用的乙醇应符合《中华人民共和国药典》（二部，2010 年版）中乙醇的要求，以食用乙醇为原料的应符合 GB 10343 的要求。生产用水应为去离子水。配方中的其他组分应符合国家有关标准和规定（包括纯度规格等）。用于手、皮肤消毒的消毒液不得使用工业级原材料。同时，将医用酒精分为两类，一类是浓度为 75% 的医用酒精，主要用来擦洗伤口，另一类是 95% 的纯酒精，用来擦拭紫外线灯。除了这两类，还有其他浓度的酒精，其作用也各不相同。40%—45% 的酒精可以用来预防褥疮，对于长期卧床的患者而言，能够达到较好的互利作用。25%—50% 的酒精可以用来给发热患者进行物理退热，缓解发热症状。正是因为酒精有着多样化的消毒杀菌作用，如今，市面上也出

现了多种多样的酒精消毒产品，比如酒精凝胶、酒精消毒喷雾、酒精湿巾等，这些产品为人们的日常生活提供了极大便利，使人们的生活健康更加有保证。

从不知乙醇的消毒原理而使用，到知道乙醇可以消毒，再到有目的地制备不同类型的醇类消毒剂，医用酒精的诞生经历了漫长的过程，这个过程既是人类的进步史，也是化学和科学发展的历史。

第五节

与少量甲醇为伍的“变性”酒精——工业酒精

工业酒精，顾名思义，是工业上用的酒精。这种酒精和其他酒精相比，有什么不同之处？工业酒精的诞生要远远晚于酒精，它是在酿酒工业基础上，伴随着工业生产时代的到来，带着作为基础化工原料这一使命而诞生的，被广泛应用于农业、化工、国防工业等领域。

一、“变性”之解

工业乙醇为无色透明、易燃易挥发液体，有酒的气味和刺激性辛辣味，它的主要成分仍然是乙醇，但还含有甲醇等其他杂质，所以工业酒精不等于甲醇，它是酒精，但又是“变性”的酒精。这种酒精和食用酒精、饮用酒中的酒精最大的差别在于它对人体的毒性，即便摄入量很少，其毒性也

可危及人体健康，甚至生命。工业酒精毒性如此之大主要是因为其中含有少量甲醇、醛类、有机酸等杂质，这些杂质的产生与工业酒精的生产原料和工艺有很大关系。从原料上来看，工业酒精与其他酒精也有明显的不同，工业酒精发酵的生产原料极为丰富，它不但使用淀粉质原料、糖质原料、纤维质原料，还可以将炼焦炭、裂解石油的废气作为原料，经化学合成反应而制成酒精。生产工业酒精的方法主要有酿造和合成两种。第一种是传统的粮食发酵法，这种方法和其他酒精生产一样，都采用粮食为原料。这种方法制备的工业酒精一般乙醇含量大于或等于95%，甲醇含量低于0.01%，价格比较贵，经济性不高。第二种是合成法，成本低，但甲醇含量高。

二、甲醇身世之谜

上文已经提到工业酒精里有甲醇，假酒使人中毒也是因为甲醇，那么甲醇到底是什么？1998年5月开始，欧洲南方天文台与美国、加拿大等国家及地区合作，在欧洲兴建世界最大型的阿塔卡玛大型毫米波天线阵。该天线阵曾在长蛇座TW原行星盘中监测到一种神秘的宇宙物质，天文学家认为该物质在行星系统演化的化学过程中提供了极大的帮助，这也是首次在年轻行星形成盘中发现这样的化合物。这就是甲醇，发现甲醇的宇宙时空位于年轻恒星长蛇座 TW，距离地球最近，仅约 170 光年，天文学家认为该系统和 40 亿年前太阳系在形成过程中的形态尤为相似。这说明，甲醇这种物质已经在宇宙中存在了很久。虽然人们在日常生活中提到甲醇，对其毒性心有余悸，但科学家们研究发现，甲醇是生命形成所需的一种重要物质。由此可见，任何事物都有两面性，换个角度看问题，可能就是另一番景象。而一直以来，对甲醇，我们都基本处于只知其一不知其二的模糊状态。

甲醇是醇类中最简单的一元醇。1661 年英国化学家 R. 波义耳首先在木材干馏后的液体产物中发现了甲醇。在自然界中，只有某些树叶或果实中含有少量的游离态甲醇，绝大多数甲醇以酯或醚的形式存在。甲醇被发现之后，关于甲醇的化学研究逐渐多了起来。1834 年，法国化学家杜马和皮里哥确定了甲醇的元素组成。他们对从黄杨木中提取的蒸馏物进行分析，并取得了一种物质，而后将这个物质命名为“méthyléne”。这种物质被认为是一种自由基。当时科学界普遍认为碳的原子量为氢的 6 倍，而非现在的 12 倍。在测得氢元素的质量约占 14% 后，他们计算出的“甲烯基”分子式为 CH，而非 CH_2。因此他们推导出甲醇的化学式为 $(CH)_4(H_2O)_2$，并将其命名为“双水合甲烯基”（bihydrate de méthylène），又因其由木材中发现，所以也称其为木

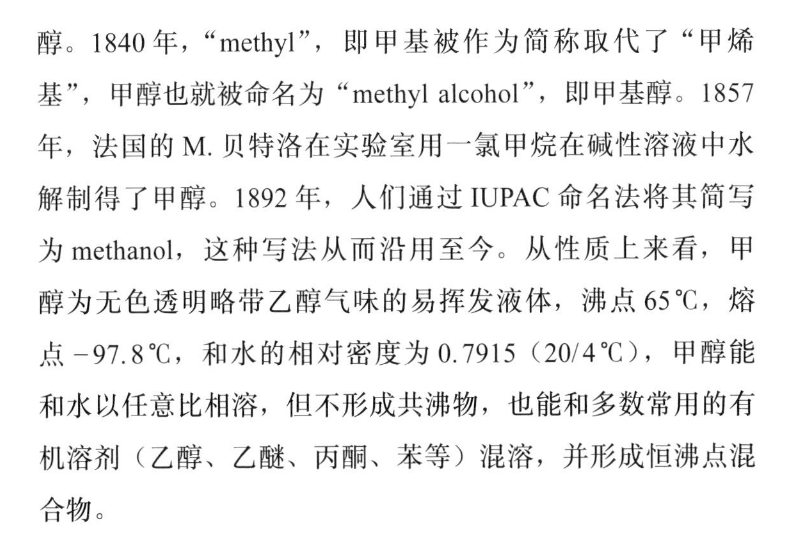

醇。1840 年，“methyl”，即甲基被作为简称取代了“甲烯基”，甲醇也就被命名为“methyl alcohol”，即甲基醇。1857 年，法国的 M. 贝特洛在实验室用一氯甲烷在碱性溶液中水解制得了甲醇。1892 年，人们通过 IUPAC 命名法将其简写为 methanol，这种写法从而沿用至今。从性质上来看，甲醇为无色透明略带乙醇气味的易挥发液体，沸点 65℃，熔点 −97.8℃，和水的相对密度为 0.7915（20/4℃），甲醇能和水以任意比相溶，但不形成共沸物，也能和多数常用的有机溶剂（乙醇、乙醚、丙酮、苯等）混溶，并形成恒沸点混合物。

三、工业酒精：有用之用与有害之用

了解了甲醇的具体构成与由来，我们不妨再来重新认识一下工业酒精。其实，工业酒精作为一种物质，有其固有的特性，本身没有好与坏之分，但人们对物质的利用却存在合理与不合理之分。当人们合理地利用它时，它便能发挥自身的作用，造福工业生产。当人们不合理地使用它时，就会将工业酒精变成危害社会的物质。因此，我们可将工业酒精的用途分为有用之用与有害之用。

工业酒精的有用之用主要表现在它是重要的基础化工原

料之一。目前，以乙醇为原料的化工产品达200余种，广泛用于基本有机原料（如氯乙醇、乙醚、醋酸乙酯等）、农药（如各种有机磷杀虫剂和杀螨剂等）以及医药、橡胶、塑料、人造纤维、洗涤剂等有机化工产品的生产中。同时，它又是一种重要的有机溶剂，大量用于油漆、染料、医药、油脂等产品的生产。最开始时，工业酒精还被作为传统的工业清洗剂使用，但由于工业酒精在使用过程中存在燃点低、易燃烧，容易导致中毒现象等问题，会增加清洗的危险，而且对人体和环境都有污染性，所以现在工业清洗领域已不再将工业酒精作为清洗剂使用。

以上所述都是工业酒精在生产方面的用途，其实，工业酒精在人们的日常生活中也大有用途。人类祖先在茹毛饮血时代就过着风餐露宿的野外生活，现在，这种生活又重新流行，成为一种新时尚。现代人也开始喜欢户外露营、野餐，只不过与祖先们相比，现在人们就餐的场所、可选择的食物多种多样。在这样的时刻，如果没有合适的烧水做饭的装备，现代人只能使用人类祖先留下的技能，即捡拾树枝、木材等作燃料。所幸，这样的问题在不断发展的科技面前已经不值一提。在当代人的户外装备中，小巧又便于携带的酒精炉占据了一席之地。酒精炉使用的是固体酒精，如果望文生义将其理解为固体状态的酒精就大错特错了，它的原理是使用固化剂使液体状态的工业酒精固化成为固体形态，可以

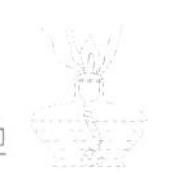

使用的固化剂包括醋酸钙、硝化纤维、高级脂肪酸等。使用时，只需要借助一根火柴或点火器就可以将其点燃。只不过在舒服惬意地享受野餐乐趣的时候，一定不能忽略安全问题。比如，一定要尽可能选择使用固体酒精的酒精炉，使用过程中若发现有刺鼻的气体，应当尽快停止使用，因为这不同寻常的味道很有可能是在提醒人们买到了劣质的固体酒精。与固体酒精相对的是液体酒精，很多商家生产的酒精炉也使用液体酒精，但液体酒精的弊端是操作不当容易引发爆炸事故，这类事故在世界各地都曾发生过。相比之下，固体酒精的安全性较高，便于运输、携带，燃烧时温度可达600℃左右，每 250 克可以燃烧 1.5 小时以上。加上燃烧时没有烟尘，对环境的污染较少，所以被广泛应用在餐饮、旅游及野外作业等领域。某些餐馆为消费者提供的需要在就餐过程中加热、蒸煮的器具也是酒精炉，在吃火锅、干锅等餐食的过程中较为常见。有时，细心的消费者会发现酒精炉燃烧时会产生刺鼻的气味，这种现象要引起警觉。因为正常情况下，符合质量标准的固体酒精在燃烧时是不会产生刺鼻气味的。只有一些在生产时用甲醇作燃料的劣质固体酒精才会在燃烧时产生刺鼻的气味。这种刺鼻气味就是源于甲醇蒸气，有毒有害，它会通过呼吸道进入体内，引起人体中毒。

从工业酒精的广泛用途来看，它在许多行业中都是不可或缺的存在，如果没有这种物质，很多工业生产活动可能都无法进行，至少需要寻找其他替代品。有了工业酒精，很多工业生产活动得以正常运营。因此，工业酒精对这些行业而言是至关重要的，它通过不同部门所生产的产品间接地造福了人们的生产和生活。试想，如果没有工业酒精，有些农药将无法生产出来，田地里长满杂草，布满害虫，农民可能会所收无几，这对于农民来说，简直是灭顶之灾；某些医药产品的生产也会受限，等待它救治的病人将不得不继续忍受病痛折磨；很多化工制品的生产将无法进行，那些能为人们提供便利的塑料、洗涤剂等产品，将无法像现在一样方便人们的日常生活。因此，我们不能以偏概全，将某些不合理利用和误用导致的问题都强加给工业酒精，而应当客观看待其在社会生产和生活中的作用。

工业酒精的有害之用主要是一些别有用心的商家用其生产酒精饮料，很多国家出现过用工业酒精勾兑白酒并低价出售给消费者、造成严重伤亡的案例。工业酒精中含有一定量的甲醇，甲醇与乙醇虽然仅有一字之差，但却差之毫厘失之千里。乙醇可以入口，而甲醇是禁止食用的，食用之后会引起中毒。甲醇的毒性主要表现在：它对人体的神经系统和血液系统影响较大，经消化道、呼吸道或皮肤摄入都会产生毒性反应，甲醇蒸气能损害人的呼吸道黏膜和视力。甲醇急性中毒症状有头疼、恶心、胃痛、疲倦、视力模糊以至失明，继而呼吸困难，最终导致呼吸中枢麻痹而死亡。慢性中毒反

应为眩晕、昏睡、头痛、耳鸣、视力减退、消化障碍。甲醇摄入量超过4克就会出现中毒反应，误服超过10克就能造成双目失明，饮入量大会造成死亡。致死量为30毫升以上，甲醇在体内不易排出，会发生蓄积，在体内氧化生成甲醛和甲酸也都有毒性。所以，各国对甲醇生产工厂空气中的甲醇浓度和现场作业都有具体要求，比如中国规定空气中允许甲醇浓度为5mg/L，在有甲醇气的现场工作须戴防毒面具，废水要处理后才能排放，允许含量小于200mg/L。

第六节

特殊的“替代品”——燃料酒精

2020年以来，原油经历的“黑天鹅”事件比以往任何时候来得都要多。从暴跌到暴涨，过山车式的体验让许多普通民众大呼“受不了”。这些“黑天鹅”事件背后隐藏的大国博弈自不必多说，但是在经济危机面前，任何国家都不想最先倒下。沙特阿拉伯作为世界上最重要的原油生产国，从来都不是可以任人揉捏的软柿子，美国、俄罗斯这两大原油生产国之间的博弈显然已经严重损害了沙特的利益。原本这三个国家在全球原油供给市场上一直保持“三足鼎立”的局面，虽然偶有政治上的冲突，但为了经济利益，一直保持相对和谐的关系。在2020年之前，沙特阿拉伯、阿联酋和俄罗斯同属被称为“欧佩克”的全球联盟，该联盟一直通过限制原油产量来支撑油价。但是2020年，在沙特表示需要进一步减产的情况下，俄罗斯坚决抵制。俄罗斯的举动惹怒了沙特阿拉伯，沙特阿拉伯原本就认为俄罗斯挤占了自己在全球市场的份额，现在自己的“牺牲”不但没有换得应有收

益，自己还被俄罗斯挑衅，是可忍孰不可忍！沙特阿拉伯主动发起攻击，试图通过石油价格战来改变市场局面。结局不必赘述，但原油战却引起了人们对油价，以及对国家油品供应的高度关注。毕竟，燃油汽车是当代人主要的出行工具，油价波动影响的是他们的钱袋子。汽油是从石油中炼制而成的，不含其他物质，但汽油有替代品，这个替代品就是乙醇汽油，这种汽油是由 90% 的普通汽油和 10% 的燃料乙醇调和而成的。其实，对乙醇汽油，大众并不陌生，很多人虽然没用过，但一定也听说过，它并非近些年出现的概念，在某些国家，它存在和使用的历史已超过百年。

一、战争中的“备胎”

古今内外，酒精与战争似乎都存在着不可剥离的紧密联系。酒精是战争中不可或缺的供给品，各国历史中酒鼓舞士气、振奋军心的故事，比比皆是。二战是距离人类最近的一次全面战争，在这场战争中，酒精发挥的作用不容小觑。纳粹德军称酒为“秘密武器”，英国的啤酒商们为了保证前线士兵们的饮酒需求，结成行业联盟，定期为前线作战的盟军士兵送去啤酒。据说，在诺曼底登陆之时，英军曾在战斗机的副油箱里灌装啤酒，用战斗机将其投送给盟军士兵。当然，英国人在满足士兵饮酒这件事上的想象力和创造力，只有你想不到的没有其做不到的。为了保证士兵可以拥有源源不断的酒水供应，英国启动了一项空前绝后的计划。1944年，英国皇家海军将2艘退役扫雷艇——“阿伽门农”号和“墨涅斯透斯”号送到加拿大温哥华改建成专用“酿酒船”，其生产量大约可以达到每周250桶啤酒，这艘酿酒船简直就是超前版的移动酒吧。然而，计划总是赶不上变化，没多久，二战伴随日本的投降落下帷幕，这艘酿酒船也被拆除。这种军中嗜酒的氛围还影响到了军中的动物，有些军队甚至给军犬、军马喝酒。苏联也有军中饮酒的传统，斯大林为了表彰英勇的军民，曾出动军舰为士兵运送伏特加。据说，当时，苏联有一名飞行员，在将一斤伏特加一饮而尽之后，凭着酒劲，驾驶自己的战斗机，飞了数个来回，将来袭的德军揍得晕头转向，帮助苏军赢得战争的胜利。据统计，二战时期的苏联对酒的消耗量达2.5亿升，难怪有人调侃战斗民族是“左手拿着伏特加，右手拿着波波沙，嘴里喊着乌拉”。

酒精在战争中的作用，绝不仅仅是作为一种壮胆或提振精神的饮品，它还有着提升军队战斗力，让军队所向披靡的作用。当然，这种酒精指的并非饮料酒，而是燃料酒精。早在1890年，世界上就已经设计出了以酒精为动力的拖拉机发动机。只不过，当时并未真正推广应用。直到两次世界大战期间，战争使得前线各种物资都极为贫乏，尤其是汽油，这种东西地上跑的车要用，坦克要用，天上飞的飞机也要用，

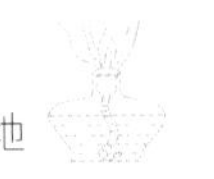

消耗极为严重。特别是到了战争后期，各国的战争物资都较为紧缺，战争油料很难及时输送到前线，寻找汽油的替代品成为当务之急。作为战争的始作俑者，德国深知战争一旦开始，需要有足够的燃油来支撑庞大的战争机器。他们在大肆掠夺石油资源的同时，还将目标对准了已经掠夺到的煤炭资源，想在这上面做出点“大文章”。

其实，早在第一次世界大战爆发前，德国人就通过煤炭的氢化工艺得到了一种与石油成分相似的东西，将这种物质经过异辛烷化流程处理之后就可以生产燃油。虽然这种燃油成本很高，但总好过无油可用。到了第二次世界大战时，德国开发出了一种叫 MW50 的油料，这种油料由 50% 的甲醇、49.5% 的水和 0.5% 的防蚀剂组成。它的优点在于辛烷值高，具有超级优越的抗爆性能，使用这种燃料，战斗机会变得凶猛无比。德国的一些战斗机就使用了这种原料，但由于甲醇是有毒物质，所以这种新型燃料并未得到推广。

相较于这些战争的发起国，中国作为战争最大的受害国，面临的燃油短缺情况要糟糕得多。当时，处于抗战关键期的中国空军及援华美国空军飞虎队的战机，使用的燃料是由美国援助过来的航空汽油，但在日本切断滇缅公路之后，所有战争油料都无法运到中国。没有油料，意味着中国战场的飞机和汽车将无法启动，这就相当于士兵扛枪上了战场，枪里却没有子弹，这种情况下，打仗只能肉搏，这无异于以卵击石。为了让车轮子转起来，飞机飞起来，所有人都绞尽脑汁，这时候有人提出用酒精代替汽油的想法。为什么用酒精代替汽油呢？因为酒精的燃烧值仅次于汽油，而酒精燃烧的效果和汽油燃烧的效果接近。而且，当时的中国，虽然生产不出汽油，但作为历史悠久的酿酒国，生产酒精是没问题的，另外酒精成本较低，当时的政府也有能力保证其供应。在战事岌岌可危的局势下，用酒精代替汽油无疑是解决燃料问题的最佳选择。因此，用酒精生产动力燃料的问题被提上日程。所谓燃料酒精，指的是浓度在 90% 以上的酒精。1935 年国防设计委员会改组为资源委员会，继续进行液体燃料的开发工作。1936 年，资源委员会拟定“液体燃料自给方案”，计划在各地设立酒精工厂，每年生产 400 万加仑酒精，以掺和汽油作航空燃料。[①]1938 年 3 月，国民党临时全国代表大会通过《非常时期经济方案》，提出要“妥筹燃料及动力供给”。国民政府计划在 1939—1941 年三年间，投资 1679 万元美金、710 万元国币，在后方设立四川第一酒精厂（内江）、四川第二酒精厂（资中）、四川第三酒精厂（简阳）、云南酒精厂（昆明）、贵州酒精厂（遵义）、甘肃酒精厂（兰州）等。到 1942 年时，全国总计有 221 家酒精厂，四川占三

① 郑友揆、程麟荪、张传洪：《旧中国的资源委员会（1932—1949）——史实与评价》，上海社会科学出版社 1991 年版，第 99 页。

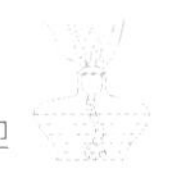

分之一强，且大厂居多，全川酒精产量占全国 60% 以上。当时的报纸评论称短时间内筹建这么多酒精厂是“世界上一大创举”！

飞机用酒精燃料是可行的，虽然与汽油相比，酒精燃料消耗更快，航程会受到影响，但其他方面影响不大，能够保证飞机、军车等使用燃料的需求。据当时国民政府管理酒精分配的机构统计，从 1942 年到 1945 年抗战胜利的三四年间，大后方酒精厂每天都要生产 11800 加仑（约 41 吨）无水酒精，供国民党空军和美国空军驻华战机使用。大量的酒精燃料供给有力地支援了抗战，为中国最后取得抗日战争的胜利做出了不可磨灭的贡献。难以想象，如果没有燃料酒精这一“备胎”，中国的抗日战争还要经历怎样的艰难险阻，付出多么巨大的牺牲，才能最终获胜。所以，酒精对于中国的抗战，功不可没。

二、燃料乙醇“本尊”

在战争年代以酒精作为燃料代替汽油是特殊情况下的无奈之举，但这种无奈之举却给了后来人很大的启发，即发展燃料乙醇。为什么发展燃料乙醇？当前世界范围内的主要能源有石油、天然气等，其中，石油又称原油，是一种黏稠的、深褐色的液体，它由不同的碳氢化合物混合组成，其主要组成成分是烷烃，这种能源又被称为“工业的血液”。从称呼中足见它在工业生产中的重要作用，作为一种重要的不可再生资源，它在工业生产和人们日常生活中几乎发挥着须臾不可或缺的重要作用。工厂的锅炉、加热炉里需要石油，人们出行乘坐的飞机、火车、轮船、车辆等各种交通工具也需要石油。如果缺少石油，工厂会面临停工风险，交通会瘫痪，人们可能寸步难行。更为重要的是，对世界各国而言，石油都是一种重要的战略资源，但世界上的石油资源是有限的，除了俄罗斯、沙特阿拉伯、委内瑞拉、美国、科威特等少数几个拥有丰富的石油储量的国家之外，其他国家的石油都依赖进口。在国际上，对石油的争夺战从来都是“重头戏”，近几年国际油价“过山车”式的涨跌，进一步说明了掌握石油资源与掌握石油控制权之间的密切关系。为了不受制于人，避免在能源危机中首当其冲被击垮，世界上很多国家都开始探寻应对燃料油品危机的办法。除了石油资源少而倍加珍贵之外，还有一个迫使世界上绝大多数国家积极探寻新能源的重要因素，即全球气候变化。愈发严重的环境污染问题是导致全球气候变化的罪魁祸首，而开发、生产和使用石油带来的环境污染问题至今仍未有理想的解决办法。在能源危机、环境污染、国家安全等多重压力之下，发展燃料乙醇成为世界上绝大多数国家的选择。

目前，燃料乙醇的生产方法主要有两种，第一种称为化学法，主要通过乙烯路线和合成气路线进行生产；第二种是生物法，主要是将生物质原料通过糖化发酵等过程转化为体积浓度在 99% 以上的无水乙醇，其辛烷值高达 115，可以取代污染环境的含铅添加剂来改善汽油的防爆性能。作为良好的汽油增氧剂和调和剂，生物乙醇与汽油混合使用，可以改善燃烧，减少发动机内的碳沉淀和氧化碳等不完全燃烧污染物的生成，进而减少汽车尾气中 CO_2 和颗粒物的排放。燃料乙醇的开发利用不仅可以缓解全球能源危机，又可以改善环境、提高资源利用率等。[①] 由于世界各国拥有的资源不同，所以不同的国家采用的生物质原料也有所差别，对应的生产工艺也不尽相同。目前业界一般将燃料乙醇分为以下几类：以玉米、小麦等粮食作物为原料的第 1 代粮食乙醇；以木薯、甘蔗、甜高粱茎秆等经济作物为原料的第 1.5 代非粮乙醇；以玉米芯、玉米秸秆等纤维素物质为原料的第 2 代纤维素乙醇，以及以微藻中碳水化合物为原料的第 3 代微藻乙醇。其中，第 1 代乙醇的生产工艺已经相当成熟，且已经实现商业化规模；第 2 代乙醇生产目前还面临成本较高、过程复杂等尚待解决的问题，所以未能实现规模化；第 3 代乙醇与前两种相比，具有明显优点，比如可以节约粮食，是粮食安全的

① 曹运齐、刘云云、胡南江、胡晓玮、张瑶：《燃料乙醇的发展现状分析及前景展望》，《生物技术通报》2019 年第 35 期。

“调节阀”，可以满足土地和水资源有限情况下的快速能源发展需求，但其生产也面临现实障碍，比如转化技术不成熟，尚在开发阶段，有许多生态、经济等方面的问题需要解决。但不可否认，燃料乙醇是目前为止可以替代交通运输燃料的最为经济也最具潜力的可再生能源。

三、燃料乙醇的先行者

目前，世界上燃料乙醇的生产和使用技术发展并不均衡，美国和巴西在这方面较为领先，已经成为当今世界较大的车用乙醇汽油生产和消费国。这两个国家之所以率先推广使用乙醇汽油，并非因为多有先见之明，最根本的原因还在于本国发展所需。

美国生产和使用燃料乙醇的历史可以追溯到 19 世纪晚期，开启这一新的历史篇章的人物是大众耳熟能详的福特汽车的创始人——亨利·福特。作为美国福特汽车公司的创始人，亨利·福特具备智慧、大胆等一切干事业的人所有的优秀品质。他不像其他人一样“术业有专攻”，他除了对汽车感兴趣，还对大豆感兴趣。大豆是美国最重要的粮食作物之一，在大豆食品还不被人们所普遍喜爱的日子里，福特就对大豆和大豆食品情有独钟。虽然他对大豆的坚定信念闹出了

很多笑话，甚至成为一些报纸漫画中的笑柄，但福特却始终不改初心，他发明了许多将大豆用于工业生产的方法，并成为大豆食品的先驱者之一。大豆和工业生产，这两件事似乎看起来风马牛不相及，但福特却认为“工业和农业是天然的合作伙伴”，在土壤中获取工业生产所需的原材料，是工业得以发展的重要基础。1896 年，福特用大豆乙醇启动了美国第一辆乙醇燃料汽车。1908 年，福特 T 型车使用乙醇、汽油或按任何比例调和的乙醇汽油燃料。在那个时代，福特作为先行者在诸多方面都做出了垂范作用。20 世纪 30 年代，美国中西部地区也曾将乙醇作为燃料使用。据统计，当时，已经有 2000 个以上的加油站提供含有 6%—10% 的乙醇汽油。然而，乙醇汽油并未得到持续推广和广泛使用，原因是多方面的，既有成本方面的原因，也与二战有关。二战后石油价格下跌，美国的乙醇需求量随之下降。直到 20 世纪 70 年代，美国遭遇石油危机，这次危机使美国真正意识到发展燃料乙醇的长远战略意义。

以这一时期为新起点，美国制定了联邦政府的“乙醇发展计划”，开始大力推广使用含 10%（体积比）乙醇的混合燃料。为了加快乙醇汽油在国内的发展，美国采取了多方面的举措，比如，20 世纪 90 年代初，美国通过了《清洁空气修正案》，借助立法推广乙醇汽油。20 世纪 90 年代末，美国提出以燃料乙醇取代甲基叔丁基醚。进入 21 世纪之后，美国继续完善燃料乙醇使用的相关法律法规。2005 年，美国出台《2005 年能源政策法规》，要求美国近一半的汽油混配乙醇，平均混配量为 10%。2007 年，美国颁布《生物燃料安全法规》，提出美国 2030 年消费 600 亿加仑乙醇和生物柴油。2014 年，《美国 2014 农业法案》提出扩展燃料乙醇相关项目。美国出台的这些法律法规对燃料乙醇的推广提供了保障，效果也立竿见影。进入 21 世纪之后，美国的乙醇产业在政府的大力支持下迅猛发展，燃料乙醇产量直线攀升，美国最终于 2006 年一举超越巴西，成为全球燃料乙醇生产第一大国。据美国 197 家生产商报告，截至 2021 年 1 月 1 日，美国燃料乙醇产能为 175 亿加仑 / 年（或 110 万桶 / 日），自 2020 年初以来增加了 2 亿加仑 / 年。如此大的产能也为美国国民经济的发展做出了不小的贡献。2020 年，美国生物燃料乙醇行业提供的直接岗位超过 6.2 万个，与乙醇行业有关的间接岗位达 24.26 万个，创造了 186 亿美元的家庭收入，为国民生产总值贡献了 347 亿美元。

美国大力推广燃料乙醇的一个重要原因是解决能源危机，但其之所以能发展燃料乙醇产业，则得益于先天的优势资源条件。美国拥有近 20000 万公顷的耕地资源，也许这样的数字很难让人产生直观印象，换一种说法，美国的人均耕地面积是 0.7 公顷，世界人均耕地面积是 0.23 公顷，中国人均耕地面积是 0.097 公顷，这意味着 1 名美国人拥有的耕地

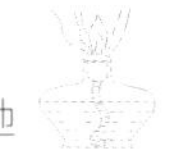

相当于 7 名中国人拥有的耕地。如此丰富的耕地资源，使美国拥有足以傲视世界其他国家的玉米产量。充裕的农业资源为美国发展燃料乙醇提供了强大的基础。

巴西作为一个发展中国家，是世界上第一个使用乙醇汽油的国家，也是生物燃料乙醇第二大生产消费国，更是世界上唯一不使用纯汽油作汽车燃料的国家。巴西之所以如此大力推广乙醇汽油并不是其环保理念多么超前，实在是也有自己不得已的苦衷。巴西是一个石油资源相对短缺的国家，20 世纪 70 年代的石油危机，巴西也深受其害。中东产油国宣布石油禁运，导致国际石油价格连续翻番。对于超过 80% 的石油都依赖进口的巴西而言，苦不堪言。为了不再受制于人，掌握自身发展的主动权，巴西将目标瞄准国内生物燃料生产，试图通过生物燃料的发展维护自身能源安全。

巴西不像美国那样拥有丰富的耕地资源，但巴西也有自己的“油田”。当然，一开始巴西也未意识到自己是燃料乙醇的“天选之子”，直到石油危机的爆发，使得巴西痛定思痛，开始寻找替代能源。世界各国寻找替代能源时几乎都是从自己最富有的东西入手，巴西也不例外。作为甘蔗、玉米王国，巴西也在这上面动起了脑筋。甘蔗、玉米是制取酒精的主要原料中的两种，这种得天独厚的优势让巴西看到了机会。将酒精作为汽车燃料，大力发展燃料乙醇成为石油危机后巴西的一项重要国家战略。1975年，巴西推出国家乙醇燃料计划。为了保证该项计划的顺利实施，巴西双管齐下，一方面向乙醇生产商提供贷款支持，鼓励其积极扩大乙醇生产规模；另一方面采取强制手段在汽油中添加无水乙醇。这相当于又给乙醇生产商钱又为其拓展销路，如此强势的国家力量的干预，自然使得巴西的乙醇汽油得到快速推广，燃料乙醇在巴西的发展也得以“一路绿灯”。虽然从1986年至2002年，受巴西“掌门人”换代影响，乙醇燃料的发展一度陷入低谷，但2003年之后，巴西燃料乙醇的生产开始复兴。这一时期，国际局势再度风云变幻，气候变化与能源安全愈发受到关注，巴西也顺理成章地继续高歌猛进推进自己的燃料乙醇工业，巴西的燃料乙醇自此进入大规模商业化发展阶段。巴西生产燃料乙醇的主要原料是甘蔗，用甘蔗生产乙醇的工艺，前半部分与榨糖相同，即压榨提汁，随后蔗汁经预处理、蒸馏和提纯，获得含水乙醇和无水乙醇。以含糖量（TRS）计算，生产1立方米无水乙醇和含水乙醇分别需要1.765吨和1.6913吨TRS，也即1吨糖可以转换成0.566立方米无水乙醇或0.591立方米含水乙醇。

截至目前，巴西是仅次于美国的乙醇主产国和净出口国，2021年这两个国家的乙醇产量占全球总供应量的八成以上；同时巴西是乙醇和汽油混合燃料汽车使用最广泛的国家，普及度超过八成，乙醇燃料在汽车中的高度普及抬升了

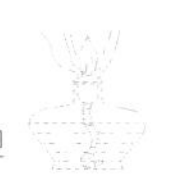

巴西乙醇消费量的基数，巴西成为仅次于美国和德国的乙醇消费大国。

四、燃料乙醇的“徘徊”与“前行”

燃料乙醇具有广阔的工业化生产前景，且清洁环保，尤其是在当前全球油价剧烈波动的趋势下，世界上绝大多数国家都有降低对石油依赖程度的现实需求，发展替代性能源是必然选择。除美国、巴西之外，包括欧盟国家、中国、印度、加拿大等在内的国家都意识到了发展燃料乙醇的战略意义，并开始在政策和法规方面加强对燃料乙醇的支持。在过去几年间，有多个国家和地区明确表示将大幅提升现有乙醇汽油配比。但由于各种原因，这些计划陆续被推迟。如，加拿大计划在2025年之前将汽油中乙醇的添加比例提高至15%，其原本计划于2021年春季开始实施，但后来被推迟了。此外，菲律宾、越南、玻利维亚等国也计划推迟原定的乙醇汽油政策执行日期。总的来看，燃料乙醇在世界其他国家的发展并不如在美国、巴西那样顺利。各个国家在推广燃料乙醇中的“徘徊”有着较为复杂的因素。以中国为例，中国燃料乙醇的发展虽然起步晚，但发展速度快。2020年，中国燃料乙醇产量为8.8亿加仑，位列美国、巴西和欧盟之后。为了推广使用乙醇汽油，中国在2017年发布《关于扩大生物燃料乙醇生产和推广使用车用乙醇汽油的实施方案》，要求到 2020 年，全国范围将推广使用车用乙醇汽油。据统计，中国国内汽车保有量远超 3.5 亿台，每 3 人中就有 1 人有车，如果这些车辆都能使用乙醇汽油，不但能极大地降低石油资源的消耗，还能降低污染。虽然中国推广乙醇汽油的政策积极，但在具体推广中存在落地缓慢、市场误解多的问题，多数车主对乙醇汽油的接受度不高。一些试用乙醇汽油的车主有诸多不满，有的车主表示乙醇汽油杂质多，会影响发动机的寿命，有的车主表示使用乙醇汽油会影响车子动力，增加油耗，经济性不高。

解决乙醇汽油在推广中面临的问题，可谓任重而道远。这方面，巴西起了很好的表率作用。巴西很早就开始尝试使用纯乙醇的 E100 汽车，巴西 85% 的新售轻型汽车为乙醇汽油动力车，为了推广乙醇汽油，巴西采取降价措施，使乙醇价格低于汽油 70%。因此，世界各国不妨多管齐下，除了在政策上积极支持，还要动员其他社会力量一起行动。汽车制造企业应当加强发动机制造、油路材质选用等方面的研究，使汽车与车用乙醇汽油更好地匹配，提高驾驶体验效果。消费者们也应当积极了解国家制定燃料乙醇发展政策的初衷，主动适应、改变习惯，减少使用乙醇汽油的抗拒心理。

目前来看，燃料乙醇的发展道路是曲折的，毕竟，即

便是在巴西，燃料乙醇的发展也经历过大起大落的波折。只是相比于石油等油料，人们对乙醇汽油的接受必然要经历一个从不知到知之，从知之到接受、认可的过程。这个过程需要多方力量参与，共同消除燃料乙醇发展中的错误声音，让人们正确认识燃料乙醇。燃料乙醇的前景是光明的，预计到 2035 年，生物质燃料将替代世界一半以上的汽柴油，经济、环境效益十分显著。

小结

酒精饮料、食用酒精、医用酒精、工业酒精、燃料乙醇，不同的酒精有不同的天地，它们虽然性质、用途不同，但都绕不开酒精这种核心物质。这种看似不起眼的物质，在人类社会发展的不同时期发挥了巨大的作用，是人类社会如影随形般的重要存在。它像世界各国神话中的法术一般变化多端，能成为饮品，能成为食品，也能作为药品使用，还能用于工业生产，服务于交通运输。作为饮品，它参与了人类的进化史；作为药品，它改写了人类的消毒史；作为工业用品，它还充当过重要的战略物资。这种可能在人类社会诞生之前就已经存在于宇宙中的物质，之所以能在人类出现之后，演变成具有如此多功能的物质，人类的创造力功不可没。

如果没有人类的发现、发明和再创造，这种物质可能和目前尚未被人类发现的许多物质一样，只是宇宙中一个不为人知的存在。但人类在孜孜不倦的探索中，给它们加上了不同的头衔，使它们奔赴不同的征程，最终以更加多样化的形式参与到人类社会的方方面面。未来，随着人类科技的进步，酒精可能还会以我们现在尚无法预料到的方式出现在人类生产生活的其他领域，发挥更多意想不到的作用。但无论如何，与人类共舞，是酒精存在的常态，脱离了人类这个核心载体，酒精的存在也就丧失了其应有的价值。

第三章

三分天下，各有千秋
——饮料酒

酒是全世界不同肤色、不同族群的人都喜欢的一种嗜好性饮料；酒也是不同国度、不同阶层的人们都常用的一种社交工具，人们戏称它为“社交货币”，赋予它特殊的增值功能。所谓饮料酒，是指供人们饮用的乙醇体积含量在0.5%以上的饮料。饮料酒有多种划分方法，最常见的分法是分为啤酒、葡萄酒和蒸馏酒三种。之所以如此划分，一方面是因为这三类酒的历史悠久，在世界不同文明中都占据着重要的地位，从它们的诞生和发展历程中，我们可以窥见人类文明进程；另一方面则是因为这三类饮料酒是人们日常生活中接触最多、消费量最大的酒种，人们对于酒的诸多认识几乎都与这三类酒有关。这三类饮料酒既囊括了对历史的回望，又聚焦了对现代的审视，贯通古今。

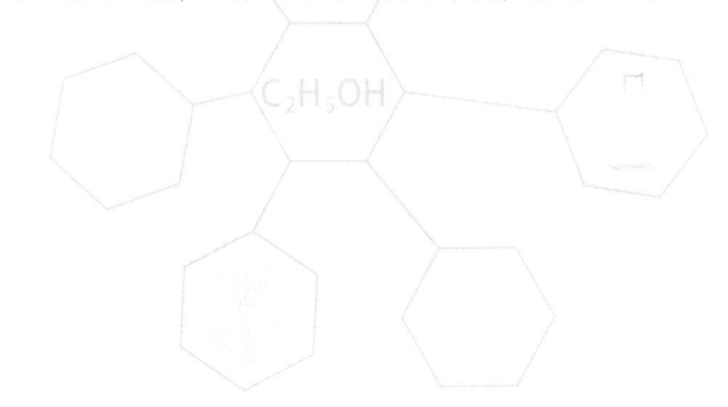

第一节

神奇多彩的大地之色——啤酒

细说起来，啤酒这种饮品，不似蒸馏酒那般辛辣，也不像葡萄酒那样有突出的酸甜味或果香味，它带着淡淡的麦芽香和一丝苦味。但就是这种特别的味道，让世界上无数啤酒迷"竞折腰"。目前，啤酒已成为水和茶之后世界上消耗量排名第三的饮料。世界上很多国家都盛产啤酒，其中既有"老字号"，也有后起之秀，若要论谁是啤酒王国里当之无愧的王者，恐怕很多国家都要站出来一争高下。19 世纪的宣教士，被誉为"大笔杆子"的希尼·史密斯曾说："世上除了啤酒，还有什么更能使人一下子就联想到英国呢？"将啤酒提升到一个国家鲜明标识的程度来谈论，足见啤酒在这个国家中的影响力。而在德国、比利时、捷克等诸多国家，啤酒都有着这样的影响力。那么，这种有着神奇多彩的大地之色的饮品，又有着什么鲜为人知的历史和属性？

一、特别的历史塑造特别的饮品

啤酒是以小麦芽和大麦芽等为主要原料，并加啤酒花，经过液态糊化和糖化，再经过液态发酵而酿制成的。当然，这是在啤酒花被运用到酿制啤酒过程中之后，在此之前，啤酒的“出场”方式和其他酒精液体如出一辙，都是由粮食、水果等富含淀粉和糖分的物质经自然发酵而形成。至于人们是在什么时候发现了它，依然是未解的历史之谜。

西方文明史中的《吉尔伽美什史诗》是目前世界上已知的最古老的英雄史诗，史诗所述的历史时期与我们相隔 4000 多年。其中，记录了那时候的野蛮人恩奇都首次品尝啤酒的片段：

恩奇都吃了面包，直到肚子撑胀，
喝了啤酒——七壶——开始滔滔不绝，欢声歌唱！
他兴高采烈，脸颊通红，
朝邋遢的身上泼水，
再抹上油，变成了人类，
他穿上衣服，就像一个战士。①

史诗还描述了为什么让野蛮人恩奇都品尝啤酒，这是一种过渡仪式，只有经历过这个仪式的洗礼，他才能真正进入

① 《吉尔伽美什史诗》，拱玉书译注，商务印书馆 2020 年版，第 38 页。

人类文明，而这一切都源自女神伊师塔的安排，她的使命是进入人类文明帮助消灭雪松林的怪兽洪巴巴。啤酒、面包，这些东西在人类的游牧祖先那里是从来没有出现过的，它们属于计划性农业的成果，史诗用这样的描述，是将苏美尔人与他们的祖先进行区隔。这样的描述说明人类史与啤酒史上极为重要的一个转折点大致出现在新石器革命的某个时期，从公元前9000—前7000年或者更早的某个时刻开始，人类逐渐结束了游牧生活，进入了更加稳定的农耕生活，而啤酒的历史便伴随着农耕文明徐徐向前推进。

人类到底从什么时候开始酿制啤酒？酿制啤酒的历史到底最先起源于哪个文明？答案也许会伴随着新的考古证据的出现被重新改写。目前来看，有一种观点得到了一致认同，那就是主动的酿酒活动一定是伴随着粮食的富余而出现的，而农耕文明是粮食富余的一个重要条件。有文献记载，啤酒的起源可以追溯到9000年前，中亚的亚述（今叙利亚）人向女神尼哈罗献贡酒，就是用大麦酿制的酒。在7000年前的中国贾湖地区遗址，出土了有麦芽发酵痕迹的陶罐等酿酒用品，与中亚地区的最早发现遥相呼应。距今约6000年前的苏美尔文明中也记录有喝啤酒的讯息。在美索不达米亚平原地区发现的大量古代图案中，有一幅刻制于公元前4000年的图案，刻画的就是两个人喝啤酒的场景。他们赞美酒神宁卡西的诗歌中，也描述了啤酒的配方：

使用双层大麦面包加水发酵便可得到啤酒。这些记录说明，那时候的苏美尔人已经有了啤酒文明，啤酒已经由人类无意中得到的饮品，变为人类主动生产的饮品。而 4000 年前的《汉谟拉比法典》中，也有关于啤酒的内容，法典的第 108—111 条涉及啤酒的生产和销售管理，内容包括卖啤酒的商人如果不按规定用谷物交换、擅自用银钱代替或短斤少两，就会被沉入水中淹死，而那些卖劣质啤酒的老板也可能遭受同样的刑罚。《汉谟拉比法典》还按照等级制度建立了啤酒配给制：普通阶层每天 2 升啤酒，公职人员 3 升，僧侣和特权阶层 5 升。啤酒生产和销售相关的岗位成为职业，用法律来规范啤酒生产和销售行为，这绝对是啤酒发展历程中最具代表意义的事件，只不过它出现的时间确实比我们想象的要更早。当然，这一古老的啤酒法律的严苛程度也超出了我们的想象，如果这种法律制度延续到今天，那些意欲生产和销售假啤酒的人想必会瑟瑟发抖，或许就不会有假啤酒或劣质啤酒存在了。

公元前 2000 年左右，苏美尔文明结束，古巴比伦人接管了美索不达米亚平原，也继承了古代啤酒的酿造技术。据说，当时的古巴比伦人已经可以酿造出 20 种不同的啤酒。之后，啤酒在古埃及人那里得以进一步发扬光大。古埃及人对啤酒极为重视，这一点可以从许多细节中找到痕迹。2011 年，以“啤酒考古学家”自居的帕特里克·麦克格文接受

《史密森尼》（*Smithsonian*）杂志采访时说道："啤酒是营养的来源，是转换心情的清爽饮料，是对辛勤工作的奖励。啤酒就是古埃及人的工资。没有它，国家就会发生叛乱。如果没有足够的啤酒，金字塔可能永远不会被建造。"这绝非夸大其词，相关报道也传递出了同样的讯息。据说，埃及金字塔建设时动用了成千上万的劳动力，但用来支付给这些劳动力的薪水却不是我们通常所认为的货币，而是定量的食物和啤酒。用定量的食物支付薪水，不难理解，那时候的人们，尚且停留在马斯洛需求理论的最低阶段，食可果腹，已是相当难能可贵，所以用劳动换取食物再正常不过。但用啤酒支付薪水就有些匪夷所思了，我们由此大致可以推测啤酒在他们的日常生活中几乎是和水一样重要的饮品，也是他们非常喜欢的饮品。也有人在分析古埃及当时的社会状况之后，给出了更为合理的解释。这种观点认为古埃及当时参与建造金字塔的大部分劳动者，并非奴隶，而是农民。当时，尼罗河泛滥，很多农民处于失业状态，啤酒既可以支付工资，又能调动劳动者的积极性，可谓两全其美。考古发现的古埃及石板上及出土的丧葬用食具中，也有啤酒的影子，这再次验证了啤酒极有可能是古埃及人的国民饮料。

据说，当时参与建设金字塔的人每人一天大概可以获得4升啤酒，等级高的人，会相应地获得更多的食物和啤酒。我们不妨来粗略计算一下金字塔工程建设大概消耗的啤酒量。以胡夫金字塔为例，古埃及学者认为其建造历时 20 年。假设每天动员 5000 人，每天发放 4 升啤酒，5000 人 × 4 升 × 365 天 × 20 年 =1.46 亿升啤酒。仅仅一项工程就要消耗如此庞大数量的啤酒，要知道古埃及可是有几百座金字塔，还有其他工程，如果古埃及每项工程都是采用这种方法支付薪水，那么基本可以判定古埃及当时一定拥有“地表最强”的啤酒生产力水平。

考古发现似乎也验证了古埃及很早就有啤酒厂这一事实。2021 年，美联社报道埃及南部出土了一座 5000 多年前的啤酒厂，出土地点位于阿拜多斯古代墓地，位于首都开罗以西 450 多公里。埃及最高文物委员会秘书长穆斯塔法·瓦齐里说，啤酒厂历史可追溯至那尔迈国王统治时期，他在公元前 3150—前 2613 年的“第一王朝时期”统一埃及。美国和埃及考古人员在出土地发现 8 个长 20 米、宽 2.5 米的酿酒单元，每个单元里分两排摆放着大约 40 个陶制容器。瓦齐里说，这些容器用来加热谷物和水的混合物以酿酒。美国纽约大学考古学家马修·亚当斯说，这座啤酒厂一次可酿造 2.24 万升啤酒。在历史久远、社会生产力低下的年代，就已经可以通过规模化酿酒的方式向人们提供啤酒，古埃及人的啤酒生产力之强确实可见一斑。对于如何喝啤酒，古埃及人也颇有造诣。当时的啤酒工艺水平较低，未经过滤，底部有沉淀，饮用时会有苦涩的味道。对现代人来说，解决这个问题最简单的办法就是用吸管。但在那个年代，还没有吸管这种方便快捷的工具。为了避免喝到啤酒中的沉淀，聪明的古埃及人选择用麦秆来喝啤酒，也许吸管的诞生就得益于古埃及人使用麦秆的智慧。

公元4世纪左右，啤酒酿造技术开始从埃及向广袤的欧洲传播。公元6世纪，啤酒的制作方法由埃及经北非、伊比利亚半岛（西班牙、葡萄牙）、法国传入德国。这一时期，教堂和修道院是欧洲啤酒酿造活动的主角。为什么是教堂和修道院，而不是别的地方？这就要从现代欧洲的起点开始说起。

有一种东西可以形象地反映欧洲的历史，那就是扑克牌。作为一项通行世界的娱乐项目用品，至今没有确凿证据显示它是何时诞生的，但世界各国的人们似乎都对这个小小的东西有大大的兴趣。扑克牌有四种花色，黑桃、红桃、梅花、方块，但鲜有人知道这四种花色的寓意。其实，这四种花色与西方中世纪社会结构是有莫大关系的。黑桃代表长矛，象征军人；红桃代表红心，象征牧师；梅花代表三叶草，象征农业；方块代表砖瓦，象征工匠。喜欢打牌的人还会发现不同扑克牌上往往印有不同的人物画像，这些人物画像并非设计者们随意设计的，很多都有对应的历史原型。比如，有些扑克牌上的红桃K，是一个头戴王冠留着胡须的人物，这个人物形象的原型是查理曼大帝。他是谁？他原本是法兰克王国的国王，他登基之时，今日的法国、比利时、瑞士、荷兰和德国的许多地区都属于法兰克王国。查理曼登基之后，继续扩张领土，在他统治的45年时间，共进行了54次出征，一年超过一次的出征频率，他可以算得上是一位非常“勤政”的国王了。功夫不负有心人，查理曼最终使西欧大部分地区，包括今日的法国、德国、瑞士、奥地利和低地国家[①]等，都归属于他的统一领导之下。所以，他又被后世尊称为“欧洲之父”，现代欧洲就是以他的统治为起点拉开了帷幕。

在查理曼的统治体系中，教会占据着非常重要的地位。当时的皇室和教会之间存在着心照不宣的亲密关系，可以称得上是有共同利益的“好朋友”，查理曼这个神圣罗马帝国的皇帝就是由罗马教皇加冕的。既然是“好朋友”，势必要互帮互助。在文艺复兴运动爆发之前，西方社会普遍存在教会崇拜，人们将教会当作可以和上帝进行对话的唯一通道，教会因此成为统治者巩固统治的重要工具。查理曼深知要把人民团结在一起干一番惊天动地的大事业，必须先和能团结人民的教会搞好关系。在当时的教会中，喝酒是一项重要的活动。为了向教会示好，表达自己对教会的尊重，查理曼大帝将修道院确立为酿酒中心，如此一来，教会便可“近水楼台先得月”，享受饮酒的便利。除了欧

① 低地国家：是对欧洲西北沿海地区的荷兰、比利时、卢森堡三国的统称，三国有着地理和历史文化上的渊源，曾经多次统一于一个国家。

洲南部的修道院，查理曼大帝还在欧洲北部建立了修道院，那里气候寒冷，更适合种植大麦，所以欧洲北部的修道院主要酿制啤酒。之后，教会和修道院酿酒这种传统开始向不列颠群岛扩散。

此后，啤酒的发展伴随着新的历史进程迈向新阶段。啤酒花的使用应该是啤酒发展历史进程中又一具有里程碑意义的重大事件。8 世纪左右，啤酒花被大规模种植。12 世纪，宾根的希尔德加德在其著作《自然界》（*Physica*）中描述了啤酒花的独特作用："啤酒花温暖而干燥……如果把它放到煮沸的麦汁中，其苦味会阻碍腐坏，延长保质期。"[①]13 世纪，德国将啤酒花加入啤酒，起到防腐作用。16 世纪，德国《啤酒纯酿法》规定啤酒只能用啤酒花、大麦芽、酵母和水做原料。1800 年，随着蒸汽机的发明，啤酒生产中大部分程序实现了机械化，啤酒产量显著提高，质量趋于稳定，价格也日渐便宜。到了 19 世纪，欧洲开始率先用冷冻机对啤酒进行低温后熟的处理，令啤酒有泡沫。随后，克里斯蒂安·汉森分离出单个酵母，并人工繁殖，改善发酵纯净性；巴斯德创造巴氏灭菌法，令啤酒可以长时间保存。1830 年左右，德国的啤酒技术人员分布到了欧洲各地，将啤酒工艺传播到全世界。20 世纪，俄罗斯、英国、德国在中国建啤酒厂，中国开始发展

① ［芬］米卡·里萨宁、［芬］尤哈·塔瓦奈宁：《24 品脱的历史》，蒋煜恒译，重庆大学出版社 2019 年版，第 25 页。

啤酒工业，啤酒也开始了它的新征程。21 世纪，美国兴起精酿啤酒，这种啤酒不添加玉米、大米、淀粉、糖浆，不进行勾兑。大体上，啤酒就是沿着这样的时间脉络，从历史的丛林深处一步步走入了现代文明。

在漫长的历史中，啤酒也分化成了许多种类。根据麦芽汁浓度，啤酒可分为低浓度型、中浓度型、高浓度型。低浓度型：麦芽汁浓度在 6°—8°（巴林糖度计），酒精含量为 2% 左右，夏季可做清凉饮料，缺点是稳定性差，保存时间较短。中浓度型：麦芽汁浓度为 10°—12°，酒精含量在 3.5% 左右，是中国啤酒生产的主要品种。高浓度型：麦芽汁浓度为 14°—20°，酒精含量为 4%—5%。这种啤酒生产周期长，含固形物较多，稳定性好，适于贮存和远途运输。根据色泽差异，啤酒可分为黄啤酒（淡色啤酒）、浓色啤酒、黑色啤酒。黄啤酒呈淡黄色，采用短麦芽做原料，酒花香气突出，口味清爽，其色度（用 EBC 单位表示啤酒色度）一般为 2EBC—14EBC。浓色啤酒、黑色啤酒呈深红褐色或黑褐色，是用高温烘烤的麦芽酿造的，含固形物较多，麦芽汁浓度大，发酵度较低，味醇厚，麦芽香气明显。其中，浓色啤酒的色度一般为 15EBC—40EBC，黑色啤酒的色度一般 ≥41EBC。[①] 按除菌方式的不同，啤酒可分为熟啤、生啤。

① 中华人民共和国国家质量监督检验检疫总局、中国国家标准化管理委员会：《中国国家标准化管理委员会 . GB 4927—2008 啤酒》，中国标准出版社 2008 年版，第 3 页。

熟啤：在瓶装或罐装后经过巴氏消毒，比较稳定的啤酒。生啤：不经巴氏灭菌或瞬时高温灭菌，而采用过滤等物理方法除菌，达到一定生物稳定性的啤酒。

虽然以上的分类方法已经足以让人眼花缭乱，但啤酒的分类方法并不止于此。事实上，世界各国对啤酒都有自己的分类方法，不同的分类方法也都有理有据。目前，世界公认的也是最常规的分类方法，是按发酵方式将啤酒分为两类：第一类是顶部发酵。此类啤酒在发酵过程中，液体表面大量聚集泡沫而发酵。这种方式发酵的啤酒适合在20℃—25℃的环境下进行，发酵后，酒液呈铜红色，风味浓厚，有点酸味，酒精含量为4%—8%。第二类是底部发酵。顾名思义，该啤酒酵母在底部发酵，发酵温度要求较低，仅为9℃—14℃，酒精含量也较低。从20世纪开始，底部发酵啤酒就开始大量生产，有比尔森啤酒（Pilsener）、德国棕色啤酒（Munchener）、维也纳啤酒（Vienna）、多特蒙德啤酒（Dortmund）、艾贝克啤酒（Einbeck）、博克啤酒（Bock）等。这两种发酵方式最大的不同在于发酵的温度及酵母发酵时的位置不同，而不同的发酵方式，又使得它们口感各异。比如，喝顶部发酵的艾尔啤酒时，人们先品尝的是酵母和辅料的味道，之后才能感受到麦芽味。而在喝底部发酵的拉格啤酒时，人们先品尝到的是麦芽的味道，之后才会感受到其他辅料的味道。

二、啤酒的“灵与肉”

作为一种有着悠久历史的饮品，啤酒酿制并不复杂，需要用到的原材料也很简单，主要是麦芽、啤酒花、酵母和水。这几种原料在啤酒酿制中各自发挥着不同的作用，任何一种原材料都会影响啤酒最终的口感和质量。

（一）啤酒的血液——水

水是啤酒酿造中的一种重要原料，被称为啤酒的血液。世界上有很多著名的啤酒，它们各具风味特色，其中，酿造用水的作用不容忽视。它是酿造啤酒的过程中使用最多的一种原料，会直接影响啤酒的质量和风味。具体而言，水的硬度、钠含量、氯化物和磷酸盐的含量等都会影响啤酒的口感。而世界各国的水质显然是存在诸多差异的，这也就造就了不同国家、不同地区啤酒风味的差异。特别在某些有特殊水质的地区，其啤酒风味堪称一绝。捷克的皮尔森啤酒就很特别，皮尔森这个地方的水比软水更缺乏矿物质，要酿制成功，讲究的是“慢工出细活”，通过多道复杂工序来弥补水质问题，比如延长麦芽与热水的接触时间，从而使麦汁在酵素的作用下颜色加深，风味更浓郁集中。原本用来解决酿制难题的工序最终却造就了皮尔森啤酒的独特风味，说是当地水质的“功劳”也算实至名归。德国慕尼黑啤酒也是水质造就特色啤酒的一个典型。慕尼黑水质的突出问题是含有重碳酸盐，在酿制啤酒时，如果麦汁颜色浅，酿制失败的概率就大大提高。反之，成功概率就高许多。酿酒师们通过观察发现麦芽颜色的深浅会影响发酵的成败，重碳酸盐会让麦汁不够酸，所以发酵失败的概率就大大增加。但偏酸性的深色麦芽则可以校正慕尼黑水质中的这一问题，从而为酵母营造更加适宜其工作的酸性环境。这种天作之合的搭配，正好造就了慕尼黑啤酒的特色。这样的例子不胜枚举，英国的波顿啤酒亦是如此；波顿的水以富含硫酸盐类物质、硬度高而闻名。这种水质虽然不会影响酵母发酵，但其中的盐类却可以加重啤酒花的苦味，使当地的啤酒口感饱满，从而造就了独特的英式 IPA。还有爱尔兰地区的啤酒，爱尔兰的水中富含钙离子和碳酸氢根，这种水质可以与烤大麦带来的酸度达到平衡，使酿制出来的酒带有一种类咖啡或者巧克力的浓郁香气，口感十分醇厚。由此可见，“一方水土养一方啤酒”，每个地方的水质差异最终会造就啤酒的不同风味，而这种风味是不同的地理环境赐予的，是独一无二、不可替代的。

（二）啤酒的骨骼——麦芽

大麦是酿造啤酒的主要原料，但却不能直接用来酿制啤酒，必须将大麦或者小麦颗粒用水浸泡，待其发芽，大概一周后，对其进行烘干，加工成麦芽才可以用来酿制啤酒。麦芽，又被誉为啤酒的“骨骼”。麦芽本身及麦芽加工的每一步都会对啤酒最终的颜色和气味产生决定性的作用，比如，麦芽焙干的时间越久，颜色就会越强烈；麦芽烘焙程度较轻，甜香口味就会略显不足；麦芽烘焙程度刚好，甜香味最佳；麦芽烘焙程度过高，甜香味就会丧失，转而表现出巧克力或咖啡口味。当我们在谈论麦芽对啤酒口味的影响时，另外一个问题也萦绕在我们心间，即人们是什么时候发现大麦或小麦可以用来酿制啤酒的？显而易见，大麦或小麦并非生而为酿制啤酒而来，它们什么时候成为酿制啤酒的最佳候选？而又为什么最终大麦成为酿造啤酒的主角，而小麦、玉米、大米等都只能作为配角存在？难道说在远古时代，大麦和小麦已经有了“贵贱”之分，还是说，大麦有什么其他谷物所不及的过人之处，使它最终在所有谷物中脱颖而出，成为人们酿造啤酒的首选？

要回答这些问题，似乎还是要回到人类的起源与演变的历史进程中去。人类起源于350万年前的非洲，在漫长的进化史中，人类的身上发生了太多的故事，每一个故事都足以改变人类的进程。而大麦演变为啤酒酿造主角的历史与人类的奋斗史有着紧密的依附关系。人类之所以能剥离动物属性，正是得益于人类对各种谷物的驯化。对农作物的驯化为人类创造了定居条件，使人类最终摆脱了居无定所的漂泊生活，开始定居，在群落规模逐渐扩大、人口增多的同时，人类才真正开始创造属于自己的文明。谷物在人类创造自身文明这一过程中发挥的作用是不可替代的，称其为蛮荒时代的破冰者也不为过。那么，大麦和小麦又是怎样或以什么样的姿态迈进人类文明的呢？这要从它们的起源说起。

人类发现大麦、小麦与人类发现酒液的历史极为相像。大麦和小麦最初也不是人种植出来的，是人类偶然发现了野生的大麦、小麦，并偶然食之，才有了后来种植大麦和小麦的故事。这种缘分，与人类超强的发现力、创造力和想象力自然是分不开的。如果其他动物也有这种本领，今天统治地球的到底是哪个物种就另当别论了。大约在 1.3 万年前，人类开始收集野生的大麦、小麦的种子。大麦和小麦的原产地在西亚的“新月沃土”，历史上这里曾有过肥沃的土地，适合许多农作物的生长，人类在这块天赐的神地上播撒野生农作物的种子，收获了许多粮食，其中就包括大麦和小麦。时间显示，公元前 12300 年左右，在今天被考古学家称为人类通往农业道路上“不可回头的关键点”的纳图夫文化中开始出现较大规模的定居点及驯化的动植物，其中就有小麦。人们将采集或收获的大麦、小麦放在容器中，但是因为储存不当，它们被水浸泡后发芽。人们舍不得直接将冒着气泡的大麦扔掉，他们或许只是想试试是否还可以食用，毕竟这种大胆的冒险在人类祖先的奋斗史上发生过太多次了。有时候，这种品尝要以牺牲生命为代价，但也有时候，这种冒险会将人类带进新世界的大门。品尝发芽的大麦和小麦，显然属于后者，无意间的尝试，使人类发现了一种神奇的液体——啤酒。

这说明，一开始，小麦和大麦一样，都可以用来酿造啤酒，当然，包括燕麦、玉米等也都是可以用来酿造啤酒的。为什么到了后来及现在，大麦成为使用最多的主料呢？这与大麦自身出众的能力密不可分。大麦具有很多优秀的品质，比如早熟、耐寒、抗旱、耐盐等，在人类食难果腹，不得不勒紧裤腰带过日子的艰难历史中，大麦绝对是人类的最佳拍档。甚至，大麦在某些历史时期还充当过特供食物。比如古罗马时期，大麦就曾是角斗士的特供食物，正因如此，角斗士还有一个亲切的称呼——大麦食客。说起角斗士，人们首先想到的大概是残忍血腥的角斗士表演，毕竟在很多欧美的影视片段里，充斥着角斗士在角斗场上拼命厮杀，供有钱有身份的贵族在看台上品鉴娱乐的画面。事实上，在古罗马时期，角斗士是一份特殊的职业。他们卖力地用尽所有的力量、技巧、运气为人们贡献精彩的表演，赚取自己的报酬。这份特殊的职业使得他们必须拥有健康的体魄、较强的耐力，而大麦不但可以给他们饱腹感，还能增强他们的力量和耐力，所以，大麦便成为角斗士的特供食品。大麦还曾是某些国家餐桌上的主食，历史上，伊拉克、土耳其等国都有直接食用大麦的历史。但之后，随着农业技术的不断精进，大麦逐渐远离了人们的主食菜单。人类在开始定居之后也大量种植小麦，因为小麦富含人体所需的蛋白质和氨基酸。大麦与小麦、大米等相比，还拥有丰富的“内涵”。它富含镁、钾、维生素 B_6 以及烟酸、叶酸、磷等，还拥有更多的糖分，这使得它更容易也更适合发酵成酒精饮品。

现代科学研究也显示，大麦是啤酒发酵绝对的糖分来源，普通啤酒中超过 90% 的糖分原料都是来自它。[①] 除此之外，大麦的营养成分在发酵之后还会留在啤酒中，这就使得啤酒成为一种富含多种营养成分，且集低脂、低热量、低钠等优点于一身的健康饮品。而从技术层面看，大麦的结构优异，且糖化力更强，酿出的啤酒质量更为稳定。大麦对啤酒的重要性还表现在另一个指标，即麦芽浓度上。懂啤酒的人都知道，麦芽浓度高的啤酒，不但营养价值高，还拥有细腻持久的泡沫，口感也更为醇正柔和。而麦芽浓度还是啤酒在饮料酒中独树一帜的鲜明标识，因为一般饮料酒都是用度数来表示酒精含量。啤酒的度数却不指酒度，而是指麦芽汁的浓度，制造啤酒的主料大麦和其他辅料，经过麦芽淀粉酶和蛋白酶的作用，转化为麦芽糖类，对其进行含糖量测定，如果每升麦芽汁含有 100 克糖类，这种啤酒的度数就是 10 度。由此可见，论内涵，大麦最丰富；论糖化能力，大麦最强；论营养，大麦最突出。拥有如此众多的

① 太空精酿：《啤博士的啤酒札记》，清华大学出版社 2018 年版，第 48 页。

“技能”，在众多原料中突围成为酿造啤酒的主要原料也就在情理之中了。

作为塑造啤酒风味肉身的关键，大麦不止一种类型，人们根据大麦穗形将其分为三类：二棱（2-row）大麦、四棱（4-row）大麦、六棱（6-row）大麦。其中，六棱大麦属于原始形态品种，其断面为六角形。在这个小小的断面上，麦籽粒的发育大不相同，中间对称的两行籽粒看起来发育正常，而左右四行籽粒则显得“营养不良”，发育较为迟缓。四棱大麦的断面看起来像四角星，且断面上的大麦籽粒并不像六棱大麦那样中规中矩地排列，而是相互交错地排列。二棱大麦由六棱大麦演变而来，麦穗呈扁形，麦粒像“乖宝宝”，一根穗轴两侧各有一行麦粒对称生长。不同大麦酿造的啤酒口感上有何区别，哪一种更胜一筹，并没有人进行比较研究。只是在不同地区，人们会根据自身需要选择大麦类型。在欧洲人那里，用二棱大麦酿造啤酒是唯一选择，至于六棱大麦，压根儿不在他们的考虑范围之内。而美国人就不这样认为，他们认为好用才是关键。六棱大麦最大的优点在于产量高，且富含淀粉酶，用它酿造啤酒最大的优势在于糖化率高。同时，六棱大麦拥有更厚的外壳，出糖时更好过滤。这几个优点叠加使得六棱大麦拥有无可比拟的性价比，使用六棱大麦，生产商可以赚取更多的利润，因此美国的各大啤酒厂都将其作为首选原料。

（三）啤酒的灵魂——啤酒花

人若没有了灵魂，便如行尸走肉一般。啤酒若没有了啤酒花会怎样呢？这个问题，当代人可能无法回答，毕竟从我们喝啤酒起，啤酒花似乎就已经是啤酒不可分割的一部分了。但啤酒花这种东西也不是一开始就是啤酒的标配，从啤酒酿造的历史来看，人们最初酿造啤酒时所使用的原料主要是大麦与水，但后来人们发现，仅仅使用这些配料酿造出的啤酒稳定性并不高，口感也时好时坏。为了酿造出更好喝的啤酒，人们不断进行尝试，添加各种附加的物料，包括各种水果、蜂蜜等。那时候的啤酒没有加入啤酒花，所以其味道大概类似于今天的发酵饮料，在麦芽香味之外大概就是千篇一律的酸甜口感了。这种口感大概对人类很难形成持久的吸引力，寻找一种可以让人为之一振的口感就显得十分有必要，啤酒花就是那种让人们在饮用啤酒时眼前一亮、味觉为之战栗的存在。

有证据表明，欧洲从 9 世纪左右开始种植啤酒花。最早大规模种植啤酒花的记录出现在被称为“欧洲之父”的查理曼大帝的父亲矮子丕平的遗嘱中，遗嘱中这样描述：“将 768 个啤酒花种植园留给圣丹尼斯修道院。”从当时教会与皇室之间微妙又亲密的关系来看，这一点是可信的。古罗马人对啤酒花的描述很有意思：“啤酒花生长在柳树中间，就像狼长于羊群。”将啤酒花比作狼，可见这种植物与其他植物的不同，这一点也被啤酒花的学名验证。啤酒花学名为 humulus lupulus，humulus 表明啤酒花是一种葎草属植物，lupulus 在拉丁语中意为“小狼”。这种植物喜光和冷凉，是一种蔓生植物，藤蔓可高至 10 米，也常常作为园艺装饰，主要分布在北纬 30° 到北纬 60° 之间的区域。在美国西北、英国南部、巴伐利亚、德国、捷克，甚至日本等许多亚洲国家都能见到其身影。人类种植啤酒花的最早记载应该是在古巴比伦文本中，这说明当时的人们已经开始种植啤酒花。人类从来不会平白无故种植某种植物，也不可能一开始就知道啤酒花可以用来酿制啤酒。那么他们种植这种植物基本上只有两种可能，即食用和药用。古罗马人吃啤酒花植物的芽，因为他们认为其可以抗菌消炎。所以，啤酒花最初可能是被人们当作草药来种植和食用的，而后它又是怎样与啤酒在某一时刻产生了奇妙的缘分的？这大概还是要归功于人类的创造力。

从远古人们酿造啤酒开始，他们就发现这种液体虽然味道美妙，却不易保存，为了延长保质期，他们尝试加入各种草药，这为他们发现啤酒花可以调味提供了可能。

在啤酒花用于啤酒调味之前的 10 世纪，德国人将格鲁特（gruit）作为酿造啤酒的主要调味剂。格鲁特是一种将多种草药组合而成的混合物，它的配方掌握在天主教会和统治者手中，一般人无法知道它究竟是什么，就像可口可乐的配方，对外是高度保密的。酿酒商们想要酿造啤酒，必须向当地的主教申请购买。正是这种垄断性，使得德国的天主教会和统治者将格鲁特视为敛财的工具，还建立起了格鲁特税收体系。人们对啤酒的喜爱使得他们每年都可以获得大笔收入，直到啤酒花被用于酿造啤酒，德国天主教会和统治者这种数钱数到手抽筋的日子才结束了。

啤酒花应用于啤酒的最早书面记录，来自德国一所修道院的女院长希尔德加德（1098—1179）的《自然世界》一书。她写道："如果你坚持用燕麦发酵而不使用啤酒花，那你只能得到'戈兹'（一种传统德式发酵酒）……"这是一位非常博学的女修道院长，她一生涉猎广泛，在哲学、社会学、医学等多个方面都颇有造诣。她颇爱啤酒，推崇啤酒的营养价值和在治疗疾病方面的功效。她撰写的医学文献中提到啤酒花可以治病、增加苦味和延长啤酒的保存期限，增强啤酒的治疗效果。因此，她建议在啤酒酿造的过程中添加啤酒花。

希尔德加德的建议对整个啤酒行业产生了深远影响，这种新型的香料可以替代格鲁特。换言之，教会和统治者掌握的格鲁特一夜之间失去了市场，任何人都可以使用啤酒花酿酒。那些因格鲁特税苦不堪言的啤酒制造商们终于可以长舒一口气了，过去，受制于格鲁特税，他们无法大批量生产，现在他们可以毫无负担、轰轰烈烈地进行生产，甚至可以将啤酒销售到更远的国度。当然，新事物取代旧事物的过程总是艰难而又曲折的，起初，啤酒花并不被统治阶级承认，他们以各种理由将啤酒花拒之门外。但这阻挡不了新事物发展的步伐，统治阶级和教会也阻挡不了早已受够了格鲁特垄断的酿酒商们使用啤酒花的强烈愿望和决心。更为重要的是，利益使酿酒商们敢于进行“明修栈道，暗度陈仓”式的对抗。最终，新事物战胜了旧事物，啤酒花取代了格鲁特，成为酿酒的原料之一。

13 世纪，德国出现了加啤酒花酿啤酒的相关记载。汉堡的酿酒商们惊喜地发现，加了啤酒花的啤酒，防腐性能得到了极大提升，这意味着他们可以通过汉堡的各个港口将其销售到德国南部及英国、低地国家等国家的啤酒市场。这对于汉堡的啤酒商们来说，简直是历史性的时刻。啤酒保质期的延长意味着大规模酿酒和贸易成为可能，啤酒商们只要扩大规模进行生产，就可以大量出口啤酒，获得丰厚的利润。据统计，14 世纪的汉堡 40%—50% 的收入得益于啤酒出口。就此，啤酒行业开始了自己的商业化道路。德国人会酿造加了啤酒花的啤酒，而且还做得非常成功，很多德国啤酒商更是因此成了当地显贵。这种发迹历史显然引起了其他国家啤酒商的注意，他们竞相模仿，在啤酒中加入啤酒花的行为日渐在各国流行开来。1360 年，荷兰开始出现专门的啤酒花种植产业，之后，加花啤酒开始在荷兰流行。15 世纪，比利时的法兰德斯也开始流行加花啤酒。啤酒市场开始向加花啤酒转型。1516 年，德国的巴伐利亚大公威廉四世颁布了啤酒法规——《啤酒纯酿法》，规定啤酒酿造只允许以大麦芽、啤酒花、水和酵母为原材料。如果说以往啤酒质量控制顶多是说说而已，这项法规的出现可谓开了啤酒质量控制之先河，它标志着啤酒生产将更加正规，受法律规制。这项法规对于啤酒花的更大范围推广也有着重要意义，它标志着啤酒花在啤酒生产中的地位已经得到了法律的认可和保护，啤酒生产将进入标准化时代。此后，各个国家都开始了啤酒花种植的种种尝试。在美国，传统酒花几乎可以肯定是 1629 年由马萨诸塞州公司引进的欧洲酒花与美国野生酒花自然杂交产生的新品种。经过种植者几个世纪的选育，截至 1900 年，英格兰已有 20 多个酒花品种，欧洲大陆也有 60 多个品种记录在案。现在，1900 年以前的大多数酒花品种都已经被淘汰，也有一些具有优秀品质的品种至今仍在生产中。

在啤酒花漫长的使用历程中，酿酒商们也发现了啤酒花的更多奥秘。比如，它除了可以延长啤酒的保质期，还能丰富啤酒的口感。使用的啤酒花数量不同，酿造的啤酒的味道也会有差别，有的啤酒花会让啤酒产生香草味，有的则会赋予啤酒花香、果香，还有的会使啤酒充满香脂味。总之，使用的啤酒花的种类不同，啤酒的味道也会有差异，这也使得啤酒花成为调节啤酒风味的秘诀之一。

（四）啤酒的心脏——酵母

酵母是一种对人类有着非凡意义的物质，没有酵母，人类生活中的很多事物可能就不复存在了。比如，面包、酱油、豆豉等，当然，也包括啤酒。酵母对于啤酒的作用，就像心脏之于人，没有心脏，人无法存活；没有酵母，就没有啤酒。1857 年法国微生物学家巴斯德通过实验证明酿酒过程中发酵是活酵母引起的，而不是化学催化，酒类发酵的秘密至此被揭开。之后，人们才渐渐认识了酵母，这是一种就算裸眼视力超过 5.3 的人都无法看见的单细胞生物，只有借助显微镜才可以观察到它的存在。虽然从视觉上来看，它的存在感并不强，但是这个小小的东西却有大大的作用。它可以将糖发酵成酒精和二氧化碳，所以经常被用于酒精酿造或者面包烘焙行业。酵母的种类很多，多为发酵工业的副产品，常见的有啤酒酵母、酒精酵母、味精酵母、糖蜜酵母等。啤酒酵母被单独划分为一类，足见酵母对于啤酒的重要性，当然，它也间接说明啤酒酵母与其他酵母之间是有差别的。这里所说的啤酒酵母与早期人类酿造啤酒时所利用的野生酵母是不同的，啤酒酵母是啤酒工业发展到一定阶段的产物，而野生酵母菌则一直存在于自然界中。简言之，一个是人类文明进步到一定阶段才有的，另一个则在人类还没有诞生之前就已经存在。

啤酒文明在5000多年前的苏美尔石碑、伊朗西部和中国北方的某些容器的残留成分中已经得到了证实。在这些历史背景的基础上，由比利时勒芬大学和佛兰德斯生物技术研究所遗产学家凯文·韦斯特里彭（Kevin Verstrepen）率领的研究团队进行了科学的推测，他们认为现代酿酒酵母的祖先可以追溯到几千年前。人类最初酿酒无疑是借助了野生酵母菌的力量，但随着人类酿酒历史的演进，人类在野生酵母菌的基础上驯化出了新的啤酒酵母。韦斯特里彭经过研究推测，人类驯化酵母的时间大约是在16世纪晚期到17世纪早期，他们做出这一推测的根据是啤酒制造主体的变化。在此之前，欧洲的啤酒制造多是以家庭为单位进行的，人们酿造啤酒主要是为了满足自我的饮用需求，但是16世纪晚期到17世纪早期，啤酒制造开始由小酒馆和修道院主导。他们由此推测，那些转战欧洲的专业酿酒人前往新大陆的时候一定也带着这些酵母，所以有些国家的啤酒酵母菌株才会非常相似。比如英国和美国的啤酒酵母菌株就很接近。[①] 韦斯特里

① 赵熙熙：《科学家摸清啤酒酵母进化史》，《中国科学报》2016年9月15日。

彭还表示酿酒商分离出第一个酵母菌株的历史要更晚，大概是在 19 世纪晚期。酿酒商在酿造啤酒时有使用上一批啤酒的上部酒糟的习惯，这种不经意的习惯可能对酵母基因组产生了影响。之后，酿酒商们开始有意识地选择酿酒效果和风味更佳的酵母菌。

对发酵工业所用的酿酒酵母菌株进行表型分析发现，它们都源于几种常见的祖先。研究还发现，在所有酵母中，啤酒酵母的基因组改变最大。啤酒酵母和野生酵母在分解麦芽三糖方面有所重叠，但大多数啤酒酵母进化出了限制 4-乙烯基愈创木酚产生的功能。而正是这些新出现的基因组可能使啤酒酿造产生了深刻的改变。由此可见，人类在酿酒中先是使用野生真菌，之后又在不断的酿酒实践中将酿酒酵母转化成了各种各样的酿酒菌株。啤酒中常用的酵母分为艾尔酵母和拉格酵母。艾尔酵母属于上发酵，需要在较高的温度下进行发酵，它的优点在于酵母的代谢速度和繁殖速度很快，缺点在于会在麦芽糖分解的过程中产生很多代谢物，从而带有一些酯类、酚类和醛类的味道。拉格酵母发酵温度低，代谢速度慢，因此通常需要较长的发酵时间。虽然看起来拉格酵母在发酵时间上输给了艾尔酵母，但较长的发酵时间却带给了啤酒不一样的口感，由于发酵的彻底，拉格酵母所产生的排泄物较少，啤酒味道也更加清冽爽口。

除了麦芽、水、啤酒花和酵母，啤酒也受风土影响。所谓风土指的是一个地方特有的自然环境、风俗、习惯的总称。对啤酒酿制活动而言，风可以被简单理解为当地的气候和自然界中的酵母，土即通俗意义上的大地。不同地方的风土不一样，所以世界各地的啤酒有自己的风味。而在以上诸多因素之外，各地酿制啤酒时的环境和习惯也有所不同。比如意大利，在啤酒酿制过程中的某一个发酵阶段，会打开窗户，让啤酒与吹拂而来的风亲密接触，这样酿制的啤酒会带有特别的梅子的气息。这种独具意大利本土风格的啤酒，换个地方就无法酿制出来。

三、无出其右的“三大派系”

世界上很多国家拥有酿造啤酒的原料，也有自己独特的风土条件，所以很多国家都可以酿制啤酒，但正所谓“闻道有先后，术业有专攻”，有些国家酿造啤酒的历史久远，有些却刚刚起步。在啤酒文明的这条历史长河中，发展出了三个最主要的派系：比利时、德国和英国。这些国家或许不是最早在啤酒世界版图上开疆拓土的，却凭借鲜明的文化背景、深厚的社会底蕴，得到了世界人民的认同。回望这些啤酒国的历史，会发现它们在各自的国度里随着时光变迁慢慢积淀，书写了属于自己的传奇。

（一）人类非物质文化遗产——比利时啤酒

啤酒与人类非物质文化遗产看起来似乎毫不相干，人类非物质文化遗产记录了人类社会生产生活方式、风土人情、文化理念等，凝聚了世界各民族文化基因、精神特质等核心要素，是人类文明的见证者，也是全人类共同的宝贵财富。2016 年，联合国教科文组织宣布将比利时啤酒文化列入人类非物质文化遗产名单。这一决定意义非凡，啤酒本是餐桌上的寻常饮料，但现在，它却被赋予了新的身份，这是啤酒的升级，也是啤酒世界的一大幸事。对比利时而言，这是至高无上的殊荣。对比利时人而言，每当举起酒杯畅饮啤酒之时，他们都可以理直气壮地宣布：我不只是在喝酒，而是在保护非物质文化遗产。

比利时，国土面积仅 3 万多平方公里，人口尚且不足 1200 万，与英国隔海相望，国土被荷兰、法国和德国环绕。无论从哪个方向，在比利时乘火车都是一小时出国。那么，这样一个面积不大、人口又少的国家，到底是如何酿出了可以入围人类非物质文化遗产的啤酒的呢？联合网官网对此给出了全面的解释：其一，制作和品尝啤酒是比利时人民日常生活和节日习俗的重要组成部分，它不只是娱乐活动，而且是一项特别的活态传统。在比利时的任何一个社区，在社交圈、酒厂、大学等场合，都可以看到制作和品尝啤酒的传统活动。其二，比利时共拥有 1500 种啤酒，品种之多足以睥睨世界。其三，啤酒在比利时不单单是一种饮品，它还被广泛用来烹饪、制作啤酒奶酪，是其他食品不可或缺的最佳拍档。当然，比利时啤酒申遗成功，也与它浓厚的啤酒文化底蕴有着密切关系。

人是酿造啤酒的关键，没有人类，啤酒也许只能停留在大麦等原料在野生酵母菌作用下自然发酵成饮品的阶段。聪明的猿猴也会如发现果酒一样发现啤酒这种饮品，但猿猴最多只会照葫芦画瓢地模仿这种酿造过程，很难在啤酒酿造方面有其他创造性的表现。只有人，会在模仿观察之余，发动自己的想象力，赋予啤酒新的生命。在比利时啤酒的发展史上，修道士酿酒师们是伟大的存在，因为他们是比利时啤酒品质的奠基者。

从啤酒的发展历史来看，在 10—17 世纪这一漫长的历史时期内，与啤酒相关的生产原料并不是普通人所能接触和使用的，教会才是这些东西的实际掌控者。16 世纪，在席卷整个欧洲的马丁·路德宗教改革运动之前，西欧主流社会信奉的是天主教，但这场宗教运动永久性地结束了天主教在欧洲的封建神权统治地位，也改变了当时修士修女们的生活。原本这些人过着清苦却优哉游哉的生活，他们有自己的田地，可以自主决定什么时候进行耕作和生产。

这种生活即便是放到现在，也是令人艳羡的田园牧歌式的生活。这样的生活方式使修道士们拥有充分的富余时间来思考人生，那时候的修道士，嗜好不多，饮酒算是其中一个。其实，原本修道院是禁酒的，法国直到 1664 年才放宽了戒律，允许修道士在戒斋日喝啤酒来充饥。但从 10 世纪格鲁特被把持在教会和统治者手中，以及 11 世纪德国修道院的女院长希尔德加德关于酿造啤酒加啤酒花的著述等种种痕迹中，都可以看出，修道士酿酒、喝酒是当时心照不宣的秘密。

至于修道士为什么会酿造啤酒，这与修道院在欧洲的特殊地位有关。现在，人们普遍认为获得学问的最高殿堂是大学。而大学又是从哪里来的？它的前身是什么？很显然，大学不可能横空出世，在它诞生之前一定具有某种雏形，而修道院就是早期大学的雏形。大约从 6 世纪开始，欧洲的修道院就开始扮演双重角色，它既是教会的组成部分，承担宗教关怀、社会救济等职能，又是教育机构，承担社会教育的职能。9 世纪著名的圣高卢修道院内就设有修道院学校。此外，修道院中的图书馆往往有大量的藏书，藏书涉及范围极广，覆盖语法、修辞、音乐、天文等诸多领域。这些藏书汇聚了古希腊哲学、天文学等方面的发展成果，古罗马的法学文献及各种神学家们对《圣经》的各种诠释版本，它们大概是在 1100 年前后，经西西里岛、亚平宁半岛与伊比利亚半岛传入欧洲大陆的。与其他人相比，修道士每天守着这些图书，具备得天独厚的条件。近水楼台先得月，他们在阅读、翻译与比较各种典籍的过程中，有机会接触记载酿酒方法的书籍，加上修道院自己有田地，粮食充足。具备酿酒的知识，又不缺酿酒的原料，修道士酿酒自然水到渠成。

修道士酿酒与啤酒商酿酒有本质的区别，啤酒商酿酒的目的是逐利，而修道士酿酒则颇有匠人精神，他们不求名利、不爱浮华，只为了把酒酿好，在自饮的同时，又有收入维持修道院的运营。所以他们更有精力和时间潜心钻研酿酒技艺，这就造就了修道院啤酒的高品质。修道院啤酒恰恰是塑造比利时啤酒的最具文化底蕴的重要流派。修道院啤酒采用的是上层发酵法，在瓶内持续发酵 2—3 次，全程手工制作。修道士们高超的熬糖技巧更是赋予了修道院啤酒特别的风味，使得修道院啤酒不但味道浓郁，且有较强的爽口感。几个世纪后，暴风骤雨般的法国大革命震撼了整个欧洲大陆，修道院遭遇浩劫。修士们不得不离开这个地方，到处逃散。在他们东躲西藏、四处逃散的过程中，修道院啤酒也被传播到了世界其他地区，包括瑞士、美国、加拿大等，比利时的修道院啤酒也因此进入了几十年的历史空白期。在两次世界大战中，比利时修道院啤酒被世界各国的士兵们发现，比利时啤酒的独特品质和口感赢得了人们的一致好评，比利时啤酒在当时甚至成为人们公认的好啤酒招牌，只要跟修道院沾边，啤酒就会受到疯抢。为了避免修道院啤酒的名声被一些不良商家败坏，他们决定联合起来成立一个同盟。1997 年，特拉普修道院联盟成立。这不是普通的联盟，该联盟一经成立，其他冒牌的修道院啤酒就无处遁形了，因为该联盟具有认证修道院啤酒的资质，只有经他们认证的酒厂生产的啤酒才能被称为“特拉普修道院啤酒”。目前，世界上共有 11 家得到认证的特拉普修道院酒厂，6 家以酿酒为业的修道院，而比利时以 5 家独占鳌头。这 5 家分别是阿诗啤酒（Achel beer）、智美啤酒（Chimay beer）、罗斯福啤酒（Rochefort beer）、西麦尔啤酒（Westmalle beer）、西弗莱特伦啤酒（Westvleteren beer）、奥瓦尔啤酒（Orval beer）。毫无疑问，它们是比利时啤酒的宝藏。比利时修道院啤酒种类主要分为金啤、黑啤和琥珀啤，或单料、双料、三料和四料等。

时至今日，比利时已在啤酒世界中沉醉了上千年，上千年的积淀，使比利时拥有许多独一无二的标签。比如，拥有长期占据世界啤酒排名第一宝座的啤酒，号称啤酒界劳斯莱斯的西弗莱特伦 12（W12）；最具特色的水果啤酒林德曼樱桃啤酒，在兰比克系列里加入整个酸樱桃；专门制作传统风味的比利时白啤酒福佳白；啤酒界的“女性杀手”粉象；“魔鬼”啤酒督威；被冠以“不可思议的啤酒”称号的修道院啤酒罗斯福 10 号；智美；等等。比利时还拥有至今仍在生产的历史较为古老的啤酒朗贝克啤酒（Lambic），这种啤酒早在14世纪就被发明出来，是一种采用自然发酵法酿造的啤酒。它只在比利时的珊妮谷（Zenne Valley）生产，这个地方是天然酒香酵母的盛产地，在酿造啤酒的过程中加入这种天然酵母菌，会赋予比利时啤酒特殊的性质。在酿造的过程中，为了避免朗贝克啤酒产生酸涩味，酿酒艺人们会先酿造第一批朗贝克啤酒。在陈放六个月之后，再酿造第二批啤酒，之后，将新旧两批仍在发酵且冒着泡沫的朗贝克啤酒进行混合直接装瓶。看似简单的工艺，却造就了朗贝克啤酒的独特风味。此外，比利时啤酒还有很多令人惊叹的地方。比如，拥有全世界最大的啤酒“菜单”。在吉尼斯世界纪录中，有一项最多可点啤酒数的纪录，纪录的保持者是坐落于比利时首都布鲁塞尔的迪勒瑞姆咖啡馆（Delirium Cafe）。这家店为顾客提供的可品尝的啤酒种类高达3162种，一家店有几千个啤酒品种，这种数量上的悬殊对比，让人咋舌。粗略计算一下，一个顾客若想在一年内品尝完这家店不同品种的啤酒，不但要每天光顾，还要每天至少喝8种啤酒。这意味着对那些偶尔喝啤酒的顾客而言，这家店所拥有的啤酒品种足够其用一生时间去品尝。

（二）德国啤酒的“骄傲”

德国也是“老字号”啤酒王国中的一员，德国人酿造啤酒的最早记录出现在公元前800年的“铁器时代”。人们在德国巴伐利亚北部的库姆巴赫（Kulmbach）发现了一些有将近3000年历史的盛啤酒容器。德国人有多爱喝啤酒？2021年的统计数据显示，德国是目前世界上人均喝啤酒最多的国家之一，人均每年消费约411.24罐啤酒。[①] 慕尼黑市约有100万人口，有3000多家啤酒馆，尽管啤酒馆数量如此众多，还是难以满足慕尼黑人的需求，这些啤酒馆每天人满为患、座无虚席。

德国人对啤酒的热爱渗透在日常生活、文化等方方面面。德国人点啤酒的姿态是极为豪放的，他们点啤酒论升，少则半升，动辄几升；德国人爱喝啤酒也体现在德国的语言文化中，德语有一个词BierReise，译为啤酒旅行，旅行原本是边走边看风景，在德国俨然变为边喝边看风景。可以说，在德国，大街小巷，无不散发着啤酒的香气，到这样一个国家旅行，确实可以称得上名副其实的啤酒之旅。当然，德国人爱喝啤酒，是有历史传统的。早在古代，德国人就有饮用啤酒的传统。古罗马时期，担任罗马帝国执政官的历史学家塔西佗，曾写了《日耳曼尼亚志》，这本著作描述了公元1世纪左右日耳曼部族的宗教信仰、生活习俗等方面的信息。这本著作中提到，由大麦或其他谷物发酵而成的饮料深受日

① 黄河啤酒：《〈2021世界啤酒指数〉报告出炉，一起看看中国啤酒消费水平》，2021年3月23日，见http://www.hhbeer.com/detail-318.html。

耳曼人喜爱，他们会举办持续一整天的饮酒竞赛。这一描述说明，早在古罗马时期，德国先民就把啤酒作为一种重要的饮料，并极为享受这种饮料带给他们的独特乐趣。

史料记载显示，德国北部地区的日耳曼民族自 6 世纪开始迁移到德国南部，并开始定居生活，之后开始耕种农作物，用大麦制造啤酒，而德国啤酒酿造的技术是罗马帝国征服法国后传入德国的。欧洲啤酒酿造活动多是在教堂、修道院进行的，德国也不例外。位于慕尼黑附近的维森（Weihenstephan）酒厂，由修道院建于公元 1040 年，它是全世界最古老的酿酒厂，它已经连续生产了将近 1000 年。一直到 11、12 世纪，随着城市的出现，德国的啤酒制造业开始兴起，行业竞争也随之而来。为了在竞争中共存，这些啤酒制造同业者成立了保护彼此利益的同业者工会组织。遗憾的是，虽然他们意识到了保护自身利益的重要性，但无论他们如何努力，所酿造的啤酒都无法与修道院啤酒媲美。对修道院啤酒的“羡慕嫉妒恨”最终演变成了都市啤酒酿造者们的破坏活动，他们屡次做出破坏和烧毁修道院啤酒厂的疯狂举动。直到 15 世纪，在国王颁布“修道院可以制造啤酒，但不得出售”的法令之后，德国的修道院啤酒才慢慢衰落，这种同行间的恶性竞争也才算告一段落。

德国啤酒在发展中也曾有过“波澜”，引发过一些社会

问题。比如饥荒问题，酿造啤酒的原料主要是谷物，在当时，谷物也是人们主要的食物之一，它可以用来制作面包。在饥荒年代，谷物产量有限，用来酿造啤酒的谷物增多了，就意味着人们可食用的主粮减少了，如此便会出现酒与粮之争。而除了饥荒问题，还有一个不容忽视的问题，即啤酒质量问题。当时，德国的一些啤酒商在酿造啤酒时，出于啤酒品质、质量等的考量，会加入五花八门的香草香料。虽然当时已经有了啤酒花，但并不是所有的啤酒商都会使用啤酒花，总有些啤酒商不走寻常路，在啤酒酿造过程中添加一些连他们自己也弄不清作用机理的奇怪的植物。一些啤酒商还会在黑啤中加入烟灰，虽然这种行为无论在当时还是现在来看，都绝对是疯狂的，说其是啤酒界的“黑暗料理”也不为过。更可怕的是，有些啤酒商添加的植物不但无法起到预期的保质或增香效果，还存在致毒风险。为了避免社会上出现严重的饥荒问题，也为了保护人们的饮酒安全，1516 年，巴伐利亚大公威廉四世颁布《啤酒纯酿法》，规定酿造啤酒的原料只能是大麦芽、啤酒花、水和酵母。

该法律与现在的法律相比，相通之处在于会罚没不纯正的啤酒，超前之处在于会根据啤酒的酿造时间和风格来规定价格，限定旅店老板售酒的利润。

这部法律可以称得上是德国啤酒的骄傲，它至少让人们觉得德国啤酒有法律保障，可以放心享用。事实上，这套法律被德国人沿用至今，确实有效地保证了德国啤酒的品质。迄今，德国依然“遗世而独立”，坚守着啤酒法，真正做到了酿造啤酒的“纯粹”，即只使用麦芽、啤酒花、酵母和水，没有增味剂、色素、防腐剂，实实在在地做到了零添加。除了质量上的保障，德国啤酒的种类与比利时相比，也不遑多让。有一种极具代表性的观点，即一名啤酒爱好者可以在13.5年里每天喝到一杯完全不同的德国啤酒。德国每个联邦州都有自己独具代表性的啤酒品牌。这些啤酒品牌经纬交错，共同谱写了德国啤酒的神话。

论销量，德国啤酒中首屈一指的当数拉格啤酒（lagerbier），德国是拉格啤酒的起源国。lager在德语里是“窖藏”的意思，而后世界各国沿用了这一名称。拉格啤酒采用底部发酵法，这种发酵法的优势在于可以让啤酒具有良好的储藏性，有效地延长了啤酒的保质期。但使用这种方法发酵要在低温条件下进行，所以对时间节点有要求。最初，人们只能在深秋和寒冷的冬季才能酿造拉格啤酒。在制冷机发明之后，拉格啤酒的酿造不再受这一条件限制。由于口感爽口甘醇，拉格啤酒深受世界人民喜爱。论受欢迎程度，皮尔森啤酒是不得不提的重要存在，这种啤酒看起来色泽较浅，泡沫细腻，味道闻起来十分浓郁，略带一丝苦味，口感十分特别。论经典，就必须说说德式小麦啤酒，这种啤酒有 50% 的麦芽含量，外观混浊，气泡充足，喝起来格外清新舒爽，它主要分为小麦白啤、深色小麦啤和小麦博克三类。博克啤酒是德国比较古老的一种啤酒，它被称为德国啤酒的无冕之王，从 14 世纪开始已经流行于德国的艾因贝克地区。这是一种高浓度贮藏啤酒，它有多个版本，其中最有特色的大概要数“冰馏博克”。从名字就可以看出这是一款有故事的啤酒，它的故事和冰有关。据说，19 世纪，在德国北部的一个啤酒厂，工人需要将用木桶装的博克啤酒从地窖运送到商店里销售，但由于当时冰天雪地，博克啤酒在室外结冰，有些木桶爆裂了。为了不浪费啤酒，工人们把冰砸开喝剩下的啤酒，出人意料的是，工人们发现剩下的酒液味道竟然异常醇厚，浓缩的麦芽味充斥在口舌之间，带来极致的味蕾享受。正是这次意外，让德国人误打误撞发明了一个新的啤酒品种——冰馏啤酒，很多酒厂开始采用冰馏方法酿造啤酒，冰馏博克啤酒也因此火爆。除了以上这些啤酒类别，德国还有一些别具特色的啤酒，比如德国班贝格地区的烟熏啤酒。熏腊肉、熏鱼、熏香肠对人们而言，是习以为常的存在，但烟熏啤酒确实鲜有耳闻。德国的烟熏啤酒并非在啤酒酿造过程中用明火和烟熏酒液，而是用明火和烟熏来处理麦芽，使麦芽带有木头燃烧的味道，从而酿造出带有烟熏味的啤酒。相较于其他啤酒，这确实也算是一种

“重口味”的啤酒了。

（三）特立独行的英国啤酒

提起英国，人们首先想到的是它的别称“日不落帝国”。太阳每天都会东升西降，当东半球进入黑夜，西半球就迎来白天。英国何以“日不落”呢？因为它曾站在世界之巅。英国在历史上最大领土面积曾经达到过3400万平方公里，东西半球上有很多地方都曾是英国的殖民地，这意味着一天里的每一时刻，都有英国的领地可以看到太阳，“日不落帝国”的美誉由此得来。英国还有拥有得天独厚的条件，它是名副其实的海岛国家，这样一个率先启动工业革命、最早完成高度城市化的国家，其啤酒发展史却与欧洲大陆上的其他国家截然不同，甚至显得格格不入。从地理区位来看，英国距离比利时较近，但在比利时修道院啤酒向欧洲大陆拓展之时，英国却孑然独立，丝毫没有发展。难道说是当时的英国人不爱喝酒吗？显然不是，英国人有句话常挂在嘴边：“如果你没去过酒吧，你就没去过英国。”英国人对啤酒的热爱绝不逊于世界上任何一个民族。据统计，英国大约有6万多家各式各样的酒吧，其中最古老的已经有上千年的历史。由此可见，啤酒对英国人而言，也是融入血液的存在。

相传早在5000年前，凯尔特人就可以使用苦味药草酿造啤酒。考古证据显示，在公元前4世纪后期，苏格兰人已

经掌握了啤酒酿造的调味技术，比如在其中添加甜菊等调味料。那为什么在修道院啤酒风行欧洲之时，英国无动于衷呢？其中另有隐情。英国的水质是一个重要因素。由于水质过硬，对一些依赖特定水源的啤酒品种，英国只能望洋兴叹。但对最先掀起工业革命的国家来说，这一点儿小困难绝对难不倒它。它特立独行，最终在欧洲大陆啤酒板块上创造了独具特色的英伦风格啤酒，艾尔、波特、世涛等都是其中的代表。

在英国的诸多啤酒品牌中，艾尔啤酒是唯一可以和拉格啤酒一争高下的啤酒种类，它是英国人在中世纪酿造成功的。英国的王公贵族对这款啤酒情有独钟，据说英国女王伊丽莎白在位期间，每每外出巡视必带艾尔啤酒，人们戏称她爱江山更爱艾尔啤酒。尔后，随着英国的扩张强大，艾尔啤酒也走出英国，走向北美、亚洲等地。桶装苦啤艾尔，听起来似乎自带苦味，但事实并非如此。它并不苦，它最突出之处在于麦芽风味，这些麦芽经过精心烘焙之后往往带有坚果味、焦糖味，甚至透出淡淡的巧克力味。此外，还有淡淡的啤酒花香，多种风味混合使得桶装苦啤艾尔的苦味略显突出，但这种苦味并不会给舌头直接的刺激，它非常柔和，是这款啤酒味觉框架的支柱。当然，从它的名称也可以看出，传统的苦啤艾尔是在木桶中进行发酵的，在发酵行将结束之时会在木桶中添加二发糖。如此，二次发酵就会在桶中继续。传统的英国酒吧，都将木桶艾尔放在长长的柜台上，顾客喝酒时，就从木桶中打酒出来。这种木桶出酒主要依靠桶中自然产生的二氧化碳和重力来压出啤酒，为了避免它本身压力过小影响出酒，会额外加压。在木桶的最上端有密封装和塞钉，可以用来密封和进气，木桶下面则会安装打酒的酒头和密封用的拱心石。仅从视觉效果而言，这样的装置就会让顾客充满期待，当酒液从木桶中涌出时，顾客的体验感瞬间满格。虽然有一段时期这种木桶被玻璃瓶取代几乎销声匿迹，但后来在英国人大力呼吁保存传统木桶啤酒的运动浪潮下，它还是得以保存下来，并成为英国啤酒最地道的文化记忆。

印度淡色艾尔啤酒，如果望文生义，会想当然地认为这款啤酒是印度生产的，实则不然。这款啤酒确实和印度有关系，但并非印度所产，而是英国人酒瘾的产物。当时，在印度殖民地的英国人想要喝啤酒，但由于印度纬度低，不适合种植酿造啤酒的大麦、啤酒花等原材料，所以印度不生产啤酒，为了让在印度的英国人喝上啤酒，英国不得不远距离向印度运输啤酒。奈何距离太长，运输时间太久，传统的英国苦啤经这样一番长距离折腾到达印度本土之后，极容易变质。为了解决这一问题，英国的酿酒师们尝试了许多保鲜的办法，但收效甚微，直到酿酒师乔治·霍奇森将一种带有苦味的植物——啤酒花加入啤酒中，这一问题才得到解决。如此一来，酒的苦度和酒精值都提升了，啤酒的口感也更加独特。由于它是用淡色麦芽酿制而成，颜色较浅，加上和印度渊源颇深，所以被称为印度淡色艾尔啤酒。从某种程度而言，印度淡色艾尔啤酒见证了英国不光彩的殖民历史，也见证了英国人的智慧。

在英国的啤酒历史上，还有一款值得一提的啤酒——波特啤酒，它是英国全盛时期的产物之一。当时，英国的远洋贸易极为发达，每天从事重体力劳动的搬运工人需要酒精饮料放松身心，波特啤酒就是在这样的历史背景下应运而生的。因为是给底层工人喝的啤酒，所以刚开始它的酿制极其不走心，就是将不同度数、颜色与风味的啤酒进行混合，简直是啤酒界的“大杂烩”，这种混合而来的啤酒具有深色啤酒的普遍风味。尔后，随着英国工业革命的推进，英国人民的钱袋子渐渐鼓了起来，对啤酒质量的要求也水涨船高，波特啤酒的配方随之发生了改变。早期的英国波特啤酒，使用纯粹的棕色麦芽烘焙处理之后酿制，一般在7°。后来，酿酒师们意识到这样处理的棕色麦芽出糖率不高，逐渐开始采用具有更高出糖效率的淡色麦芽混合一定比例的烘烤过的黑色大麦酿酒。到了19世纪初，更为典型的波特麦芽配方出现了，即用95%的淡色麦芽和5%的专利麦芽构成。这一次，改变的不只是配方，还有生产方式。此前，英国啤酒几乎都是先在未成熟时出厂，然后在木桶里继续成熟。但现在，为了满足人们对波特啤酒的超高需求，啤酒商们采取了更快速的办法，即在超大型的木桶中一次性完成波特啤酒的生产和成熟，并直接在木桶里销售。这种木桶上端有用来密封和进气的密封装和塞钉，下面有打酒的酒头和密封用的拱心石，通过桶中自然产生的二氧化碳加重力来压出啤酒，不论从视觉效果还是口感体验上而言，都别有一番风味。为了营造浓郁的氛围感，一些传统的英国酒吧还会将木桶放置于长长的柜台上，直接为顾客打酒，酒客们往往争相品尝第一杯打出来的啤酒，因为那是他们眼中最完美的人间美味。也是这种急功近利的思想，引发了波特啤酒甚至人类啤酒历史上的一次重大事故。当时英国伦敦的麦克森德公司采用了巨型大桶酿造波特啤酒，这种巨型大桶可以盛放大约相当于600吨的啤酒。这种体量即使放到现在也很惊人，不幸的是，这只巨大的啤酒桶倒塌了，并且引发了多米诺骨牌效应，其他啤酒大桶在强大的啤酒流的冲击下也被破坏，啤酒汹涌而出，涌入附近的贫民区，这场由啤酒桶破裂引发的奇葩洪水最终造成了8人死亡的惨剧。之后，波特啤酒由于受到英国禁酒运动的影响一度销声匿迹，直到1978年，才重新复苏并被发扬光大，但这种传统意义上的英式啤酒的辉煌已难重现。

四、从美国开始的精酿之路

拥有悠久历史的啤酒国凭借着先天优势已经成为啤酒世界的传奇，他们的辉煌不可复制，也难以逾越。但初生牛犊不怕虎，后来者们也不甘居人后，他们奋起直追，努力向前奔跑，在另一个赛道实现了追赶，并成功领跑。这当中，以美国最为典型，也不乏中国等一些亚洲国家的身影。

论历史，美国的建国年限不值一提，但就是这个历史短暂的国家开辟了啤酒世界的新道路——精酿啤酒之路。精酿并不是一种新的啤酒分类，或许我们可以把它理解为都市文化的一部分，是与现代工业化啤酒标准化生产流程有所区别的啤酒。追根溯源，精酿啤酒并不是美国的首创，它源于家庭自酿工艺，但美国却最早在 20 世纪 70 年代掀起了精酿啤酒革命，这场革命与美国当时的文化革命渊源颇深。二战后的美国，社会空前繁荣，人口增长迎来大爆发，仿佛一夜间，美国就诞生了成千上万的婴儿，这股婴儿潮见证了美国的繁荣，也见证了美国的新变化。这代新人类在安逸和平的环境中长大，他们中的很多人接受了高等教育，到了 20 世纪 60 年代中期，这代人已经成长为有独立思想的青年。他们反对传统约束，反对战争，反对工业化的生活方式，这种反叛使得他们逐渐背离美国主流社会，并形成了有自己的语言、文化及服饰等的新群体，这个群体被称为嬉皮士。他们给美国社会带来的影响是双重的，一方面，让人深恶痛绝的毒品、性乱交等几乎都是拜他们所赐；另一方面，他们也为美国带来了艺术革命、信息革命等新事物，其中，也包括精酿啤酒。他们认为现代工业束缚了人，而他们崇尚的是重回自然，回归传统。对于啤酒，他们也是同样的想法，他们讨厌工业化生产带来的千篇一律的啤酒。1965 年，当时美国最大的家电企业美泰格集团（Maytag）的继承人费里德里希美泰格三世（Frederick L. Maytag III），收购了一家濒临倒闭的啤酒厂 51% 的股份，这个有着波希米亚情怀的富二代，决定恢复传统的啤酒工艺，他恢复了铁锚酒厂传统的蒸汽酿造啤酒法。虽然他恢复传统的道路并不顺利，但他却开辟了美国精酿啤酒的先河。从此，美国开始相继出现精酿啤酒厂，并最终掀起了精酿啤酒运动。

美国酿酒师协会对于精酿啤酒的定义是每年产量少于 600 万桶的啤酒，独立酿造，大型啤酒厂最多只能占 25% 的股份，用传统方式酿造，啤酒的风味来自传统酿造工艺或原料。如今，经过几十年的发展，美国的精酿啤酒已经一枝独秀。2021 年，美国生产的啤酒总量下降，但精酿啤酒却在逆境中反弹，出现了大幅增长，8764 家精酿企业的啤酒产量创下历史新高。美国精酿啤酒还有一个十分开放友好的风气，从业者在本土成立了各种各样的自酿啤酒协会，而且会把自己关于啤酒的酿造、品饮心得统统总结分享在网站上，并配上视频、图解，爱酒的人可以在这里互相讨论、交流学习，更加了解真正的精酿好啤酒。

再来说说中国。虽然早在9000年前，中国人的祖先就开始酿酒，但啤酒这种酒精饮料在中国并不流行。直到20世纪初，啤酒才在跨越数千年之后，由国外传入中国本土。中国的啤酒工业经历了几个阶段，第一阶段可以被称为萌芽阶段，时间为1900—1949年，这一时期，中国的啤酒厂多是外资酒厂，市场很小。1949—1978年中国啤酒工业逐渐成熟，啤酒开始了国产化道路，但受制于粮食短缺，啤酒产量一直不高。1978年之后，伴随着中国经济的腾飞，中国的啤酒工业也开始蓬勃发展。中国啤酒市场有一个典型的特征，即以城市、名山大川等命名，诸如大众耳熟能详的啤酒品牌：青岛啤酒、燕京啤酒、哈尔滨啤酒、漓泉啤酒、珠江啤酒等。从全球啤酒消费分布来看，中国是啤酒消费大国。在精酿啤酒方面，中国目前的精酿啤酒品牌总数已有800个，处于正在崛起的上升期。虽然与发达国家啤酒工业相比，中国在行业集团化、工厂大型化、设备高效化、精酿繁荣化发展等方面还有一定差距，但中国有巨大的人口基数和许多后发优势，如果能充分把握第四次科学革命的机遇，定能稳步建成全球啤酒业强国。

五、风情万种的“喝法”

不同地方的人有不同的饮食习惯，即便是面对同一种食物或饮品，不同地方的人也有不同的讲究。世界各地的人们都有自己喝啤酒的方法，通过这些喝啤酒的习惯，我们可以了解到不同的风情。而啤酒与这些风情的融合，恰恰又造就了世界各国独特的啤酒文化。

在“老字号”啤酒国中，要论谁喝啤酒最讲“腔调”，比利时算一个。比利时人不但每天要喝掉大量啤酒，而且在喝不同的啤酒时还要用不同的杯子。在比利时的酒吧里，每当顾客选了一种啤酒，喝上一种啤酒的杯子就会被立刻撤走，并换上新的与之匹配的杯子。要知道，比利时拥有世界上最多的啤酒品种，1500 种啤酒用 1500 种杯子来喝，仅仅想象一下那场面就感觉足够壮观。但比利时的啤酒商们却乐此不疲地设计不同的啤酒杯，以给人们提供更愉悦的饮用体验和视觉享受。据说，比利时的啤酒商们每设计一款新的啤酒品种之前都会先设计与之搭配的酒杯，因为他们认为啤酒杯的形状会影响啤酒的味道和气味。听起来颇有些形而上学的味道，但联想到饮用啤酒本身就包含了形而上的精神内涵，也就不难理解这些啤酒商们的做法了。虽然传言真假难辨，但比利时人对啤酒的深厚感情由此可见一斑。在这些五花八门的啤酒杯中，有一些经典款。比如，笛形啤酒杯，看起来和香槟杯大同小异，但用它盛装啤酒的妙处在于它的造型狭长，倒注啤酒的时候可以在杯里激起足够的泡沫，且这些泡沫会持续一段时间，从而最大限度保持啤酒原本的风味。笛形啤酒杯一般搭配淡色啤酒饮用，因为它们颜色相似，都是淡淡的青黄色，酒杯与啤酒浑然一体，给人舒适的视觉享受。还有圣杯，这种啤酒杯的特点在于大开口、厚杯壁、浅杯底以及细长的杯颈，看起来很壮观，比利时著名的修道院啤酒，一般都要搭配圣杯饮用。

在远隔重洋的中国，青岛人喝啤酒的方式也是一道独特的风景线。据说，青岛有四大怪——老区房顶红瓦盖，骑车没有走路快，身穿泳装走在外，啤酒装进塑料袋。前几怪，细想一下青岛的历史、气候和区位等因素，都还能理解。但啤酒装进塑料袋这一景观的确特别，毕竟在人们的常规印象里，啤酒都是装在瓶子、罐子里卖的，用塑料袋装啤酒确实罕见。青岛人不但用塑料袋买啤酒，还可以用塑料袋喝啤酒，这听起来似乎有点技术难度，但对青岛人来说不过是“小菜一碟”。他们可以用吸管直接放到塑料袋里吸着喝，老青岛人对这种喝法可能会嗤之以鼻，毕竟他们还有更高级的玩法。20 世纪 90 年代，青岛人会将买回去的袋装啤酒挂在墙上或门上的钩子上，在“酒平线”上面一点的地方，用点燃的烟头烫一个小洞，然后，淡定地叼着烟，一手拿杯，一手轻轻地按压下面塑料袋鼓起的地方，酒液就会随之喷射出来，且不偏不倚，正好落到杯子里。几杯之后，故技重施，再烫一个小洞，接着喝，直到把整袋酒喝光。

为什么青岛人用塑料袋喝啤酒？这与青岛啤酒的历史和中国在特殊时期的历史背景有关。青岛啤酒股份有限公司的前身是 1903 年 8 月由德国商人和英国商人合资在青岛创建的日耳曼啤酒公司青岛股份公司，青岛人用塑料袋喝啤酒则源于 20 世纪 70 年代。当时的中国，物资极度紧缺，人们买东西都要凭票，无论是日常生活用品还是家具家电，没票都无法购买。买瓶装啤酒也需要用票，但买散装啤酒没有限制。为了喝到啤酒，青岛人动用了各种容器，暖壶、大碗，无不在此列。后来，青岛人发现用塑料袋装啤酒更轻便，便于携带，便渐渐喜欢上了这种新的盛装工具，并将用塑料袋装啤酒的做法延续了下去。时至今日，这个传统已经流传了 50 多年，塑料袋装啤酒也成为青岛特别的城市烙印。有些人可能会误认为这种袋装的啤酒更廉价，品质没保证。实则不然，青岛人喝的袋装啤酒大多是当天生产的原厂鲜啤或原浆啤酒。这种啤酒的优缺点都十分明显，优点在于口感细腻，更好喝，价格便宜；缺点在于不易保存，必须当天喝完，喝不完就只能倒掉。

第二节

“有腔调”的琥珀之色——葡萄酒

根据国际葡萄与葡萄酒组织的规定，葡萄酒是一种以新鲜的葡萄果实或葡萄汁为原料，经全部或部分发酵酿制而成的含有一定酒精度的发酵酒。葡萄酒的酒精度通常为8%—15%。至于为什么不能超过15%，原因很简单，酒精度一旦达到16%，酵母菌将会被杀死。当然，不同国家对于葡萄酒度数的规定也略有差别。比如中国葡萄酒的标准是酒精度不低于7.0°的酒精饮品。在饮料酒中，葡萄酒似乎是最“有腔调”、最“有范儿”的，无论是在影视剧还是现实生活中，一些看起来高端的聚会，似乎都离不开香槟、红酒。葡萄酒似乎又是最浪漫的，在欧洲，葡萄酒有“爱情酒”的称号；在中国，从“葡萄美酒夜光杯”到蜡烛、红酒搭配的烛光晚餐，葡萄酒俨然成了爱的使者。一杯葡萄酒带给人们的，已经不只是单纯的舌尖上的刺激。正如美国作家威廉·杨格所说：“一串葡萄是美丽、静止与纯洁的，但它只是水果而已；一旦压榨，它就变成了一种动物，因为它变成酒以后，就有了动物的生命。”

一、葡萄酒的漫漫轨迹

人类发现最早的酒可能就是葡萄酒，因为野生葡萄与野生酵母菌在大自然中的相遇几乎是必然事件。从最早发现的自然发酵的葡萄酒到人类主动酿造并不断创新创造出的新的葡萄酒品种，葡萄酒发展的轨迹都不可避免地与人类的历史和故事交织在一起。沿着葡萄酒被发现、被模仿酿造、被不断升级及传播的时间线，或许可以洞悉更多不为人知的隐秘故事。

1965 年，考古专家发现了距今 8000 年前的人工培育的葡萄种子化石及酿酒器皿，它们位于格鲁吉亚东部卡尔特里地区的马尔诺镇。目前，尚无更多证据证明 8000 年前的格鲁吉亚人经历了什么，但在世界其他地区，8000 年前人类的活动轨迹却已经被发现。1972 年冬，中国河北武安市磁山二街村民在村东南的台地上开挖水渠时，意外发现了一座在地下沉睡了 8200 多年的原始村落，这是黄河流域早期新石器文化的缩影。这里有人工培育的粟及人工饲养的家禽家畜遗骸，还有大量的手制陶器、磨盘及磨棒等石器。这些有形的证据表明那时的人类已经进入了农耕文明，先民们可以进行农耕、饲养、制陶等一系列活动，其中可能就包括酿制葡萄酒的活动。在尼罗河河谷地带，从发掘的墓葬群中，考古学家发现一种底部小圆、肚粗圆、上部颈口大的盛液体的土罐陪葬物品，经考证，这是古埃及人用来装葡萄酒或油的土陶罐。此外，古墓的浮雕中，清楚地描绘了古埃及人栽培、采收葡萄、葡萄酒酿制和饮用葡萄酒的情景，至今已有 5000 多年的历史。考古学家还在位于以色列北部的考古项目中发现了一个距今约 3700 年的酒窖，研究人员发现，曾有超过 500 加仑的葡萄酒储存在这个地窖里（足以装满 3000 瓶！）。这些考古证据表明人类与葡萄酒之间交情匪浅，但葡萄酒到底起源于哪个国家目前尚无定论。

根据现有证据，基本可以确定的是，葡萄酒是随着人类文明的演进传播到了不同的地区的。至于葡萄酒是如何传播的，大致可以梳理出几条路径，比如古希腊人与腓尼基人的贸易活动。公元前 2000 年左右，最早的希腊人在色雷斯定居之后，就开始种植葡萄和酿制葡萄酒，并让世人知道了他们的葡萄酒。同一时期，起源于闪米特民族，居住在美索不达米亚新月地区的腓尼基人，开始种植葡萄。公元前 12 世纪开始，希腊半岛的平静被多利安人打破，他们入侵希腊之后，开始在希腊各个城邦之间进行各种政治、经济的融合活动，包括在希腊各个地区种植葡萄。原本希腊人和腓尼基人对自己酿造葡萄酒的技术已经十分自信了，但他们后来发现希俄斯、特摩罗等地也出产葡萄酒且很有名气。之后他们踏上了向地中海地区迁徙之路。从公元前 11 世纪开始，腓尼基人开始大规模建邦立业，葡萄种植及酿酒活动自然在这一过程中得到广泛传播，伊比利半岛的葡萄和葡萄酒开始出品。随后，他们又在地中海南段继续传播自己的文化并种植葡萄。同一时期，希腊也不甘落后，从希腊半岛到黑海，从佛西亚到特洛伊，希腊的殖民脚步推进到了许多地区，葡萄园及葡萄酒也沿着这条殖民路线不断涌现。

古罗马帝国在葡萄酒传播方面功不可没。从 1 世纪开始，古罗马帝国军队每到一处就将葡萄种植和葡萄酒酿造的知识传入当地。1 世纪，法国南部的罗纳河谷开始种植葡萄，葡萄树遍布整个罗纳河谷；2 世纪，葡萄树遍布整个勃艮第和波尔多；3 世纪，葡萄树已被种植到卢瓦尔河谷；4 世纪，葡萄及葡萄酒出现在香槟区和摩泽尔河谷。这一时期，统治者和教会的关系也发生了重大改变。罗马皇帝君士坦丁正式公开承认基督教，这意味着基督教终于可以光明正大地进行宗教活动。彼时，已经在相当程度上拥有民心的基督教得以快速发展。基督教的发展对葡萄酒的发展也有重要作用，在西方历史上占有不可替代地位的基督教的经典《圣经》中，有 521 次提及葡萄酒。葡萄酒对教会来说有多重要，看看被称为天主的耶稣是怎么说的。耶稣在最后的晚餐上说“面包是我的肉，葡萄酒是我的血”。将葡萄酒视为圣血，足见葡萄酒在教会人员心中的分量。所以在很长一段时间内，西方的教会人员都将种植葡萄树和酿造葡萄酒作为自己日常工作的一部分，他们乐于向全世界传播葡萄酒。尔后，葡萄酒也确实伴随着传教士的足迹传播到了世界各地，并在世界各地的不同土壤中绽放出了不一样的鲜艳花朵。

二、纷繁复杂的分类标准

葡萄酒有很多分类方法，每一种方法都遵循不同的标准。所以，现在我们所提到的各种葡萄酒都是不同分类方法下的某个品种，掌握葡萄酒的分类知识，对于我们了解葡萄酒有穿针引线的作用。说起葡萄酒的颜色，很多爱酒之人都有感触，葡萄酒拥有迷人的颜色，让人不由自主地产生秀色可“饮”之感。在很多对葡萄酒不感兴趣的人眼里，红可能是葡萄酒唯一的颜色，其实不然。按照颜色可以将葡萄酒分为三类——红葡萄酒、桃红葡萄酒和白葡萄酒。花有千样红，红葡萄也一样，常见的如宝石红、紫红、砖红和橘红等。红葡萄酒通常采用皮汁混合发酵后陈酿而成。桃红葡萄酒在不同的国度有不同的定义，在西班牙语中其被称为“rosado”，在意大利语中其又被称为“rosato”。不同的桃红葡萄酒因为所使用的葡萄品种、添加剂和酿酒工艺不同，而呈现不同的颜色，比较常见的如三文鱼红、粉红、棕红等。

在酿制红葡萄酒和桃红葡萄酒的过程中，为了让色泽更加浓郁，会让葡萄皮与葡萄汁保持一定的接触时间，通常为2—24小时，这样做的目的是让葡萄汁被葡萄皮上的色素充分浸润，所以这一过程也被称为浸渍。白葡萄酒的“白”与通常意义上的白色是有差别的，它是相对于红葡萄酒和桃红葡萄酒而言的，白葡萄酒的颜色包括淡黄色、浅绿色、稻草黄和琥珀色等，随着陈年时间的增加，白葡萄酒的颜色会加深。白葡萄酒一般是用颜色较浅的葡萄酿制而成，有时也会用红皮白肉的葡萄，只不过要去掉葡萄皮才能酿制。在酿制时要特别注意，在挤出葡萄汁的瞬间要立刻将果肉与葡萄皮分离，避免皮内色素深入葡萄汁中。

有些人在日常选购葡萄酒时，会被酒瓶上“干型”和“半干型”的标识弄得摸不着头脑。其实，这也是葡萄酒的一种分类方法，它的分类依据是葡萄酒的含糖量。喜欢吃葡萄的人判断葡萄好吃与否的标准通常是甜度，而甜度的来源就是糖分。葡萄发酵成葡萄酒的过程中，其糖分会在酵母的作用下转化成酒精和二氧化碳，而那些未转化的糖分会残留在酒液里，从而使酒液表现出一定的甜味。按照含糖量大体可以将葡萄酒分为干型葡萄酒、半干型葡萄酒、半甜型葡萄酒和甜型葡萄酒四类。这四类葡萄酒的含糖量呈阶梯式跃升，干型葡萄酒含糖量最少，含糖量（以葡萄糖计）小于或等于4g/L；半干型葡萄酒含糖量高于干型葡萄酒，含糖量最高为 12g/L；半甜葡萄酒含糖量高于半干型葡萄酒，含糖量最高为 45g/L；甜型葡萄酒含糖量最高，大于 45g/L。至于为什么会出现含糖量的差异，答案在酿酒师身上。为了让葡萄酒拥有更丰富的口感，酿酒师们在酿造过程中会对发酵过程进行干预，如果他们不干预，让酵母自由发挥，酵母会在一定酒精浓度环境下自动停止工作，此时葡萄酒中残留的糖分含量一般低于 4g/L。而为了得到其他甜度的葡萄酒，酿酒师会人为地抑制酵母的活动，使其提早结束发酵过程，提早结束的时间不同，葡萄酒中的含糖量就不同。

很多影视剧中有开香槟庆祝的场景，伴随着香槟开启时“嘭”的巨响，气泡会从瓶中汹涌而出向上蔓延，不少人都沉醉于香槟气泡的魔力当中。香槟也是葡萄酒，香槟会起泡是因为二氧化碳通过酒的发酵在瓶内或大型酒缸中自然形成的，但并不是所有的起泡酒都是香槟，国际上认可的香槟指的是在法国香槟区用传统法酿造的起泡酒。在葡萄酒的分类中，还有一种分类方法，就是按照二氧化碳含量将葡萄酒分为静止起泡酒和起泡葡萄酒。二者的最大差别在于发酵次数，起泡葡萄酒属于二次发酵。除了以上这些分类方法，还有一种比较传统的分类方法，即按照酒精度将葡萄酒分为普通葡萄酒和高酒精度葡萄酒。普通葡萄酒的酒精含量为 8%—16%，而高酒精度葡萄酒则分为蒸馏葡萄酒和加强葡萄酒。蒸馏葡萄酒，顾名思义，就是要在葡萄酒酿制的过程中采用蒸馏的方法。加强葡萄酒是一种添加了蒸馏酒精的葡萄酒类型，世界上较为著名的加强葡萄酒有波特酒、雪莉酒等。其工艺相对简单。

在葡萄酒分类中，还有一种常见的分类标准，即按照酒体轻重进行分类。酒体轻盈型（Light-Bodied）的红葡萄酒，具有颜色浅、单宁少的特点，典型代表是黑比诺，口感如巧克力一般丝滑细腻又香气浓郁。酒体轻盈型的白葡萄酒显著特点在于有清爽的酸度，这种白葡萄酒特别适合冰镇之后饮用，让人口齿备感清新，代表品种有灰比诺。酒体中等型（Medium-Bodied）的红葡萄酒颜色更深，拥有更厚重的质感，典型代表有梅洛；酒体中等型的白葡萄酒，口感厚实，典型代表有白标赛美容长相思。酒体饱满型（Full-Bodied）的红葡萄酒颜色最深，呈深红色，好似红色的珠玉，单宁也最充沛，较有代表性的是赤霞珠和色拉子。

虽然已经介绍了许多葡萄酒的分类方法，但这并不是全部。在葡萄酒这个庞大的王国中，还有其他分类方法，比如按葡萄品种，葡萄酒可以分为单品葡萄酒和混酿葡萄酒。单品葡萄酒就是用一种葡萄酿制的，混酿葡萄酒则一般采用两种甚至更多种类的葡萄酿制。还可以按照年份、产区等进行更多类别的划分，而在每一个大类之下也可继续细分。从葡萄酒的门类之分可以看出，葡萄酒分类的依据有很多，如果

深究，还会发现许多意想不到的分类方式。这也从另一个侧面说明葡萄酒王国的缤纷多彩，不同的葡萄酒各有特色，它们在葡萄酒王国里争奇斗艳，共同谱写了属于葡萄酒的传奇。

三、生命的艺术

从一粒粒小小的葡萄种子，成长为挂满枝藤的葡萄，再到变为不同的葡萄酒，被世界各国的人们享用、赞美、欣赏，葡萄酒走过的每一步都需要被精心呵护。所以在所有的酒类中，葡萄酒被誉为生命的艺术。

（一）从葡萄开始的旅程

网络流行语“给我来一瓶82年的拉菲”是绝大多数人耳熟能详的，这句因为影视剧中的台词而爆火的流行语经常被人们拿来调侃，但是可能很少有人知道，“82年的拉菲”在葡萄酒行业里到底意味着什么。拉菲是一个葡萄酒品牌，这个品牌的名字在葡萄酒世界里是绕不开的。它从创立至今已有700年的历史，拉菲葡萄酒生产地拥有得天独厚的气候和土壤条件，葡萄酒品质一流。影视片段里，“82年的拉菲”象征着权势、金钱，是红酒品质的杰出代表。但是为什么是 82 年的拉菲，而不是 80 年，或者更早、更晚年代的拉菲呢？很多人对此并不知晓。事实上，“82 年的拉菲”恰恰与葡萄本身有很大关系。1982 年，堪称拉菲的世纪年份。因为这一年，拉菲的葡萄产地波尔多迎来了气候最为理想的年份，日照长、气温高、雨水少，炎热而不干燥，加上葡萄丰收时阳光灿烂等因素的加持，成熟的风味与充沛的单宁使得这一年的葡萄酿制的葡萄酒拥有完美的集中度、饱满而又缥缈的口感，“82 年的拉菲”也因此成为经典。

一款经典的葡萄酒离不开好葡萄，在葡萄酒行业流传着一句话：七分靠葡萄，三分靠酿造。并不是所有葡萄都能酿制出好的葡萄酒，只有好葡萄才能出好酒。好葡萄的标准是什么？世界上又有哪些葡萄品种符合这一标准？葡萄是世界上最古老的，也是世界各地分布最为广泛的果树树种之一。从属类上来说，它属于葡萄科的葡萄属。世界各地栽培的葡萄主要分为欧洲种葡萄和美洲种葡萄，这两种葡萄兼具不同特点，从食用角度来讲，很多人会选择颗粒大、皮薄、籽少甚至无籽的葡萄，这样的葡萄吃起来不用吐葡萄皮和葡萄籽，既方便又美味。美洲种葡萄就属于此类葡萄，它皮薄、多汁、籽少，很适合鲜食。欧洲种葡萄则不同，与美洲种葡萄相比，它显得发育不良，颗粒小、果皮厚，还有籽。但浓缩的都是精华，欧洲种葡萄的这些特点恰恰是它更适合成为酿酒葡萄的关键。欧洲种葡萄的糖分和酸味浓缩度、糖度都更高，厚厚的果皮使它更利于提取色素和香气，而吃起来讨厌的葡萄籽则能赋予葡萄酒充足的单宁，从而使葡萄酒风味更佳。从种类上来说，当前世界上拥有的葡萄品种大概有 1 万多种，每个品种的葡萄都有与众不同的个性，虽然“天生我材必有用”，但并不是每一个品种的葡萄都能用来进行商业酿酒。目前来看，在数以万计的葡萄品种中，只有百余种可以作为酿酒葡萄，其中，称得上名贵葡萄的品种，仅有 30 种。而在实际的酿酒过程中，被用于酿酒的品种可能更少。

以法国为例，虽然法国批准种植的酿酒葡萄品种多达 249 种，但 3/4 的葡萄产区仅使用了这些葡萄品种中的 12 种左右。[①] 为什么如此多的品种中，只有极少数的葡萄品种可以用来酿制葡萄酒呢？原因在于不同的葡萄香气、色素量、单宁量、酸度和甜度、抗病虫害能力等不同，只有这些要素都达到最佳，才适合酿造葡萄酒。也正是这些差别，使得酿酒葡萄逐渐分化：有的始终坚守乡土不曾离开，有的走出家门足迹遍布天涯，有的低调小众鲜为人知，有的荣誉加身名扬四海。以下仅列举其中几种知名度较高的品种：赤霞珠，在葡萄品种中素有“红葡萄品种之王”之称，虽然原产地在法国，但它如今已是全球主要葡萄酒产区的宠儿。它的特点是颜色深、果皮厚、味道独特，用它酿制的葡萄酒酒体

① 余蕾：《葡萄酒酿造与品鉴》，西南交通大学出版社 2017 年版，第 10 页。

饱满、单宁充沛，而且兼有黑莓、黑醋栗等黑色水果的果香和薄荷等植物的植物性香气。梅洛，属于相对早熟的葡萄品种，这使得它不但可以在气候温暖的地区成熟，还可以在气候相对凉爽的地区成熟，也正是这种特性使得它具有较强的适应能力，在波尔多产区，梅洛的种植面积居于首位。与赤霞珠相比，梅洛最突出的特点在于酒精度高，带有草莓等红色水果的香气。黑皮诺被称为“红葡萄品种之后”，古往今来，“皇后”基本都是难伺候的主儿，黑皮诺对土壤及气候条件的挑剔也使得它成为葡萄品种中较难伺候的一个品种。勃艮第是这一品种的最佳产地，它的果皮薄，用它酿制的葡萄酒口感层次丰富，带有樱桃、草莓等水果的香甜。此外，还有西拉、歌海娜、桑娇维塞、长相思等世界知名的葡萄品种。这些葡萄品种如它们的名字一样，给人以千娇百媚、神秘莫测的感觉。

（二）风土的贡献

2015 年 7 月 4 日，联合国教科文组织正式宣布将法国勃艮第葡萄园风土（The Climats, Terroirs of Burgundy）列入世界遗产名录，这是人类文明的伟大佐证，对葡萄酒行业产生了深远的影响。风土在拉丁语中是“terra”，意思是土地。风土并不是诞生于现代的一个概念，早在几个世纪前，风土对于酿造葡萄酒的重要性就已经被发现。那时候酿造葡

萄酒的主力军还是教会，天主教的神父们会观察葡萄的风土特征，他们注意到即便是同一葡萄品种，在不同地区酿造也会产生不同的风味。为了找到其中的奥妙，他们不断进行探索，并将获得的启发和经验记录下来。在这个过程中，教父们甚至品尝了培育葡萄生长的土壤。这种“吃土”行为看似不可思议，效果却立竿见影，他们掌握了土壤中的秘密，并渐渐发现不同地方的土壤为葡萄提供的生长条件不同。有些土地种植的葡萄酿制的葡萄酒风味更佳，有些就会逊色一些。这给了之后的酿酒商们极大的启发，酒庄开始有意识地根据产区给葡萄酒贴上分级标签，这就是如今分级系统的雏形。

对于风土，有很多玄之又玄，听起来深奥莫测的解释。在杰西斯·罗宾逊（Jancis Robinson）和休·约翰逊（Hugh Johnson）所著的《世界葡萄酒地图》（*World Atlas of Wine*）一书中，作者为了解释清楚风土的概念，甚至提供了地质层数据、葡萄园磁场等信息，风土看起来似乎比我们所能想象到的内涵要更加复杂。而在中国，“橘生淮南则为橘，生于淮北则为枳”的古语则形象地说明了同一品类的物种与风土的关系。简单一点，可以将风土理解为土壤、地形、地理位置、光照条件、气温条件、微生物环境等一切对葡萄酒风味有影响的自然因素。可以说，除了葡萄品种，当数风土对葡萄酒的影响最大。有人说，没有得天独厚的风土，难酿“倾国倾城”的美酒。在波尔多地区，土壤对葡萄酒风味影响的例子最为典型。波尔多左岸地区的葡萄品种卡本内苏维浓的生长要好于右岸地区，葡萄成熟度更高，酿出的葡萄酒拥有更强烈的风味和更圆润的口感。波尔多西北部的梅多克产区是这里最显赫、最尊贵的葡萄酒产区，著名的1855年分级中的61家列级酒庄，除了格拉夫地区的奥比昂酒庄，全部聚集在这里。这里与其他产区相比，最大的不同在于拥有温暖且干燥的碎石，这些碎石提升了葡萄成熟的可能性。酿酒师们对于风土对葡萄酒的贡献众说纷纭，在旧世界产区法国、意大利等地，酿酒师们十分重视风土，一个最近的例子足以说明这一点。波尔多5级名庄庞特卡内古堡（Chateau Pontet-Canet）的庄主收购了已故喜剧演员罗宾·威廉姆斯在加州北部的葡萄庄园，他们看上该葡萄园的原因就是“其土壤可以完美地种植出他们想要的葡萄，酿出理想的葡萄酒”。在美国、澳大利亚等地，酿酒师们则认为风土对葡萄酒品质的影响并没有那么突出，种植技术等其他因素也会对葡萄酒的品质产生影响。毋庸置疑，不同地块、产区的风土自然是不同的，而风土的差异又赋予了葡萄酒多样化的风格和特色，使葡萄酒的世界更加缤纷多彩。

（三）酿酒师的影子

很难用一个词语描述酿酒师与葡萄酒之间的关系，与啤酒酿造过程不同，葡萄酒的酿酒师往往是从一颗葡萄开始就在守护、塑造他的作品，他们所要做的工作远比啤酒酿酒师复杂得多。所以，从葡萄酒中可以看到酿酒师的影子，葡萄酒风味映照的是他们的灵魂、性格以及品位。如果说葡萄酒是一种生命的艺术，那么酿酒师就是这种生命艺术得以升华的关键，正是他们，赋予了葡萄酒灵魂。在常人的眼中，酿酒师的工作是照配方酿酒，事实却并非如此。每一种成功的葡萄酒背后，都站着一个拥有匠心、勤奋、智慧、才华甚至天赋的酿酒师。只有优秀的酿酒师才能使葡萄酒的风味、地理来源、气候环境等呈现出来，否则葡萄酒可能会沦为毫无特色可言的单纯的品种酒。一位优秀的葡萄酒酿酒师，他的身影绝不仅仅出现在酿酒室内，也绝非只是动动嘴指点江山，他可能一年四季都在忙碌着。

葡萄采收时节，酿酒师们最重要的工作就是作决策，他们需要决定合适的采收时间。葡萄采收极为讲究时机，采收过早，葡萄甜度不够，酿出的葡萄酒有可能会很酸，采收过晚，葡萄过于成熟，酿出的葡萄酒酒精度又太高，掩盖酒液的其他风味。因此，把握时机就变得十分重要。酿酒师们需要从葡萄开始成熟的时候就密切关注葡萄的状态，到了葡萄处于极佳成熟度之时，他们要立刻安排采收工作。紧接着，他们需要准备酵母、糖、酸等添加物及各种酿酒器具，做好酿酒前的准备工作。这一切做完之后，还有更为细致的工作，比如筛选葡萄，酿酒师需要对采收的葡萄进行分类，确定哪些适合酿造更高质量的葡萄酒，哪些适合酿造一般的葡萄酒，然后开始正式的酿造工作。人们戏称葡萄酒的酿酒师为“飞行酿酒师”，因为每到酿酒时节，优秀的酿酒师们都要在全球飞来飞去。待到忙碌的酿酒时节结束之后，一年之中最寒冷的季节——冬季来到了，葡萄园也迎来了最寂寞的时节，它们在无声地暗暗蓄力孕育来年的生机。此时的酿酒师们在干什么呢？是否可以围着壁炉品尝一杯自己酿的美酒？随着气温下降，酒中各种微生物不再活跃，代谢活动变得微弱，发酵罐中的葡萄酒酒精度数也不再增加，色香味等也趋于稳定，看起来葡萄酒似乎已经完成了发酵任务。但事实上，微生物对酒的影响却没有就此停止。苹果酸—乳酸发酵才刚刚开始，这种天然微生物的活动是葡萄酒酿造的重要基础。在葡萄完成了从葡萄汁向葡萄酒的转化之后，发酵的进程还在持续，葡萄酒酿酒师们需要每天观察酿酒罐中酒液的状态，并随时记录数据，对发酵进程进行判断。在发酵活动彻底结束之后，酿酒师们还需要对葡萄酒进行调配，然后入桶陈酿，测量酒桶酒液的温度，在桶中加下胶材料，不断品测，闻嗅酒液，一切都需要酿酒师把控。

以上所说这些其实都只是一名酿酒师的基础工作，一名优秀的能赋予葡萄酒灵魂的酿酒师要做的不只这些。比如阿尔伯特·安东尼尼，作为南美葡萄酒的引路人，他提出了“未来的葡萄酒终将回归过去”“忘记波尔多定式”等诸多见解。他的主张传递的最主要信号，即要让喝酒的人从酒中感受到产地的特征，他对葡萄酒的要求就是要能最好地诠释葡萄酒的产地。正是他，引领了智利最优秀的一批酿酒师，改变了整个南美洲的葡萄酒行业，使之拥有了自己的风格。保罗·德拉普，山脊酒庄（Ridge Vineyards）的首席酿酒师，被誉为加州的“仙粉黛之王”。作为一名非科班出身的酿酒师，他的 1971 年份的丽山（Monte Bello）混酿曾在著名的巴黎评审中一鸣惊人，获得第 5 名，在复兴加州仙粉黛（Zinfandel）的过程中，他更是起到了决定性的作用。他用他的亲身经历向人们昭示一名优秀的酿酒师不应当哗众取宠，而应当尊重传统酿酒方法，竭尽所能凸显每一种葡萄酒的风土特点。这些酿酒师无一例外，在匠人精神之外，都有自己所追求的酿酒哲学，他们的精神最终都以另一种形式融入了葡萄酒中，成为经典。

四、新旧世界孰强孰弱

新与旧之间有着十分复杂且微妙的关系，二者并非矛盾对立的。旧是新的基础，所有的新生之物都不是凭空而来的，总是从对旧物的继承和发展中而来。如果把新视为高阁，旧就是地基，没有旧物的支撑，新生之物只能是空中楼阁。而社会是变化的，新是对旧的补充。在葡萄酒的世界里，新与旧又有着怎样的关系呢？

“旧世界”与“新世界”是葡萄酒界的一个重要概念，“旧世界”指的是欧洲、中亚的产酒国，包括法国、意大利、西班牙、葡萄牙、德国、奥地利，还有匈牙利、希腊、格鲁吉亚等中东欧国家和地区；“新世界”指的是欧洲之外的新兴葡萄酒生产国，包括美国、南非、澳大利亚、新西兰、智利和阿根廷等。英国著名的葡萄酒作家休·约翰逊（Huge Johnson），在他的世界名著《世界葡萄酒图集》（*World Atlas of Wine*）中，将世界上所有的葡萄酒生产国家一分为二，即旧世界葡萄酒（Old World）与新世界葡萄酒（New World）。这是第一次有记录的关于新世界与旧世界葡萄酒的提法，但葡萄酒世界缘何有新旧之分？这大概要从葡萄酒的历史说起。

人类酿造葡萄酒的历史十分久远。葡萄酒的很多“大事件”和辉煌历史几乎都是在欧洲大陆创造的。从中世纪的修道院，到后来遍布欧洲的葡萄酒庄园，欧洲为世界贡献了经典的、传统的葡萄酒艺术。之后，欧洲和中亚的国家通过殖民和新大陆的发现，将葡萄酒文化传播到了更广阔的地区，诸如美洲、好望角的发现，对大洋洲和南美的殖民统治等，在这个过程中，开始形成“新世界”葡萄酒阵营。葡萄酒的新旧世界是酿酒历史的分水岭，任何一个“旧世界”国家都

有好几百年的葡萄酒酿造历史，有的甚至有上千年的酿酒历史，关于葡萄酒的传说更是比比皆是。“新世界”国家的葡萄酒酿造技术几乎都是在15—17世纪的大航海时代，由欧洲人殖民新大陆的过程中传过去的，这些国家的酿酒历史短暂，最多也就三四百年。

新旧世界的葡萄酒各有不同的风格，“旧世界”葡萄酒恪守传统，酒中有几千年历史积淀的味道，具备浓重的古典气息、悠久的传统风格；“新世界”葡萄酒注重创新，从业者没有历史的“包袱”，将好卖、“讨喜”奉为至尊，不断在酿酒工艺、酿造方式、包装等上动脑筋、求创新，追求别具一格、与众不同的味道。当然，由于风格不同、酿酒历史不同，葡萄酒新旧世界国家的法律也有很大不同。“旧世界”国家在葡萄酒法规方面更为严格，葡萄酒产区、葡萄品种、产量、采摘方式和酿造方法等方面都有不同程度的限制。在保证葡萄酒拥有一定的质量的同时，也限定了其总体风格。“新世界”在葡萄酒法规方面相对并不那么严格，“新世界”葡萄酒阵营中的国家更加倚重现代科技，拥有更多创新空间。以法国和美国为例，法国是“旧世界”葡萄酒国家的杰出代表之一，法国葡萄酒相关法律的诞生缘于蚜虫病肆虐之后法国葡萄酒交易市场上假酒猖獗的倒逼，法国葡萄酒相关法律诞生之后，逐渐形成原产地控制制度，欧盟的葡萄酒法律也是在此基础上产生的，其他国家的分级制度也明显受到法国的影响。

法国原产地命名控制的来源可以追溯到15世纪。1410年，当时的法国国王查理六世给洛克福尔（Roquefort）奶酪颁发了特殊的证书，这个证书的颁布标志着法国乃至世界原产地保护制度的开始。几个世纪之后，1919年3月6日，法国通过了葡萄酒的第一个现代法令，即“原产地保护法令”，对农产品生产地区做出了详细规定。1935年，法国国家原产地命名与质量监控院成立，其主要任务是监督属于命名体系的葡萄酒的生产，主要目标是保证从属于一种命名的葡萄酒的均一性及质量的稳定性（年份的因素除外）。法国原产地命名控制的内容包括的范围有法定产区范围、允许种植的葡萄品种、葡萄生长的方式、葡萄酒酿造技术、酒标上标明的内容。自2012年开始，法国开始全面实施最新的葡萄酒分级制度，葡萄酒的等级也由原来的四个等级简化为三个级别：原产地命名保护葡萄酒（AOP）、地区餐酒（IGP）与日常餐酒（VdF）。

与法国相比，美国作为“新世界”葡萄酒国家中的典型代表，其法规更加灵活。它规范了每一个葡萄酒区域的葡萄酒酿造以及种植的方法，美国葡萄酒相关法律与葡萄酒酒标的规范有莫大关系，如规定85%的葡萄品种必须来自酒标上所注明的美国葡萄酒产地制度等级（AVA）的产区，至少

75% 的葡萄必须来自美国葡萄酒产地制度等级的产区。

历史底蕴、文化底蕴的差异和法律法规等多方面的差别，使得新旧世界葡萄酒表现出截然不同的风貌。至于新旧世界葡萄酒孰强孰弱，可谓仁者见仁，智者见智，这是一个没有标准答案的问题。钟情于葡萄酒的人，既可以欣赏旧世界葡萄酒特有的传统风味，品味其中深藏的细腻沉静的历史话语，又可以品尝新世界葡萄酒特有的亲近热情，享受其中的无穷活力。时至今日，葡萄酒的世界版图依然有新旧之分，但很多地方在交融、趋同，有些“新世界”国家也在酿造具有“旧世界”风格的葡萄酒。比如奔富酒庄，虽然位于葡萄酒“新世界”阵营中的澳大利亚，但它酿造的却是具有“旧世界”欧洲风格的葡萄酒。未来，或许新旧世界葡萄酒的风格还会进一步交融，互为土壤，互相助力，开启葡萄酒世界更绚丽的篇章。

第三节

花开六朵，各表一枝——蒸馏酒

从蒸馏技术的演进历史中，我们已经知道，这种技术曾经被那些想要一夜暴富和祈求长生不老的人们当作“法宝”，当然，最终他们失败了，蒸馏技术并未带给他们预期的结果，但蒸馏技术的其他妙用却被人类发现了。这大概就是所谓的“有心栽花花不开，无心插柳柳成荫”。人类历史上有很多无心插柳的例子，比如不锈钢，人们现在用的各种水果刀、勺子、锅等很多都是不锈钢材质，不锈钢的普遍使用极大地方便了人们的生活，但它的发明却并不是为了方便人们日用，而是缘于战争。据说，第一次世界大战期间，英、法、德三国在前线战场杀得昏天暗地，那时候各国的武器都不够先进，英国士兵的步枪在使用中面临的最大问题就是磨损，但是物资有限，无法不断给士兵供应新枪。为了保证前线战士的战斗力，英国政府决定研制一种耐磨损的新枪膛。英国当时著名的金属专家布雷尔利接受了这一艰巨任务。他做了很多实验，却始终一筹莫展，直到废弃的钢材堆积如山，也没找到解决办法。偶然间，一位研究人员在废弃的钢材中看到了一块闪闪发亮的合金钢。他们观察后发现它是铬合金，因为硬度不够不能做枪支所以被淘汰了。虽然这种钢材不能做枪支，但它不易生锈，布雷尔利研究之后用它做了刀叉，不锈钢就这样诞生了，布雷尔利也因此成为“不锈钢之父”。同样，蒸馏技术虽然没有给人类带来黄金万两，也没有给人类带来可以长生的灵丹妙药，但它却催生了另一种让人如痴如醉、欲罢不能的酒精饮料，即蒸馏酒。世界上很多国家都生产蒸馏酒，其中，有六个国家的代表性产品被称为“世界六大蒸馏酒”，它们是威士忌、伏特加、金酒、白兰地、朗姆酒和中国白酒。在世界蒸馏酒的花园中，这六朵金花可谓风姿绰约、各有千秋。

一、酒中“另类”

“另类”有与众不同、非常特殊之意，被称为“另类”的人或事物通常具备一些超越凡人、凡物的特质。比如在中国古代文学中，有当今读者耳熟能详的四大奇书《红楼梦》《西游记》《金瓶梅》《水浒传》，它们的另类表现在与封建王朝的正统观念相背离，敢于发出不一样的声音，但正是这种“另类”使它们彪炳中国文学史，成为当之无愧的经典。蒸馏酒也是酒中的“另类”，啤酒和葡萄酒这两种广受欢迎的酒精饮料都是酿酒原料经过发酵之后酿造而成的，因而又被称为发酵酒，蒸馏酒的成酒过程与之不同。在酿酒原料发酵得到酒液之后，蒸馏酒还必须经历一道特殊的工艺——蒸煮，利用酒精和水的沸点不同的原理，将发酵液加热至两者沸点之间，经过蒸馏提纯，得到高酒精浓度的蒸馏酒液。蒸馏酒和发酵酒酿造过程的不同，不难理解，好比日常生活中，我们想吃罐头，开了盖儿之后吃了几口又盖上了盖子，但忘记放进冰箱，几天之后，再去品尝，会发现罐头已经变质了，但却散发出一种酒香。这其实就是酒精发酵的过程，即在无氧条件下利用酵母菌或其他微生物将葡萄糖或果糖加以分解，产生酒精和二氧化碳等代谢物，并释放少量能量的过程，这个过程可以看作发酵酒的发酵过程的简单还原。

蒸馏酒是在发酵酒的基础上通过蒸馏技术得到高酒精度的酒。从蒸馏酒与发酵酒酿造工艺来看，它们最大的不同就在于蒸馏酒多了一道蒸馏工艺，而蒸馏需要借助特殊的设备——蒸馏器。如果没有蒸馏器的发明，蒸馏酒能否出现在人类历史舞台上就不得而知了。对于蒸馏酒的起源，国内外学者很早就开始关注。与其他酒类的探源过程相比，蒸馏酒探源工程更为宏大，因为它不但涉及酒的蒸馏技术应用的早晚问题，还涉及蒸馏器到底是什么时候出现的，是哪个国家最先发明的。毕竟，同一时期，世界上很多国家都有了原理相通但形态不一的蒸馏器。对人类而言，这种在蒸汽中产生的特殊酒液的出现，不但丰富了他们的味觉感受，带给他们独特的饮用体验，还意味着人类饮酒史上从此有了烈性酒。酒的度数不再停留在 40° 以下，50°、60°，甚至 70°、80° 的酒出现了。

二、金酒——治愈之酒

要谈金酒的历史，就绝绕不开杜松子，它是酿造金酒的一种特殊配料，如果没有它，也许就没有今天名震世界的金酒。欧洲关于杜松子的记录大都与其药用价值有关。公元前 1550 年，古埃及纸草文稿中提到用杜松子可以治疗头痛和黄疸。1 世纪，出现了杜松子与酒精配在一起使用的方法。有“药理学大师”之称的迪奥斯克里德斯跟随罗马军团出征，其间，为了给士兵们治病，他大量搜集植物和药物信息。他发现许多植物都有神奇的药用功效，比如芦荟，可以帮助治疗士兵们的咽喉肿痛和生殖器溃疡等病症。他还提出了许多治疗方法，比如将杜松子与酒精混入葡萄酒中治疗肺病和支气管病。直到 14 世纪中期，横扫整个欧洲的神秘杀手黑死病的出现，使得杜松子的药用价值开始被重视。黑死病被称为人类历史上最严重的瘟疫之一，约在 14 世纪 40 年代散布到整个欧洲，这场瘟疫在全世界造成了大约 2500 万人死亡，根据估计，瘟疫暴发期间，中世纪的欧洲有占人口总数 30%—

60% 的人死于黑死病。为了给瘟疫病人治病，医生们尝试了各种方法，他们发现杜松子在这方面有神奇的效果。于是，他们推荐病人吃杜松子浆果、喝杜松子果汁，在身上涂抹杜松子油，焚烧杜松子，他们认为这种多管齐下的办法可以增强身体的免疫力、给身体消毒，从而抵御黑死病。

在黑死病暴发的高峰期，荷兰的蒸馏商们正在研制白兰地，但当时黑死病的肆虐，可能扰乱了他们的研究步伐，也可能是杜松子的药用价值给了他们启发，他们尝试将杜松子浆果放入酿制的酒液中，想借助杜松子的药用价值起到保护酒液的作用。之后，1660 年，为了帮助在东印度地域活动的荷兰商人、海员以及移民预防热带盛行的疟疾病，荷兰化学家法兰西斯·西尔维乌斯博士尝试将杜松子果浸于酒精之中，并在此基础上研发出了一种具有健胃、解热和利尿功效的蒸馏药酒。在医学技术并不发达的当时，蒸馏药酒被作为药剂使用，并在药房出售。作为从与饥饿的抗争中走出来的伟大物种，人类似乎天生有发现食材和满足口腹之欲的能力，原本被用来治病的药酒，被人们发现清香爽口，十分适合饮用。当时的荷兰商人卢卡斯·博斯（Lucas Bols）嗅到了其中蕴藏的巨大商机，他在原来的药酒配方的基础上加入糖，生产出了口味更甜、更容易被接受的饮料酒，即金酒。1575 年，他在荷兰的斯奇丹建立博斯酒厂，时至今日，这个酒厂依然是杜松子酒的主要生产大厂。相比于其他酒类的起源及商业化生产时间的不明朗，金酒算是一个另类了。

从被当作一种药物，到与酒精配制成为药剂，再到成为人们所喜爱的饮料酒，这就是金酒的诞生之路。也是因为金酒独特的药用价值，它被称为治愈之酒。“Genever”这个名字源自金酒的主要调味原料杜松子（Juniper Berry，来自拉丁文“Juniperus”，是“给予青春”的意思）的荷兰文拼法，在荷兰以外的地区被称为“Geneva”。这一名称也给金酒闹了点小误会，因为它与瑞士大城日内瓦的英文名称相同。在第三次英荷战争期间，很多行经荷兰发现金酒的英国船员与士兵误以为金酒来自瑞士。英国士兵将金酒带回英国之后，为了入乡随俗，给它起了更易发音的名字“Gin”。当然，关于金酒是如何进入英国的，还有另一个版本，英国光荣革命期间，一个名为威廉阿姆三世的荷兰贵族与英国王室通婚，当上了英国王子，并最终在1689年2月13日加冕为王，成为英国国王，名为威廉三世，金酒也就这样被这名荷兰贵族带入了英国领土。要说金酒到英国，算是来对了地方，因为当时的英国只能生产啤酒这样低度数的酒精饮品，没有属于自己国家的高度酒。金酒的到来无疑填补了英国酒精饮料市场缺乏高度酒的空白，英国的统治者也乐于支持金酒的发展。加上这种酒非常便宜，当时有酒馆打出这样的广告：“一分钱喝个饱（Drunk for a penny）；二分钱喝个倒（Dead drunk for two penny）；穷小子来喝酒，一分也不要（Clean straw for nothing）。”诸多有利因素叠加，使得金酒得以快速流行，英国也一跃成为重要的金酒生产国，甚至有赶超荷兰的势头。

金酒按口味风格可分为辣味金酒、老汤姆金酒和果味金酒。目前世界上最流行的金酒品种主要有伦敦金酒和荷兰金酒。伦敦金酒以谷物、甘蔗或糖蜜为原料，其口感大多为干型，甜度由高到低可分为干型金酒（Dry Gin）、特干金酒（Extra Dry Gin）、极干金酒（Very Dry Gin）等，既可净饮，又可用作调酒。荷兰金酒是金酒的鼻祖，采用单式蒸馏器酿造，多以大麦麦芽、玉米以及黑麦等为原料，并保留传统的糖分添加工序，其酒液颜色清亮，口味偏甜，香气浓郁。相比之下，英国金酒更适合调配鸡尾酒，而荷兰金酒则更适合加冰块单饮。

三、白兰地——葡萄酒的“变身”

如果说蒸馏酒是酒中的“另类”，那么白兰地就是蒸馏酒中的例外，因为它是葡萄酒蒸馏后得到的高度酒，被称为葡萄酒的灵魂，所以在某种程度上，我们可以将其看作葡萄酒的“变身”。关于白兰地的起源，有很多说法。第一种是意大利药剂师偶然得之说，认为白兰地是意大利的药剂师们发现的，他们对葡萄酒进行蒸馏的本意是提取酒精作药用；第二种是西班牙炼金术蒸馏得之说，认为白兰地是炼金术师们蒸馏葡萄酒得到的，炼金术是追求长生不老之术，所以炼金术师们把白兰地称为“生命之水”；第三种说法是荷法葡萄酒贸易产物说，这种说法认为白兰地是法国和荷兰葡萄酒贸易的产物。在 16 世纪或更早时候，法国是重要的葡萄酒生产国，大量的葡萄酒通过海上运销荷兰，两国之间的葡萄酒贸易做得风生水起。但海盗让葡萄酒商们很头疼，当时战争频繁，战乱使得海盗极为猖獗。这些海盗每天都盯着来往的船只寻找目标，庞大的运输葡萄酒的货船很容易成为他们的目标，一旦被海盗盯上，商人们就会损失惨重。为了降低海上运输葡萄酒的风险，聪明的荷兰商人想到一个办法，即把葡萄酒中的水分去掉浓缩成酒精装运，待酒精运输到目的后再兑水变为原酒。如此一来，只需要小货船就可以运送，不容易被海盗盯上，即便遇到危险，损失也可控。人们对很多事物的发现离不开机缘巧合，浓缩后的葡萄酒运到荷兰之后，有人出于好奇品尝了这种浓缩的葡萄酒，发现它的味道非常特别，甘美、醇厚，而兑水之后成为原酒的口感则大打折扣。商人对市场的敏锐捕捉能力使得荷兰商人决定直接销售这种浓缩后的葡萄酒。这种浓缩葡萄酒一鸣惊人，成为荷兰市场上的新宠。荷兰人给这种酒起了一个特别的名字——“Brande Wine”，即可以燃烧的酒。会做生意的荷兰人后来又把这种酒销往英国，在英语中，这种酒的名称变为“Brandy”，也就是今天我们所说的白兰地。第四种说法是方便储存说，这种说法认为白兰地是为了方便葡萄酒的储存而诞生的。据说，有一年法国葡萄大丰收，酿酒商们酿造出了大量葡萄酒，为了储存未销售出去的葡萄酒，商人们对其进行蒸馏，并将其封存在橡木桶中。谁承想第二年开启时，发现这种蒸馏后的葡萄酒不但没有变质，反而发生了令人惊喜的变化，酒体的颜色由原来的透明无色变成了美丽的琥珀色，而且拥有了更加芬芳、浓郁的香味，这就是白兰地。第五种说法是白兰地诞生于中国说，这种说法是英国一位研究中国科学史的专家李约瑟博士提出的，他认为是中国人发明了白兰地。他的依据来源于明代医药学家李时珍的著作。李时珍在《本草纲目》中提出：葡萄酒有两种，即葡萄酿成酒和葡萄烧酒。葡萄烧酒就是最早的白兰地。《本草纲目》还详细记载了葡萄烧酒的酿造方法：“烧者取葡萄数十斤与大曲酿，入甑蒸之，以器承其滴露。古者西域造之，唐时破高昌，始得其法。”他据此认为中国人用甑蒸馏葡萄烧酒，已经有1000多年的历史，当是白兰地首创者。

虽然关于白兰地的起源众说纷纭，但说起白兰地，人们总是自然而然地将它与法国联系起来。这与法国白兰地是世界之最有莫大关系，人们总是更关注“榜首”。法国白兰地中，以雅文邑（Armagnac）和干邑（Cognac）最为有名。若论名气，似乎干邑在世界上拥有更高的知名度，人们较为熟悉的人头马、轩尼诗等白兰地品牌都是干邑地区白兰地的杰出代表，但是对雅文邑，知道的人就要少很多。有时候，最出名的未必就是最好的。干邑虽然名气比雅文邑大，但若论历史底蕴，雅文邑要更胜一筹。雅文邑有文字记载的历史可以追溯到1310年，其迄今已经有700多年历史，干邑至今则有500多年的历史。为什么雅文邑历史更悠久但名气却不如干邑呢？真实原因是雅文邑的种植面积小。雅文邑位于法国西南部的波尔多（Bordeaux）以南地区的比利牛斯山（Pyrenees）脚下，产区面积仅有1.5万公顷，它的产量很低，每年只能生产500多万瓶，而干邑的产量则是它的30倍。产量上的悬殊决定了各自市场的差异，干邑更多销往国外被外界知晓，而雅文邑则主销法国国内，外界对它的关注自然较少。至于这两种白兰地哪种品质更为上乘，也许国际著名品酒大师罗伯特·帕克说的话可以作为参考，他曾说：“法国人把干邑送给了世界，把雅文邑藏在了法国。”

雅文邑的产生是诸多文化交融的结果，罗马人的葡萄藤、阿拉伯人的蒸馏技术和凯尔特人的橡木桶陈酿技术，这三者少了任何一个，恐怕都不会有今天为人所称道的白兰地。公元前13世纪，法兰西的祖先凯尔特人从两河流域学到了一种新技术——制桶，彼时的他们还不知道几百年之后，这项技术将为他们掀开一段新的历史。公元前600年左右，希腊人将葡萄栽培技术带到了法国，使得这种植物在法国落地生根，雅文邑也从此开始了葡萄种植和葡萄酒酿造的历史。之后，阿拉伯人的蒸馏技术传到了法国，开启了蒸馏的时代。但是橡木桶和葡萄酒的完美搭配并不是法国人发现的。其实，在葡萄酒贸易产生之后，酿酒师们就在为其寻找匹配的储存容器，他们尝试了许多种木质容器，效果都不尽如人意。直到偶然的机会，他们发现葡萄酒储存在橡木桶之后，橡木会为葡萄酒带来特殊的香草、香料等风味，使葡萄酒变得更为醇美。而法国恰恰盛产橡木，当集齐了葡萄、蒸馏技术和橡木桶这些要素之后，雅文邑便在随后的岁月中诞生了。将蒸馏出来的葡萄酒放入橡木桶中熟成，酒液、味道都会随之发生改变，最终得到颜色晶莹剔透，呈琥珀色，味道圆润，且带有特殊干果及香料芬芳的雅文邑。1310年，法国一位修道院院长记录了一种叫“Aygue Ardente”的蒸馏酒，这被认为是雅文邑的前身。雅文邑与干邑相比，蒸馏方法有所不同，多数雅文邑仍然采用传统的蒸馏方法，即只用柱式蒸馏器蒸馏1次，蒸馏出来的酒精度是52%—72.4% ABV。干邑采用壶式蒸馏器蒸馏2次，蒸馏出来的酒精度为72.4% ABV。所以，雅文邑的酒精度要低于干邑，但香气上雅文邑更胜一筹，因为它的蒸馏过程更温和，从而保留了更多的原始风味物质。当然，干邑也有自己的优势，干邑镇位于法国的西南部，那里是典型的温带海洋性气候，全年雨水丰沛，日照时间长，温差小，土壤肥沃，得天独厚的自然条件孕育出了非常适合酿造白兰地的优质葡萄，使得干邑白兰地在世界上享有盛誉。除了干邑、雅文邑以外，世界上还有许多地区生产葡萄蒸馏酒，这些地区生产的葡萄蒸馏酒均可被称为白兰地（Brandy），比如西班牙白兰地、美国白兰地。

四、威士忌——“生命之水”

在欧美的一些影视剧中，有很多威士忌入戏点缀的场景，威士忌在这些场景中又都有着惊人的共同点，即让强势有能力的主角突然产生了灵光乍现的新点子，从而使得这些自带光环的主角个人魅力爆棚。那么，威士忌到底是一种什么酒，能如此激荡人的大脑？从本质上来讲，威士忌是一种蒸馏酒。了解一件事情最好从它的历史开始，了解一种酒，也绝对绕不开它的历史。

日本著名作家村上春树有一本游记《如果我们的语言是威士忌》，他在书中这样写道：“如果我们的语言是威士忌，当然，应该就不必这么辛苦了。只要我默默递出酒杯，你接过，静静送入喉咙里，事情就完成了。非常简单，非常亲密，非常准确。”这本游记记录了他到威士忌发源地的所见所历所闻。他在书中毫不掩饰自己对威士忌这种酒的喜爱，在书的结尾，他还特意为这场旅行加注了一个简单的注释——“好酒不远行”。就像法国人把雅文邑留在本土一样，他认为威士忌也只有在本土才能保持它最初的味道，一旦经历了长途运输和气候的变化，威士忌的口感就会发生微妙的变化，尽管这种变化有时可能只是饮酒时环境的改变造成的，是心理上的差异，但酒在产地喝最够味儿是很多爱酒之人的共识。

根据苏格兰威士忌协会（Scotch Whisky Association）的说法，苏格兰威士忌是从一种名为“生命之水”（Uisge Beatha）的饮料发展而来的，最初是作为驱寒的药水。关于苏格兰威士忌的最早文献记载，1494 年，一位天主教修士在当时的英国国王詹姆士四世要求下，采购了 8 箱麦芽作为原料，在苏格兰的艾雷岛（Isle of Islay）上酿造出第一批“生命之水”（大约 1500 瓶威士忌），而当时英王授予的采购契约就成为关于苏格兰威士忌现存最早的文字记录。但显然，光有麦芽是酿造不出威士忌的，酿造这种蒸馏酒的另一关键在于蒸馏技术，苏格兰威士忌的蒸馏技术得益于公元 11 世纪爱尔兰的修道士，是他们将这种技术带到了苏格兰，为之后威士忌的诞生创造了条件。若论世界上哪个国家与威士忌的关系最为密切，非苏格兰莫属。

迄今为止，苏格兰威士忌已经有500多年的历史。与其他地区的威士忌相比，苏格兰威士忌有自身独特的风味，它的酒精含量在43°左右，气味焦香，带有微微的烟熏味，口感甘洌、醇厚、圆润，是世界上最好的威士忌酒之一。法国葡萄酒按地区分类，苏格兰的威士忌也是如此，苏格兰威士忌大致可以分为低地、高地、斯佩塞德区、艾雷岛、坎贝尔敦和岛屿六大产区。其中，低地位于苏格兰的最南端，气候比较温暖，谷类物产丰富，所以低地地区的很多酒厂制作谷物威士忌。高地地区纬度跨度最大，威士忌的口味也最复杂，在馥郁凛冽的口感中夹杂着辛香料的味道。斯佩塞德区是当之无愧的产量之王，这里出产的麦芽威士忌带有青苹果、梨子等新鲜水果的香味，还有明显的香草香和花香，有些在雪梨桶中熟成的威士忌甚至会有浓郁的坚果或巧克力香味。出众的香气和独特的地理环境使得这里成为苏格兰威士忌所有产区中最大的一个。从地图上来看，艾雷岛是苏格兰西南边海岸线上一个其貌不扬的小岛，说其貌不扬是因为它的面积实在是太小了，和苏格兰的高地或低地地区相比，简直不值一提。但酒香不怕巷子深，这个小岛所产的威士忌质量却首屈一指。为什么艾雷岛威士忌的品质如此之高呢？据说，早在14世纪，爱尔兰修道士最先传播蒸馏技术的地方就是艾雷岛，因为这里土地肥沃，岛上水源纯净且有大量泥煤，具备种植大麦和酿造优秀威士忌的最佳自然条件。为什么泥煤对于酿造威士忌有如此突出的作用？这要从泥煤的本质说起，泥煤来源于腐烂的一层层的泥炭藓和其他植被，属于半炭化的植物。在艾雷岛，冬季时强劲的海风会将海浪中的海盐成分吹入内陆，大自然中的泥煤会因此带有咸海水味和海草味。用泥煤烘烤大麦，泥煤燃烧时产生的浓烟里的油类物质和咸海水味会附着在大麦表面，使威士忌拥有淡淡的烟熏泥煤味和海水的咸味，从而形成特别的风味。

苏格兰威士忌历史上有过几个经典瞬间。1707 年，《联合法案》宣布苏格兰属于英国之后，英国就开始光明正大地对威士忌征税。原本征税这一政策已经让威士忌酒商们颇有微词，英国政府还对不同的酿酒厂采用不同的税率，这种做法使许多威士忌酿酒商远走他乡继续偷偷摸摸地酿酒，非法蒸馏和走私威士忌的活动一时泛滥。当时的人们甚至把哄骗收税人作为一种“英雄事迹”传诵，可见人们对于威士忌征税的不满。终于，在经历了一个多世纪的斗智斗勇之后，1823 年，英国议会通过了取消征收威士忌税的法案。也就是在这一时期，大量新的威士忌酿酒厂在英国出现了。之后，1831 年，连续式蒸馏器的发明又将苏格兰威士忌带进了一个前所未有的新纪元，过去苏格兰威士忌采用大麦芽为原料，但连续式蒸馏器催生了谷物威士忌的出现，为之后调和威士忌的产生奠定了基础。进入 20 世纪之后，鸡尾酒的畅销再次推动苏格兰威士忌的发展，作为调制鸡尾酒的常用基酒，威

士忌备受追捧。

与其他蒸馏酒不同的是，威士忌家族十分庞大，在威士忌家族内部，还有很多分类标准。比如按产地来分，大致有爱尔兰威士忌、苏格兰威士忌、波本威士忌、田纳西威士忌、加拿大威士忌、日本威士忌、中国台湾威士忌六类。如果根据威士忌酿造时使用的谷物成分来划分，主要有单一麦芽威士忌、谷物威士忌及调和威士忌，其中调和威士忌是单一麦芽威士忌与谷物威士忌经过调和而成，更具独特的风味。威士忌产地中，既有有着几百年历史的老牌威士忌产地，也有一些新崛起的产地。它们共同构筑了威士忌的世界版图，让威士忌在全球拥有了更多的拥趸。

五、朗姆酒——海盗的“灵魂伴侣”

朗姆酒，是以甘蔗糖蜜为原料生产的一种蒸馏酒，也称为糖酒、兰姆酒、蓝姆酒。原产地在古巴，口感甜润、芬芳馥郁。在饮料酒的世界流行一句话：有甘蔗的地方，就会有朗姆酒。朗姆酒，英文名为“Rum”，而蔗糖英文为“saccharum”，从朗姆酒的名字也可窥见它和甘蔗之间的密切关系。因此，要了解朗姆酒的历史，应当从古巴甘蔗的种植史说起。

几个世纪以来，甘蔗是古巴的主要甚至唯一产业，但鲜有人知，甘蔗对于古巴来说是舶来品。它是16世纪由著名的探险家、殖民者、航海家克里斯托弗·哥伦布从西班牙带到古巴的，当地的土著人并不了解这种植物，他们把哥伦布带去的甘蔗种在土里。甘蔗喜热，古巴常年炎热的气候让甘蔗在这里如鱼得水，茁壮成长。从此，甘蔗这一“意外发现的农作物”就成了古巴大地上广受喜爱的一种作物。他们在乐此不疲地种植甘蔗之余也用它制作饮品，最开始他们制作这种饮品的方法很简单，先从甘蔗里压出糖汁，再将糖汁发酵、蒸馏。法国传教士巴蒂斯特拉巴特（1663—1738）曾这样描述古巴朗姆酒：“岛上处于原始生活状态的土著人、黑人和一小部分居民，用甘蔗汁制作一种刺激性的烈性饮料，喝后能使人兴奋并能消除疲劳。”巴巴多斯殖民地1651年的一项历史文献中也记载了朗姆酒，记载显示岛上的居民经常会喝一种叫作Rumbullion的酒，由于能够治疗病痛，他们又把它叫作杀死恶魔（kill devil）。这种酒由甘蔗酿造而成，口感十分灼热。当然，由于酿造方法简单，所使用的原料也都是制糖剩下的边角料，所以起初朗姆酒的酒质并不好。但对身份低下而又贫穷的奴隶们来说，喝了这种酒可以放松身体、缓解疲劳，所以他们并不在意其口感上的粗糙。而喝了朗姆酒之后的奴隶，干起活儿来会更加卖力，所以奴隶主们也乐于将这种酒发给奴隶们饮用，不过奴隶主们是不会饮用这种酒的，他们日常仍然以饮用葡萄酒为主。随后，蒸馏技术的不断进步，给朗姆酒带来了品质上的提升，新的蒸馏技术使朗姆酒口味更加独特，受到整个古巴社会的欢迎。

朗姆酒还有一个别称——“海盗之酒”，朗姆酒和海盗之间又有什么联系呢？我们已经知道，甘蔗喜热，所以虽然它是哥伦布由西班牙带到古巴来的品种，但是它在古巴比在欧洲要“吃香”。因为欧洲天气寒冷，不适宜大规模种植甘蔗，物以稀为贵，较少的种植面积意味着较少的蔗糖，这迫使欧洲人只能从蜂蜜中获得甜蜜感。欧洲商品经济的发展和资本主义萌芽早，对财富的追求使得欧洲人很早就对世界其他地区虎视眈眈，为了完成资本的原始积累，欧洲人不断地开辟新航路，在海外建立殖民地。当欧洲人发现加勒比海地区盛产甘蔗之后，以西班牙、英国、法国等为代表的欧洲殖民列强就开始了对这一地区的争夺。说到这儿，就要说一说海盗和这些国家的历史了，当时，在欧洲的许多国家，海盗这种令人不齿的职业却是一种官方默许的合法存在。英国能崛起凭借的就是制海权，而英国制海权的获得中英国海盗德雷克的舰队功不可没，可以说英国舰队的主力就是海盗。所以，英国的统治者不但不禁止海盗，还为海盗提供赞助。欧洲其他国家在海盗这一问题上也不遑多让，这些海盗从不抢自己国家的财产，专在殖民地掠夺财富。17 世纪末期是海盗活动最猖狂的阶段，几乎有贸易的航线都有海盗的身影，其中尤以加勒比海盗最为人所知。加勒比地区包括古巴、海地、多米尼加、牙买加、巴哈马等，这些国家正是朗姆酒的重要产地。此时，这些国家的朗姆酒，也迎来了发展的黄金期。加上当时航海贸易发达，朗姆酒又具有易保存、运输和交换等特点，所以成为航海贸易中备受青睐的“硬通货”。海盗长期在海上活动，饮酒是他们提高自身健康状况和进行娱乐的一项重要活动，但是从欧洲本土运来的白兰地、威士忌等都十分有限，无法满足他们的饮酒需求，就地取材喝朗姆酒就成为他们的必然选择。但是，他们绝对不会自己花钱购买朗姆酒，掠夺过往船只上的朗姆酒是他们获得这一饮品的主要渠道。

根据不同的原料和不同酿制方法，朗姆酒可分为：朗姆白酒、朗姆老酒、淡朗姆酒、朗姆常酒、强香朗姆酒等。朗姆酒含酒精 38%—50%、酒液有琥珀色、棕色，也有无色的。与其他酒相比，朗姆酒不看重陈化年份，更看重原产地。世界上除了加勒比地区的一些国家盛产朗姆酒，还有很多地方也生产朗姆酒，包括西半球的西印度群岛，以及美国、墨西哥、巴西等国家。甚至，非洲岛国马达加斯加也出产朗姆酒。但不同产地生产出的朗姆酒在酒体、口感甚至气息方面都各有特点，所以，朗姆酒可以称得上是一种极具产地辨别度的酒类。

六、伏特加——极寒之地的“偏爱”

关于伏特加的起源，俄罗斯和波兰一直争执不休。这两国各执一词，且都说得有板有眼、有理有据。先说俄罗斯，有伏特加记载的历史大致可以追溯到16世纪。1533年，古俄罗斯的一本文献中第一次提到“伏特加”。此时，“伏特加”是作为“药”存在的，可外用消毒，也可内服减轻伤痛，这与金酒的历史如出一辙，都经历了由药到饮品的演变。从16世纪开始，莫斯科公国的大公和沙皇们就盯上了伏特加贸易，他们迅速将其发展为从其臣属子民身上榨取财富和资源的主要手段。1751年，叶卡捷琳娜一世颁布的官方文件中，“伏特加”具有了酒精饮料的含义，但是在民间，人们仍然以粮食酒或酒代替对酒精饮料的称呼。19世纪，元素周期表发现者，著名俄罗斯科学家德米特里·伊万诺维奇·门捷列夫（1834—1907）发现了酒4水6的黄金比例，奠定了后续伏特加在40°左右的理论依据。波兰认为自己才是伏特加的原产国，他们提出波兰早在8—12世纪就出现了伏特加。但波兰对于伏特加酿造方法的描述与今天的蒸馏伏特加有明显区别，他们认为最初的伏特加是由冰冻法酿造的，在葡萄酒冻结之后，不断把酒里的冰扔掉，得到浓度更高的酒体就是伏特加。直到1400年左右，波兰出现了蒸馏技术，波兰人开始用蒸馏的方式得到品质更加优异的葡萄酒。随后，在1772年左右，伴随着波兰被分割，伏特加的酿造技术也因此传入俄罗斯。对比俄罗斯和波兰关于伏特加的史话，伏特加产于俄罗斯的可信度显然更高，因为伏特加是蒸馏酒，用冰冻法是无法得到蒸馏酒的，且俄罗斯关于伏特加的史料记载可以提供更加可靠的佐证。

伏特加，俄语叫法是“Водка”，而俄语里水的叫法是“Вода”，二者在拼写上只差了一个“к”，二者的形似使人们很容易把伏特加和水联系在一起。加上俄罗斯人对伏特加深入骨髓里的爱，有相当一部分人像喝水一样每天都要饮用伏特加，所以伏特加和威士忌一样，有“生命之水”的美誉。当然，和威士忌相比，伏特加属于极寒之地的产物。伏特加的酿造原料是马铃薯、玉米等谷物，其酿造的关键在于重复蒸馏、精炼过滤，用精馏法蒸馏出酒精度高达 96% 的酒精液，再使酒精液流经盛有大量木炭的容器，以吸附酒液中的杂质（每 10 升蒸馏液用 1.5 千克木炭连续过滤不得少于 8 小时，40 小时后至少要换掉 10% 的木炭），最后用蒸馏水稀释至酒精度 40%—50% 而成。此酒不用陈酿即可出售、饮用，也有少量的如香型伏特加在稀释后还要经串香程序，使其具有芳香味道。经过这样的工艺处理，酒精中所含的毒素可以最大限度地被去除，从而得到酒精纯度较高的饮料。从口感上而言，伏特加酒味烈，劲大刺鼻；从外观上看，伏特加无色。与其他饮料酒相比，伏特加最大的特色在于口感的纯净，这使得它可以与其他饮料混合饮用而不破坏其他饮料的口感。人们因此常用伏特加来做鸡尾酒的基酒。

伏特加之于俄罗斯的意义有些超乎寻常。500 多年来，伏特加与俄罗斯人民同呼吸共命运，陪伴俄罗斯人经历了无数大事件，东欧的铁蹄没有踏平俄罗斯，苏联解体没有击垮俄罗斯，在俄罗斯人民书写的骁勇善战的历史中，伏特加扮演着特别的角色。据说，二战中，苏联军队的战功奖励就是每天 100 克伏特加酒，可见伏特加对于俄罗斯人的重要性。伏特加特有的气质也浸润出了俄罗斯人胆大、有魄力、不畏强权的民族性格，这种“酒家气氛”彰显了俄罗斯作为大国的风范。俄罗斯著名作家维克托·叶罗菲耶夫专门研究过伏特加的历史，他认为把伏特加酒称为“俄罗斯的上帝”是名副其实的。奉酒为上帝，这确实少见，但俄罗斯与伏特加酒的亲密关系确实超过了许多民族。在俄罗斯，伏特加是很多场合的必需品，喜庆的婚礼、悲伤的葬礼、热闹的家庭聚餐、亲密的朋友聚会……随处可见伏特加的身影，伏特加在这些场合可不是作为点缀物存在的。俄罗斯人喝伏特加从不浅尝辄止，而是举杯畅饮，大有不喝到底朝天誓不罢休的架势。很多从世界各地到俄罗斯旅游的人，在旅行结束之时要带几件俄罗斯的特产，伏特加几乎是人们的首选。

价格常常和质量挂钩，价格高的东西，质量往往也属于上乘。伏特加的分类也体现了这一规律，俄罗斯伏特加有几种类型，每一种类型制作工艺不同，价格不同。第一种属于经济型，这种伏特加价格便宜，制作工艺最为简单，它由高纯度酒精制成，经过一次过滤，符合俄罗斯的质量标准，易被仿造。第二种属于标准型，经过多层净化。品牌不同，口味也有所不同。第三种属于优选型，优选意味着更高标准的要求和更复杂的程序，此类伏特加酿造过程中酒精和水都需要进行净化。与前两种类型的伏特加相比，优选型伏特加的口感和品质都极大提升，口感柔和，容易入口。优选型之外，还有采用更独特配方和更复杂制作工艺的超级优选型伏特加。所有俄罗斯伏特加中，首屈一指的当数特等伏特加。这种伏特加不是谁都能生产，是由指定专门的生产商精选天然原料和水，采用独特工艺生产的，出酒之后还要经过严格的品酒测试，得到大师们的认证才能最终装瓶销售。俄罗斯伏特加中的名品代表主要有波士伏特加（Bolskaya）、苏联红牌（Stolichnaya）、苏联绿牌（Mosrovskaya）、柠檬那亚（Limonnaya）、斯大卡（Starka）等。波兰伏特加与俄罗斯伏特加在酿造工艺上几乎一致，不同的是，波兰人会在酿造过程中加入一些调香的原料，比如草卉、植物果实，所以与俄罗斯伏特加相比，波兰伏特加别有一番韵味，酒体也更为丰富。波兰伏特加的名品代表主要有兰牛（Blue Rison）、维波罗瓦红牌38°（Wyborowa）、朱波罗卡（Zubrowka）等。

第四节

独步天下，自成风流——中国白酒

工业革命之前，蒸馏酒就已经在许多国家流行。工业革命之后，受技术革新和工业化进程的影响，蒸馏酒的加工方式从手工转向机器，生产效率得到显著提高，流通更加方便，蒸馏酒在世界范围内广泛流行。如前文所述，世界上有六大蒸馏酒，每种蒸馏酒都有其特殊的属地条件、民族和风俗习惯，其中，中国白酒独树一帜，自创一派。中国白酒的独特性不仅在于它与华夏文明轨迹同频同步，与中华民族历史一脉相承，更在于它举世无双的酿造工艺。各种花样繁多的技术标准名词，如原窖、跑窖、老五甑、双轮底等，很多词几乎都是为中国白酒量身定做的；它的原料也最为多样，酒的品类、酒名五花八门，酒体、酒味更是别具一格。和其他蒸馏酒一样，中国白酒之于中国这个东方巨人，也是融入民族血液的存在。中国白酒究竟与世界上其他蒸馏酒有什么不同？为什么近代以来国门被迫打开后，农产品加工业、纺织业、食品业都能被机器规模取代，进入世界轨道市场，而中国白酒却能够得以保留下来，而且一路发扬光大？一连串的谜题，引人深思。

中国白酒伴随着历史的车轮一路向前，经历过迷茫与徘徊，在继承与创新中依然保持着千姿百态的风格。中国白酒这样一个自成风流又被奉为国粹的蒸馏酒，还有许多故事等待书写。

一、一席之地的殊荣

世界上有六大蒸馏酒，中国白酒占据了其中一席之地。这说明，中国白酒在世界上并非可有可无的。就像世界上不存在定于一尊的发展模式和放之四海而皆准的发展标准，六大蒸馏酒的绰约风姿，展示了蒸馏酒技艺和文化的多样性。世界六大蒸馏酒的酿酒原料可分为淀粉类、果类和甘蔗三大类，威士忌的酿造原料是大麦、玉米，伏特加的酿造原料是黑麦、大麦，金酒的酿造原料是杜松子、麦芽、玉米，白兰地的酿造原料是葡萄等水果，朗姆酒的酿造原料是甘蔗汁或糖蜜，而中国白酒的酿造原料是高粱、玉米、大米、小麦等；从糖化发酵剂来看，威士忌、伏特加使用的都是大麦芽和酵母，金酒使用的是麦芽和酵母，白兰地使用的是酵母，朗姆酒使用的是酿酒酵母和生香酵母，只有中国白酒，采用的是大曲、小曲，糖化发酵剂的不同已经为中国白酒的独树一帜埋下了伏笔；从原料处理来看，金酒、威士忌、伏特加采用的都是粉碎法，白兰地采用破碎、渣汁分离或不分离的方法，朗姆酒采用灭菌的方法，而中国白酒采用整粒或破碎方法；发酵容器上，威士忌采用木桶发酵，伏特加、金酒、白兰地和朗姆酒都采用大罐发酵，唯有中国白酒采用泥窖、石窖或陶缸发酵；发酵方式上，其他蒸馏酒都采用的是液态发酵法，中国白酒则采用固态或半固态的方法发酵；酿造工艺上，世界六大蒸馏酒各有不同，威士忌采用的是先制成糖化剂再加酵母发酵的方法，伏特加采用的是制成食用酒精，用桦木炭处理再进行降度的方法，金酒采用的是将食用酒精稀释后用杜松子浸泡再蒸馏稀释的办法，白兰地采用皮渣分开低温发酵的办法，朗姆酒采用调整糖度液态发酵的方法，中国白酒则采用清蒸清烧或混蒸混烧、续糟发酵的办法；蒸馏设备上，世界六大蒸馏酒也是各有千秋，威士忌、白兰地、朗姆酒采用壶式蒸馏锅，伏特加、金酒采用蒸馏塔，中国白酒使用的是甑桶或釜式；储存容器方面，威士忌、白兰地、朗姆酒采用的都是橡木桶，中国白酒则使用陶坛或酒海；勾兑方式上，威士忌采用调度、调香的方式，伏特加采用调度的方式，金酒、朗姆酒采用调度、调香、调色，白兰地按酒度、橡木桶材质、酒龄进行组合、调色，中国白酒则使用组合、降度、调味的方式。[①]

① 李大和：《白酒酿造与技术创新》，中国轻工业出版社 2020 年版，第 1—2 页。

从世界六大蒸馏酒的酿造对比来看，除中国白酒之外，其他几种蒸馏酒或多或少都有相似之处，比如发酵方式、蒸馏方式、所使用的糖化发酵剂、储存容器等方面。当然，要论这六大蒸馏酒谁更胜一筹，恐怕就不那么容易了。毕竟这六大蒸馏酒都具有极强的民族属性和文化特征，在不同的民族文化中都扮演了重要角色。

中国白酒虽然也是蒸馏酒，和其他蒸馏酒之间存在共性，但它还拥有其他蒸馏酒所不具备的特色。比如，中国白酒是世界上最复杂的蒸馏酒，从酿造工艺上来看，中国白酒的酿造涉及人工酿酒技术、酒曲酿造技术等复杂的工艺。从酿造过程来看，中国白酒还是世界蒸馏酒中唯一采用甑桶蒸馏的酒种，这种由古时候蒸饭的饭甑演变而来的甑桶，可以更好地保证白酒口感的醇和和香味的均衡。而酿造用的窖泥则是精心培养而来的，特别是浓香型白酒的酿造，必须有优质的窖泥。同时，由于窖泥多是人工培养，存在认识上的差异性，致使不同地方的窖泥培养千差万别，而窖泥培养的差别最终也会表现在白酒风味上。中国白酒是世界上最具自然酿造风格的美酒，因为其采用开放的酿造方式，利用各地特有的微生态环境，是世界酒类酿造中微生物数量参与最多的酒类，发酵过程中产生的物质之多，物质之间复杂的关系，也当是世界之最。

除了酿酒工艺层面的独一无二，中国白酒的独一无二还体现在酿酒理念上。从发展轨迹来看，啤酒和葡萄酒属于在外国创造或发展成熟的舶来品，而中国白酒是土生土长的、负载着深层次的中华文明精神内涵的酒种。这使得它裹挟着中国文化思想的深刻烙印，尤其是中国传统哲学思想在它的酿造过程中表现得极为突出。中国白酒的酿造追求因势利导、顺应自然，即依靠天地的灵气和自然的力量去酿制酒，所以它特别注重对各种自然微生物的驯化，也特别注重根据不同地域的大小气候的差异，酿造各种风格和风味的白酒。这种酿造理念使得中国白酒突破西方蒸馏酒以酒体为中心的格局，衍生出独一无二的大境界。正如中国蒸馏白酒有别于其他几乎是单一蒸馏工艺的复式蒸馏，代表了中国文化多元的多重属性，更显现了中国这片传统而古老的土地上所呈现的九曲弯折。

二、中国白酒酿造工艺的独特

中国白酒只是中国蒸馏酒的一个概称，在这一类属下还别有一番洞天，中国白酒酒种之多也足以在世界蒸馏酒中笑傲群雄。中国白酒有多种分类方法，以酿造原料来分，有高粱酒、大米酒、糯米酒、玉米酒和小麦酒等；以酿造用曲的不同来分，可以分为大曲酒、小曲酒；以香味的不同来分，又可分为酱香型、清香型、浓香型等。不同类别的白酒，各有其特色，只有认识了这些不同酒种，才能对中国白酒有一个基本的认识。

（一）中国白酒的酿造原料

白酒酿造使用的原料主要有高粱、大米、糯米、玉米、小麦，这五种原料成分上的差异，最终会体现在白酒风味上，所以才会有“高粱产酒香，大米产酒净、糯米产酒绵、玉米产酒甜、小麦产酒冲”的规律总结。

1. 高粱酒香

高粱酿酒在中国有着悠久的历史，在古代的很多著作中，都有种植高粱的记载。只不过当时高粱还未得其名，蜀黎、红粮等都是其曾用名。关于高粱的原产地，有起源于中国说，也有起源于非洲说，谁是“正主”尚无定论。在中国北方，家家户户都十分钟爱这种对土地并不挑剔的农作物，很多农户甚至专门将高粱种在那些盐碱地上，这种土地通常产量十分低，对农民来说属于“食之无味，弃之可惜”的存在。令人惊喜的是，即便是在这样的土地上，高粱也能保持傲然的长势，待到深秋丰收之时，高粱红会让整片田地“红光满面”。

高粱并非只有一种，它的品种繁多，简单地用二分法来分，有粳高粱和糯高粱两种，二者的产地、构成成分和酿造白酒的口感也有差异。从产地来看，粳高粱更多产于北方，糯高粱则较多产于南方；从构成成分来看，糯高粱几乎全含支链淀粉，结构较疏松，容易蒸煮糊化，适于根霉生长，淀粉出酒率较高。粳高粱含有一定量的直链淀粉，结构较紧密，蛋白质含量高于糯高粱。从酿造白酒的口感来看，粳高粱的涩感、甜味都很直接，糯高粱则不同，它的涩感明显较弱，甜感也不似粳高粱那般像糖水一样直接，而更像是甜酒糊，在反复回味中方能体会到其中的甜，所以口感也醇绵。这种口感上的差异大概与两种高粱品种的质地差别有关，粳高粱的质地较之糯高粱要硬，所以酒体的涩度相对较重，而糯高粱多次蒸煮之后单宁增多，酒体丰富度更出众。

高粱酿造的白酒为什么会香？这是高粱自身特质造就的。高粱含有一定量的单宁，单宁是一种在大自然中广泛存在的化合物，它略带苦味和涩味，却能衍生出丁香酸、丁香醛等香味物质。也正因如此，高粱酿造的白酒有了特别的芳香风味。同时，高粱的脂肪含量适中，适宜的脂肪使得其可以生成高级脂肪酸，这是白酒香味的重要成分。高粱还含有比较全面的氨基酸，这些氨基酸在酵母的作用下可以转化成成就白酒香味的高级醇类，从而使白酒酒香更浓。

2. 大米酒净

大米被称为五谷之首，是中国的主要粮食作物，约占粮食作物栽培面积的1/4。它不仅是人们的主粮，还是极天然的酿酒原料。大米酿酒有先天优势，它的淀粉含量高，可以达到70%，蛋白质及脂肪含量少，这种先天条件决定了它可以在低温条件下慢慢发酵，从而最大限度地保证酒体的“净”，所以才会有大米酒净的共识。

3. 糯米酒绵

中国南方称为糯米，北方则称为江米，为禾本科植物稻（糯稻）的去壳种仁。糯米按谷壳和米的颜色，可分为红、白两种。糯米乳白色，不透明，也有呈半透明的。糯米分为籼糯米和粳糯米两种：籼糯米由籼型糯性稻谷制成，米粒一般呈长椭圆形或细长形；粳糯米由粳型糯性稻谷制成，米粒一般呈椭圆形。糯米最大的特点是黏性大，因为这一特性，糯米在中国古代还派上过大用场。距今大约1500年前，中国的能工巧匠们就将糯米和熟石灰以及石灰岩混合制成糨糊，制作成“糯米灰浆”，它的作用大概相当于现代建筑物的黏合剂。正是因为有了这一秘密武器，中国古代建筑才更加坚固。

糯米和大米一样，主要成分都是淀粉，但不同于大米的是，糯米里几乎全是支链淀粉，这使得它更容易分解糊化，

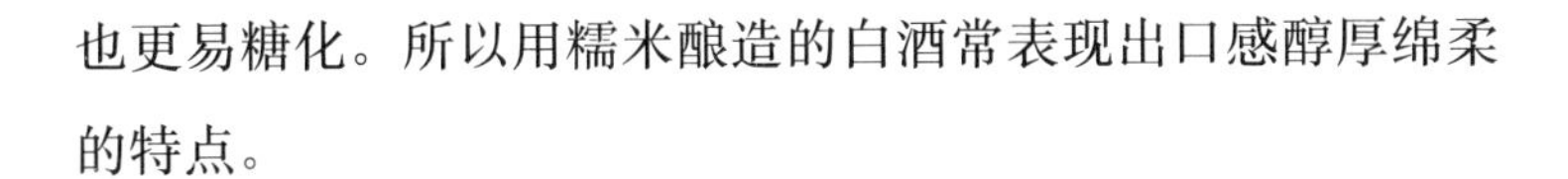

也更易糖化。所以用糯米酿造的白酒常表现出口感醇厚绵柔的特点。

4. 玉米酒甜

航海家哥伦布是古巴朗姆酒的“大功臣”，在玉米种植史上，哥伦布的贡献同样不容小觑。正是他在第二次航海旅行时将玉米带到了西班牙，使玉米在那里生根发芽。16世纪，玉米随着世界航海行路开始了它的全球旅行，其中，当然也包括中国。1531年，玉米到达了它在中国的第一站——广西，随后的两百年内，玉米种植迅速传遍中国二十个省。在清朝晚期至民国这段历史风云瞬息万变的至暗时期，玉米却迎来了它的飞速发展期，一跃成为中国仅次于水稻和小麦的第三大粮食作物。玉米的广泛种植得益于它自身的条件，玉米产量高，易种植，所以深受人们喜爱。时至今日，在中国广袤的农村，从南到北，玉米几乎是不可或缺的存在，沉甸甸的玉米穗，承载着农民的希望与期待。

玉米不但是主要的粮食作物，还是重要的酿酒原料。玉米俗称苞谷，所以玉米酒又被称为苞谷酒。玉米有黄玉米与白玉米之分，与其他酿酒原料相比，玉米中含有较多的粗淀粉，所以较难蒸煮糊化，需要通过长时间的浸泡或高度粉碎之后进行蒸煮才能解决这一问题。玉米中含有丰富的植酸，这种物质在发酵时会生成环己六醇及磷酸，环己六醇本身已有甜味，磷酸又有促进生成丙三醇的功效，丙三醇也有甜味，双重甜味叠加作用下，玉米酿造的白酒表现出醇甜的口感。

5. 小麦酒冲

民以食为天，小麦是中国的主产粮食之一，但这种农作物也并非中国本土驯化的产物，它来自遥远的西亚。具体是在什么时候，中国这块神秘的东方土地上开始有了小麦，目前仍然不详。考古发现的中国境内最早的小麦遗迹，是在距今有 3800 年历史的位于新疆孔雀河畔的古墓沟墓地里。

在酿酒领域，小麦同样发挥着不可替代的作用。从酿造来看，高粱是中国白酒酿酒的主粮，但白酒的酿造和制曲环节却离不开小麦的参与。事实上，早在汉代，麦曲就已经登上了历史舞台。西汉《方言》一书中有关于当时酒曲名称的记载，七种酒曲全以“麦”字为偏旁，按照汉字的构造规律和字形字义的解释，这些曲均是用小麦制作的。由此可见，白酒酿造离不开小麦。当然，小麦自身也可以作为酿造白酒的原料。小麦的淀粉含量高，大概在 68% 左右，蛋白质含量为 10%，此外，还含有少量的蔗糖、葡萄糖等。小麦蛋白质在一定的温度、酸度条件下，通过微生物和酶被降解为小分子可溶性物质，参与美拉德反应，生成酒体中的呈香呈味物质，使酒香气浓郁、丰满细腻。但小麦酒还有一个特点，就

是冲，后劲大。很多人喝了小麦酒之后认为小麦酒香气直接、口感辣，这可能是因为小麦的挥发性成分比较单纯，主要是 C_1 和 C_9 的饱和醇，C_2 和 C_{15} 的饱和醛与个别不饱和醛以及少量的乙酸乙酯，也许因为它的饱和醇和饱和醛比较单纯，才导致它的香气比较冲。

（二）有曲方成酒：因曲而异的中国白酒

如果没有曲这种物质的存在，就没有中国白酒的诸多故事了，世界蒸馏酒舞台也将缺少一个特别的存在。中国白酒和其他蒸馏酒最大的不同就在于白酒的酿造必须用到曲，曲是酒之骨。曲是糖化发酵剂，俗称酒母、曲药，是将粮食中的淀粉经糖化、发酵，转化成乙醇及微量香味成分的中间品的统称。曲的存在，为中国白酒贡献了独特的风味，使中国白酒有了别样的生命力，也使世界蒸馏酒阵营多了一个别样的传奇。

用大曲酿造的白酒称为大曲酒。大曲的酿造以小麦、大麦和豌豆等一种或几种为原料，大曲体积大，这使得它可以更好地保存微生物，较多的微生物的存在造就了它在所有曲中超强的发酵能力。大曲发酵白酒对曲胚中的温度有要求，温度要达到60℃—65℃，所以大曲也有“高温大曲”之称。大曲酿造的酒具有香气优雅、酒体醇厚等特点，也因此，大曲酒多出名优酒。难怪有人说，站在中国白酒金字塔上瞭望，处于塔尖的一定是大曲酒。

小曲酒是由小曲酿造而成的，是与中国传统大曲白酒平行的另一个分支。小曲之所以得其名，与它的外形有很大关系。小曲长得小，制作小曲的原材料主要是大米和糯米粉，并辅以辣蓼、中草药等材料。正因如此，小曲酒有独特的米香和药香。大曲酒和小曲酒的风味有明显差异，这是因为传统大曲酒的风味以酯类物质为主，小曲酒酿造周期短，没有足够的生酸、产酯时间，以醇类物质为主。这两种不同的物质决定了大曲酒和小曲酒风味的差别。也正因此，很多喝惯了大曲酒的人初喝小曲酒时会有不习惯之感。小曲不但可以用来酿造白酒，还能用来酿造黄酒，由于中国有着悠久的酿造黄酒的历史，所以小曲白酒较多保留了黄酒酿造中的传统工艺，比如用陶缸作为发酵容器，用大米作为原料，糖化和发酵是分开的，液态糖化等。相较于大曲酒，小曲酒多产于气候温暖湿润的地方，比如广东、广西、福建等。

香气是白酒的一种产品属性，在白酒的感官评价指标中，香气分值仅次于“口味”，占分值 20%，可见香气对白酒的重要性。馥郁优雅、焦香扑鼻、浓香醇厚……描述白酒香味的词语可谓层出不穷。透过白酒的香气，可以解密白酒的另一种分类方式。中国白酒按香型可以分为十二种，不同香型的白酒所处地域、采用的酿酒工艺、发酵周期等均有差别，复杂香型的背后揭示了中国白酒不同于世界其他蒸馏酒的独特奥秘。

中国十二种香型白酒的代表产品、工艺及感官

香型及代表酒	糖化发酵剂	发酵设备	工艺特点	感官特征
浓香型（洋河、五粮液、泸州老窖、双沟）	中偏高温大曲	泥窖	泥窖固态发酵，采用续糟配料，混蒸混烧，一般为45—90天。	清澈透明，窖香浓郁，陈香优雅，绵甜甘洌，香味谐调，尾净爽口，风格典型。
酱香型（茅台、郎酒）	高温大曲	条石窖	固态多轮次堆积后发酵，8轮次发酵，每轮次为一个月。	微黄透明，酱香突出，幽雅细腻，醇厚丰满，回味悠长，空杯留香持久。
大曲清香（汾酒）	低温大曲	地缸	清蒸清烧，固态发酵，21天左右。	无色透明，清香纯正，醇甜柔和，自然谐调，余味净爽。
麸曲清香（红星二锅头）	麸曲酒母（大曲麸曲）	砖窖	清蒸清烧，固态短期发酵，4—5天。	无色透明，清香纯正（以乙酸乙酯为主体的复合香气明显），口味醇和，绵甜爽净。
小曲清香（江津老白干、玉林泉）	小曲	砖窖或小坛小罐	清蒸清烧，固态短期发酵，四川小曲；清香为7天；云南小曲清香为30天。	无色透明，清香纯正，具有粮食小曲酒特有的清香和糟香，口味醇和回甜。
米香型（桂林三花酒）	小曲	不锈钢大罐陶缸	半固态短期发酵，7天。	无色透明，蜜香清雅，入口绵柔，落口爽净，回味怡畅。

续表

香型及代表酒	糖化发酵剂	发酵设备	工艺特点	感官特征
凤型（西凤酒）	中偏高温大曲	新泥窖	混蒸混烧、续糟，老五甑工艺，28—30天。	无色透明，醇香秀雅，醇厚丰满，甘润爽口，诸味谐调，尾净悠长。
药香型（董酒）	大小曲并用	大小不同材质窖并用	大小曲酒醅串蒸工艺，固态发酵，大曲酒、小曲酒分别发酵。小曲7天，大曲香醅8个月左右。	清澈透明，药香舒适，香气典雅，酸味适中，香味谐调，尾净味长。
豉香型（广东石湾玉冰烧酒）	小曲	地缸、罐发酵	经陈化处理的肥猪肉浸泡，液态发酵，20天。	玉洁冰清，豉香独特，醇和甘润，余味爽净。
芝麻香型（山东景芝白干）	以麸曲为主，高温曲、中温曲、强化菌曲混合	砖窖	清蒸混入，固态发酵，30—45天。	清澈（微黄）透明，芝麻香突出，幽雅醇厚，甘爽谐调、尾净，具有芝麻香型白酒特有风格。
特型酒（江西樟树四特酒）	大曲（制曲用面粉麸皮酒糟）	红赭条石窖	老五甑混蒸混烧，固态发酵，45天。	酒色清亮，酒香芬芳，酒味醇正，酒体柔和，诸味谐调，香味悠长。
兼香型之酱兼浓（白云边）	高温大曲	砖窖	固态多轮次发酵，1—7轮为酱香工艺，8—9轮为混蒸混烧浓香工艺，固态发酵，9轮次发酵，每轮发酵1个月。	清亮（微黄）透明，芳香，幽雅，舒适细腻，丰满，酱浓谐调，余味爽净，回味悠长。

续表

香型及代表酒	糖化发酵剂	发酵设备	工艺特点	感官特征
兼香型之浓兼酱(口子窖)	大曲	砖窖、泥窖并用	采用酱香、浓香分型发酵产酒，分型贮存，勾调(按比例)而成兼香型白酒，浓香型酒发酵60天；酱香型酒发酵30天。	清亮(微黄)透明，浓香带酱香，诸味谐调，口味细腻，余味爽净。
老白干香型(衡水老白干)	中温大曲	地缸	混蒸混烧、续糟、老五甑工艺，短期发酵，固态发酵，15天左右。	清澈透明,醇香清雅,甘冽挺拔,丰满柔顺,回味悠长,风格典型。
馥郁香型(酒鬼酒)	小曲培菌糖化，大曲配糟发酵	泥窖	整粒原料，大小曲并用，泥窖发酵，清蒸清烧，固态发酵,30—60天。	清亮透明,芳香秀雅,绵柔甘洌,醇厚细腻,后味怡畅,香味馥郁,酒体净爽。

三、北纬30°“中国段”酿酒地理带

好酒的诞生是需要天赋和基因的，这种天赋和基因决定了好酒的不可复制性和独一无二性。从维度来看，南北纬30°附近，堪称“热情的一把火”，因为这里属于干热无风区域。在这个纬度段，中亚和非洲是一眼看不到头的戈壁沙漠，所以北纬30°曾一度被认为是一条被死神眷顾的线，但

同纬度的中国和欧洲，却是另一番景观。因为高山峡谷、河流平原等的存在，这里形成了独特的“小气候”。世界公认的神秘黄金酿酒带，也是全球唯一的白酒酿造黄金带，就诞生于这里。在广袤的中国大地上，因为地理环境、风土等的差异，即便是用同样的酿造原料、酒曲、酿造工艺造出的白酒，在风味上也各有差异，不同白酒香型的产生就是这种地理差异的结果。影响白酒酿造的地理因素主要有水、土、气候、气温、生物，它们赋予了不同地区的白酒别样的属性和生命。但神奇的是，中国白酒黄金带几乎是沿河而生的，哪里有大江大河抑或泉水甘井，哪里往往就有名优白酒产地。也因为如此，形成了以河流为支撑的中国白酒黄金带。

古人很早就已经意识到水对于酿酒的重要性。古代有很多文献著作中都提到水之于酒的意义，《礼记·月令》有言，“水泉必香，陶器必良，火齐必得”，宋代欧阳修在《醉翁亭记》中写道“酿泉为酒，泉香而酒洌”，《齐民要术》中也有“收水法，河水第一好；远河者，取极甘井水，小咸则不佳”的记载。白酒酿造中微生物的发酵是关键，而水中所含的微量元素和矿物质等成分对微生物发酵有直接影响，这些物质可以帮助微生物、酶及微量香气成分生长，从而对白酒品质和口感产生显著影响。中国的河流成千上万，其中就孕育出了以河流为支撑的酿酒地理带，较为典型的是长江名酒带、黄河名酒带和淮河名酒带。

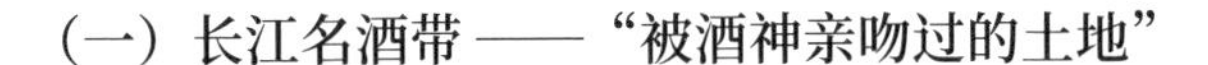

（一）长江名酒带——“被酒神亲吻过的土地”

长江名酒带被誉为“被酒神亲吻过的地方”，长江名酒带是依托长江形成的，涵盖四川、重庆、贵州、湖北、湖南、江西。长江是中国最重要的水系之一，它发源于青海省念青唐古拉山脉，其干流流经11个省市，是中国最大的产业经济带。这里有独特的气候、水源和土壤及微生物环境。长江流域拥有巨大的海拔落差，高处有海拔4000多米的雪线（青藏高原），低处则有海拔300多米的平原河谷，如此显著的落差造就了这里生物、气候和人文气质的多样性。这一地理带的中国白酒代表为贵州茅台、四川五粮液、泸州老窖和郎酒等。

（二）黄河名酒带——最能体现中国白酒的“根”和“魂”

黄河是中国的母亲河，华夏文明的始祖就生活在这里。有很多学者甚至将黄河流域称为中华文明的摇篮，它对中华文明的引领意义可见一斑，而它同时又是中国酒文化的重要发源地。出土于山西杏花村酿酒遗址的小口尖底瓮，被认为是“地缸发酵的原始雏器”和“中国酒魂”的重要组成部分，这一酿酒遗址就位于黄河流域。黄河流域是大清香型白酒的基地，清香白酒正是伴随近代北方政权的更替，尤其是晋商在内陆经济舞台的活跃而出现在中国各个地理版图上的。该名酒带的势力范围包括汾河、渭河、无定河、大汶河等支流上的各大名酒所在地，这一地理带的中国白酒代表为山西汾酒、陕西西凤酒、北京二锅头、河南杜康和河北衡水老白干等。

四、淮河名酒带——南北相融的绵柔

淮河是中国南北方的分界线。淮河静静地流淌，作为中华文明的发源地，它见证了中华文明的历史，也见证了中国南北方的差异，同时，还孕育出了独特的白酒文化。淮河流域的名酒带以淮河流域上的“宿迁—亳州—双沟—鹿邑—宝丰”为主线，横跨安徽、江苏、河南三省。这一地理带的中国白酒代表为江苏省北部的洋河、双沟，安徽省的口子窖、古井贡等。

值得一提的是，在北纬35°以南、长江以北，西自秦岭、东抵海滨的“淮河过渡带”衔接处，江苏省北部城市宿迁下辖的泗洪县双沟镇地区，于1954年经中国科学院古人类研究所发掘考察的“下草湾遗址”出土的“双沟醉猿”则出现在4万—5万年前的中国土地。而同在一片区域的洋河镇地区，则和双沟一样，润泽了中国第四大淡水湖“洪泽湖”和中国第七大淡水湖“骆马湖”，环抱于京杭大运河、古黄河和淮河之间，丰富的水源为酿造美酒提供了得天独厚的

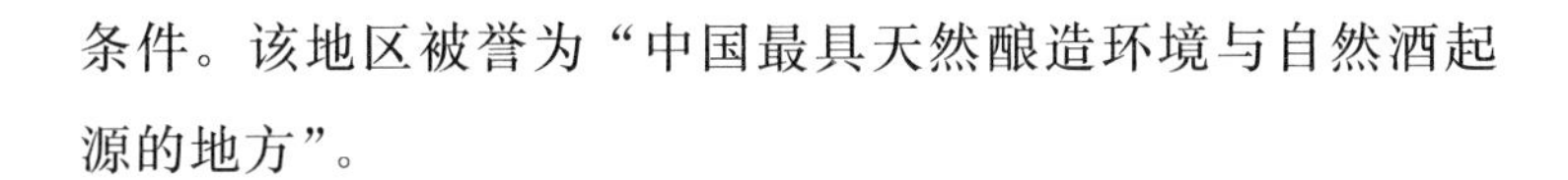

条件。该地区被誉为“中国最具天然酿造环境与自然酒起源的地方”。

小结

啤酒、葡萄酒、蒸馏酒都是人类最古老的饮料，其中，葡萄酒属于典型的果酒，因为其酿制原料主要是葡萄这种果实，而啤酒和蒸馏酒则多是以粮食为酿造原料。从诞生的历史来看，葡萄酒可能比粮食酒要早，甚至可能早上几万年；从味道来看，葡萄酒、啤酒、蒸馏酒各有千秋，不同的饮酒者有不同的嗜好，所以这三类饮料酒很难在味道上分出高下；从酿造工艺来说，蒸馏酒的酿造工艺最为复杂，而葡萄酒酿造的前期工作又最烦琐庞杂，如此对比，啤酒的酿造要相对简单一些。

从饮料酒“三分天下”的格局中，我们已经看到酒精的不同“分身”，在继承传统酿造方法的同时，各成面貌，互不因袭，并以各自迥异的姿态成长、发展。而中国白酒所采用的窖池、固态发酵、固态蒸馏、多粮等一系列独特的酿造策略和在历史的长河中经年累月积淀的品质优势，以及其中的功能成分，是世界上其他蒸馏酒无法比拟的，可以说，中国白酒是世界东方最高酿造水平的代表，它的科学性、合理性代表了世界蒸馏酒最复杂性的科学体系。

中国白酒作为世界蒸馏酒中的独特代表，以复式蒸馏的众多复合香气和微妙气味独步天下。从世界范围来看，虽然中国白酒的产量占全世界烈酒的三分之一，但在国际市场上所占份额却较小，国外很多蒸馏酒爱好者对于中国白酒的认知还很浅薄。独一无二的酿造工艺、酿造哲学，使中国白酒拥有平视世界的自信。除了在本土深耕，使白酒产业更加枝繁叶茂，还应当积极“走出去”，到全球开疆拓土，争取更多的国际市场份额。要善于借助中国文化的力量，用“中国风”建立长久的“情感表达”，将海外消费者对白酒的消费由单纯的产品消费升级为情怀消费，提升海外消费者对中国白酒的文化认同。

第四章

社会来回移动的一面镜子

——酒馆

酒馆往往给人一种历史尘封的记忆的感觉。事实上，在当代人的脑海里，提起酒，所能想到的第一个场所大概是酒吧。灯红酒绿，各种或抒情或极具动感的音乐，酒吧是当代人三两小聚、放松娱乐的常去处所。但提到酒馆，很多人多少还是有些茫然，虽然多数人都知道酒馆是酒吧的前身，但对于酒馆在酒精这种神奇的液体发展中扮演了怎样的角色，酒馆与现在的酒吧相比，有哪些异同之处，很少有人能说出所以然。事实上，不论酒吧还是酒馆，都是一定时期社会发展的产物，要想穿越历史的时空窥探它们，必须将其置于社会发展的漫长道路中，看看它们是怎样作用于人类的历史进程和人类的生活的。我们将酒馆比喻为社会来回移动的一面镜子，恰恰是因为它是社会历史的见证者，是人类不同时期社会生活的参与者。

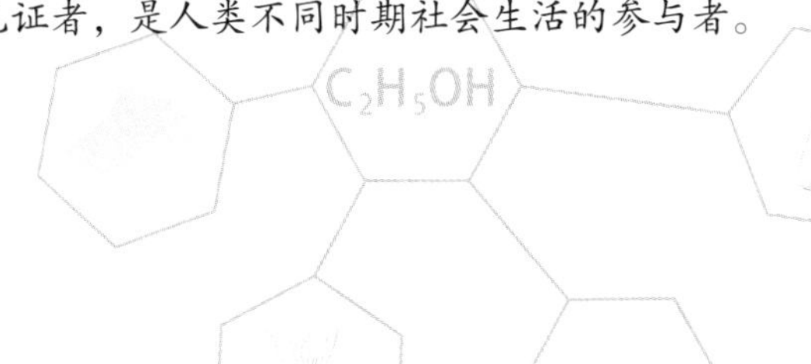

第一节

寻找酒馆的雏形

考古学家在苏格兰北部奥克尼的劳赛岛（Rousay）上，发现了一座有1100多年历史的啤酒馆，这个被称为“饮酒大厅”的遗址，从公元10世纪一直使用到公元12世纪，持续了200多年。酒馆的选址很讲究，它建造在面朝大海的斜坡之上，酒馆门面大约有13米长，两侧的石墙厚度都达到了1米，酒馆内有许多供酒客坐的石凳，还有很多散落的北欧风格骨梳、陶器。人们推测能在这个酒馆里喝酒的人绝非普通人，至少应该是那些在战争中表现出色的战士以及贵族和精英才有资格坐在这里畅饮。[①]这一考古发现的啤酒馆在世界酒馆的发展历程中到底扮演了什么样的角色是不得而知的，因为既没有证据能说明它是最早的酒馆，也没有证据表明它是较有代表性的酒馆。我们只能姑且将其作为酒馆发展历史

① 酱知儿：《考古学家挖到〈炉石传说〉旅店原型——1000年前维京人的啤酒馆》，2019年8月10日，见https://www.163.com/dy/article/EM6BOB3A0523PU9R.html。

中一个小小的缩影，毕竟它的存在或许只能说明人类拥有酒馆的历史很悠久，却不足以告诉我们到底从何时开始、哪里的人们率先开设了人类历史上第一个酒馆。但庆幸的是，我们可以通过人类历史上不同的酒馆形态，对酒馆的社会地位有一个基本认识。

一、朝圣、黑死病、商品经济与酒馆

目前，欧洲最早的酒馆历史大致可以追溯到罗马帝国占领英国的时期，罗马人在不列颠岛上修建第一条道路时，就有了英国的第一家酒馆。[①] 此后，在英国的法律文献中就有了关于酒馆的记录。盎格鲁一撒克逊时期的法律文献中有关于酒馆的记录，公元 7 世纪肯特国王的多项立法中也记录了酒馆数量，公元 10 世纪法律文献中开始出现更多关于啤酒馆的规定。[②] 有一种说法是，酒馆最初的雏形其实就是旅店，当年，凯撒大帝进攻高卢，对罗马军队而言，这是一条异常漫长的行军路线，要保证军需品的供应，让军队顺利到达高卢，必须随时对前线军队进行物资补给，并为他们提供可以住宿的地方，旅店（Inn）就是在这种特殊背景下诞生的。之

① Thomas Burke, *English Inns*, London: Adprint Limited, 1947, p. 7.

② 左志军：《社会转型时期英国酒馆的经济社会功能》，《历史教学》2020 年第 18 期。

后，这些旅店的周围开始有人聚集定居，并渐渐地出现了酒馆。还有一种说法认为，酒馆是从餐馆分类出来的，餐馆不但提供餐食，还供应各种酒水。到了13世纪左右，随着城市的发展和扩张，酒馆从餐馆分离出来，成为以售卖酒精饮料为主的场所。这种说法也有一定道理，毕竟自古饮食不分家。因此，酒馆到底产生于何时，着实不好下定论，但在酒馆出现之前，一定已经有了某些先兆，旅馆、餐馆等都有可能是酒馆的早期雏形。

酒馆到底是在什么样的条件下兴起的呢？毋庸置疑，对酒馆的产生起首要作用的应当是人们对酒精饮品的消费需求，毕竟需求决定供给，如果人们对酒精饮品毫无兴趣，酒精饮品就失去了消费市场，自然也就不会催生出售卖酒精饮品的场所。但任何事物的产生，都不是单一因素作用的结果，酒馆的兴起也是诸多因素相互交织的产物。中世纪的欧洲，人们旺盛的饮酒需求使得酿酒业开始兴盛，这是酒馆兴起的基础土壤。与此同时，其他社会因素也对酒馆的兴起起到了推波助澜的作用。14世纪，英国著名小说家杰弗里·乔叟的《坎特伯雷故事集》中也出现了对于酒馆的描述，乔叟讲述了形形色色的人物在宗教朝圣之旅中发生的故事。在这场严肃的朝圣之旅中，酒馆扮演了重要角色。乔叟开篇就将故事场景设定在紧邻伦敦桥南面的泰巴酒馆，从严格意义上来说，这时的酒馆更像客栈，因为它不但供

朝圣者们饮酒，也为朝圣者提供食宿，所以那里还有屋舍和马厩。从这一点可以看出，欧洲酒馆的起源与宗教有着千丝万缕的联系。

基督教产生于1世纪中期散居在巴勒斯坦和小亚细亚的犹太居民中，它的产生是犹太人在长期的民族压迫和多灾多难的生活中走投无路下的选择，犹太人寄希望于通过基督得到上帝的拯救和恩赐。起初，基督教在罗马帝国境内得以广泛传播，信徒们经常组织小规模的聚会，一起听道、祷告、彼此帮助。这之后，基督教得以不断壮大，信仰基督教的人群也从最下层的奴隶扩充到包括奴隶主、大地主、大商人等在内的城乡中等阶级以及皇室成员，基督教规模空前壮大。朝圣是基督教徒们的一项重要活动，人们渴望在朝圣活动中平衡心理需求，得到心理安慰。朝圣活动的兴起得到教会的大力支持，而在欧洲，教会拥有着让王权都为之胆战的权力，教会的大力支持对朝圣者而言无疑是一种特权屏障，朝圣经济就是在这种背景下诞生，并迅速呈现枝繁叶茂的发展之势的。欧洲有很多朝圣圣地，耶路撒冷、坎特伯雷等都是著名的朝圣中心，多数朝圣者都会选择距离自己较近的朝圣地，以减少路途的开销，但即便如此，朝圣活动依然需要消耗大量资源。朝圣活动及与朝圣有关的经济活动在当时还受法律保护。8世纪末，查理曼大帝曾就朝圣者的投宿问题发布过敕令，要求朝圣地沿途的修道院和教会设置可以接待朝圣者的设施，这也被认为是欧洲最早的饭店的雏形。[①] 但仅靠修道院和教会，是很难满足如此众多的朝圣者的旅途需求的。欧洲的很多商人就是在这种朝圣活动中发现了商机，他们在朝圣活动沿途兴建各种商贸地点，为朝圣者提供各种服务，其中就包括饮酒服务。所以，朝圣活动对酒馆的诞生和发展也起到了推动作用。

作为欧洲历史伤痛记忆的黑死病的出现，也在某种程度上加速了酒馆的繁荣。黑死病的暴发，使欧洲人心惶惶。为了预防疾病，欧洲人开始尝试各种办法，用酒消毒预防疾病就是一种大众公认的良方，世界六大蒸馏酒金酒的诞生也验证了这一点。

对酒的强烈需求，最终刺激了酒馆数量的增长。在英国，拥有固定场所的啤酒馆成为啤酒零售的主要形式，人们开始在啤酒馆中进行各种庆祝活动。1577 年政府的统计调查显示，当时英国啤酒馆数量大约为 24000 个。[②] 也许只看这样一个数字，还无法对英国啤酒馆数量之多有比较直观的感受，更详细的统计数据显示，英国啤酒馆数量与英国当时的人口比例为 1∶142，相当于每 142 个人就拥有一家酒馆。

① 黄凯良、戴永寿：《欧洲饭店、酒馆和酒吧的起源（一）·饭店的起源》，《中国食品》1985 年第 4 期。

② Peter Clark, *The English Alehouse:A Social History 1200–1830*, London: Longman Group Limited, 1983, p. 6, p. 43, pp. 43–45.

除此之外，酒馆的繁盛也与经济有关。英国学者利普德·瓦格纳认为，商品经济的发展，需要更多类似于客栈、旅店等场所满足日益增加的商旅往来的需求。[①] 他提出，16、17世纪自给自足的农民家庭经济逐渐瓦解，取而代之的是商品经济，商品的流通催生了啤酒馆的兴起，因为其可以为来往的商贩、赶车人等提供休憩之地。由此可见，酒馆的繁盛是多方面因素共同作用的结果，当所有这些有利于酒馆兴起的因素聚合之时，酒馆的繁盛就变得势不可当。

酒精并非哪个民族的专利，从酒精与酒的发展史，我们已经了解到，同一时期，不同文明都出现了酒。既然有酒，就会有卖酒、供饮酒的场所，不同国度，酒与酒精的发展程度不同，某种酒精饮料诞生的时间也有先后，卖酒场所的发展自然也有先后和程度上的差异。说起英国，就要提到与它有着深刻渊源的另一个国家——美国。这两个国家的关系被人形象地称为“亲爷俩”。为什么这么说？因为美国就是英国人来到北美洲之后建立的。马里兰作为最老的英属北美殖民地，见证了早期移民是怎样从欧洲的旧世界走向北美新世界的，也见证了美国酒馆的发展。在早期的马里兰，酒馆是重要的社会中心，虽然第一家酒馆到底是在什么时候出现的已无据可考，但从第一批移民到达这里不久之后，就出现

---

① Leopold Wagner, *London Inns and Taverns*, London: George Allen and Unwin Ltd, 1924, p. 102.

了酒店的身影。1641 年，已经有了马里兰行政中心颁发酒店执照的记录，[①] 那时候的马里兰，人烟稀少，总人口不过700人左右，[②] 酒店和马里兰殖民的出现成长几乎是同频同步发生的。

早期马里兰移民饮酒需求的旺盛有很多复杂的因素：其一，对早期移民来说，一切都处于蛮荒状态，只有用勤劳的双手才能把荒野变成理想的家园。高强度的劳动是每天的必修课，而极度的身体疲劳需要酒精刺激才能更好地恢复体力，以便有精神日复一日地持续高强度工作；其二，早期移民以年轻男性为主力军，多数还未建立正常的家庭生活，加上当地娱乐活动匮乏，生活乏味单调，只有酒可以让他们忘却一眼望不到头的孤独；其三，当时社会物资并不丰富，不像当代人这般有可口可乐、气泡水、奶茶等丰富的碳酸饮料可以选择，也没有咖啡和茶，酒是他们为数不多的饮品之一，自然在他们的移民生活中扮演不可或缺的重要角色。后来，在美国南部和中部一些重大的宗教活动中，甚至有教徒必须喝酒的规定。为了满足人们的饮酒需求，1775 年，马萨诸塞规定城镇必须拥有酒馆，否则处以罚款。由此可见，在美国的部分地区，酒馆是作为强制性的公共

---

① William Browne (ed.), *Archives of Maryland, Vo1.3*, Maryland Historical Society, 1883, p.99.

② Menard Russell R., Population, "Economy and Society in Seventeenth-Century Maryland", *Maryland Historical Magazine*, Vol.79 (1984), p.72.

空间而存在的。而在遥远的东方，中国的酒馆在更早的时期已经开始以一种别样的姿态存在。

二、历史更迭中的中国酒肆

在中国，酒馆的前身是酒肆，它是对中国古代酒舍、酒店及酒楼的统称。早在公元前1675—前1029年的商代，中国就有了酒肆。《周礼》中有记载："凡建国，佐后立市。肆，市中陈物处也。"可见，肆在中国古代指的是卖东西的地方。肆既然能售卖各种货物，自然也能售卖酒，以中国人对酒几千年不变的热情来说，在中国古代，卖酒的酒肆一定不少。因为无论是达官显贵、文人英豪，无不喜欢饮酒谈事。事实也确实如此，春秋战国时代，中国已经开始出现数量众多的酒肆。这一时期，中国历史也进入了群雄争霸、名"士"辈出的新阶段。这些名"士"活跃于各个国家，行李往来好不热闹。与此同时，商人地位提高了，他们开始作为一个独立的阶层出现，频繁游走于各国的"士"和商人们需要歇脚休息，酒肆既能供客人落脚，又能供客人小酌，成为歇脚休息的好去处。所以，酒肆在这一时期迅速发展，并逐渐普及，还出现了专业的酒女。到了汉代，受尚饮之风的影响，酒肆遍地开花，无论是繁华的城市还是偏远的农村，都有酒肆。司马迁在《史记·货殖列传》中，把"酤一岁千酿”的酿酒业放在工商业的首位，足见其重要性。《史记·司马相如列传》中记载，“相如与俱之临邛，尽卖其车骑，买一酒舍酤酒，而令文君当垆。相如身自着犊鼻裈，与保庸杂作。”由此可见，当时，经营酒肆的不只有富商大贾，还有小手工业者，司马相如和卓文君只需要一人负责酿酒、一人负责销售，就可以开一家售卖酒的夫妻店。当然，这也从侧面反映了当时汉王朝对卖酒这一营生的支持。事实上，酒肆也确实是汉王朝的一项重要税收来源。汉昭帝时期“罢榷酤官，令民得以律占租，卖酒升四钱”[①]，这表明政府不但允许民间酒类私营，还规定了酒的价格，每升酒价为四钱。王莽时，实行榷酒政策，办法更为详细。《汉书·食货志》记载：羲和鲁匡：“酒者，天之美禄，帝王所以颐养天下，享祀祈福，扶衰养疾；百礼之会，非酒不行……请法古，令官作酒，以二千五百石为一均，率开一卢以卖……除米麹本贾，计其利而什分之，以其七入官……”[②]这些记载表明，汉昭帝和王莽时期，政府鼓励酿酒，酒肆所缴税收对汉王朝财政贡献巨大。

到了唐代，酿酒业更加繁荣，酒肆开始分化，出现了酒垆、旗亭、酒楼等不同档次的酒肆，它们遍布在全国各地。所谓酒垆，主要分布在农村，只需要搭起一个小台子、设置

① （汉）班固：《汉书·昭帝纪》卷7，中华书局1962年版，第224页。
② （汉）班固：《汉书·食货志》卷24，中华书局1962年版，第1145页。

几张桌椅，就可以卖酒，规模很小，类似于现在的小吃摊、大排档，饮者到此饮酒可以得到片刻休息。旗亭像亭子一样，分布在交通要塞上，有的旗亭采用院落形态，在门口观赏灯笼和酒旗，规模比酒垆大，在提供吃食和休息的地方之外，还为人们提供拴马、停车的服务，类似于现在高速路上的服务区。酒楼分布在繁华的都市，长安、洛阳、太原等曾是唐代的都城，这些地方酒楼遍布。唐代的很多诗人都有描述酒楼、酒旗的诗句：韦应物在《酒肆行》中极力铺陈长安新建酒楼的豪华富丽："豪家沽酒长安陌，一旦起楼高百尺。碧疏玲珑含春风，银题彩帜邀上客……"；皮日休《酒旗》云："青帜阔数尺，悬于往来道。多为风所扬，时见酒名号。"

到了宋代，经济的繁荣和人民生活水平的富裕，给酒肆注入了更大的发展动力。宋代的酒肆分类更加多样，既有官营和民营之分，还有大酒肆和小酒肆之分。这些酒肆无论大小，无论分布在哪儿，都十分讲究，比如门楼装饰一定富丽堂皇，店内摆设都十分精致，在《清明上河图》中，一家姓孙的羊店门口，可见酒肆门前摆有杈子、挂栀子灯，[①]而这样的装饰在五代晚期的汴京十分盛行，可知宋代的酒肆装饰沿袭了五代晚期的风格。《梦粱录》就有这方面的记载："如酒肆门首，排设杈子及栀子灯等，盖因五代时郭高祖游幸汴

① 林正秋、林琳：《南宋杭州的饮食店铺初探》，《杭州研究2004》，中央文献出版社2005年版，第389页。

京，茶楼酒肆俱如此装饰，故至今店家仿效成俗也。”[①]《都城纪胜》也有类似的记载：“酒家事物，门设红杈子绯绿帘贴金红纱栀子等之类。”[②]元明清时代的豪华酒楼更是比比皆是，许多由官府或富贵之家开设的酒楼从装修到饮食、服务都极尽奢华精致。由此可见，在中国，酒馆有着悠久的历史，商代就已经有了酒肆，且每一朝代的酒肆都有其特征，酒肆的发展往往与当朝的政治、经济等因素有关。越是经济繁荣、政治稳定的朝代，酒肆的规模越大，繁华程度和精细化程度越高，在历史的车轮滚滚向前的同时，酒肆也随之不断发展升级。

---

① （宋）吴自牧：《梦粱录》，景印文渊阁四库全书，台湾商务印书馆1986年版，第12页。
② （宋）孟元老等：《东京梦华录 都城纪胜 西湖老人繁胜录 梦粱录 武林旧事（合辑）》，中国商业出版社1982年版，第5页。

第二节

酒馆功能的初演变

提供饮酒服务是酒馆的主要功能，但却不是唯一功能，在这个功能之外，在不同时期，酒馆还兼具其他功能。对这些功能的了解，有助于我们了解酒馆在社会发展中扮演的综合角色，知晓酒馆是怎样深入、广泛地参与到人们的日常生活中的。

一、最初的功能

酒馆在不同时期功能有所不同，欧洲中世纪的法律文档揭示了酒馆的用途。一些地方法律文档记载了酒馆经营者申请办理经营许可证的理由，即服务交通要道上过往的旅客。比如 1623 年，斯塔福德郡法庭收到一封请求授予在沃特林大街开设一家酒馆以招待路过乘客和旅行者的请愿。根据 16 世纪英国对酒馆登记的法律条例，酒馆可以分为三个等级。第一个等级是旅馆或酒店，其规模大、装修豪华，主要面向上流社会开放，出售葡萄酒、麦酒、啤酒，提供高档次饮食和住宿；第二个等级是客栈，面向有较高消费能力的群体，提供麦酒和档次稍低于高档旅馆或酒店的服务；第三个等级是小酒馆或酒吧，面向消费能力较弱的低下阶层，规模小、装修简陋，向顾客售卖麦酒或啤酒，提供简单的餐食和住宿。根据对法律条例的解读，英国的旅馆、客栈与酒馆之间虽有明确的划分，但都售卖酒，所以都兼具酒馆的性质。结合酒馆登记时的用途申请来看，在中世纪的欧洲，酒馆的功能更类似于客栈、旅店、饭店等，旨在为人们提供歇脚的地方，顺便进行酒类销售。英国著名小说家乔叟的《坎特伯雷故事集》中提到的酒馆，发挥的便是这样一种功能，它为朝圣者们提供可以休息的场所，朝圣者们在这里休息、补充能量，而后重新出发踏上朝圣旅途。

在美国，早期酒店常常建立在交通要道上，这与早期移民的分布有关。早期的马里兰移民主要沿切萨皮克海湾及其主要支流四散开来定居并进行垦殖生活，水路是他们最主要的交通通道，各个主要渡口因此成为重要的交通枢纽。[①] 当地居民和来往客商会聚在交通枢纽，这些人有食宿、渡船等需要，酒店最初就是为这些人提供食宿，但后来殖民地当局

① 李小雄：《酒店——十七世纪马里兰社会的中心》，《美国研究》1993 第 1 期。

要求酒店店主利用区位优势同时承担起渡口管理的责任。由此，酒店在提供食宿功能的基础上又衍生出了新的提供渡船服务的功能，这在17世纪的马里兰十分普遍。[①]

在中国，酒馆也发挥着类似的驿站作用。唐代文献记载："开元中，诗人王昌龄、高适、王之涣齐名。时风尘未偶，而游处略同。一日天寒微雪，三诗人共诣旗亭，贳酒小饮。"[②]这几位诗人在出游途中小酌的地方便是旗亭。这说明，中国古代的酒肆和欧洲中世纪的酒馆一样，最初都是为人们提供歇脚之所，让旅途疲惫的人们在这里短暂休息、饮酒，恢复体力。而在供人们小憩之外，中国的酒肆还有其他重要的社会功能，比如社交、娱乐、商贸。第一，重要的宴饮之所。在中国古代，无论达官贵人还是贩夫走卒，都喜欢在酒肆宴请亲朋。对达官贵人而言，酒肆是官员朋僚间宴集的重要场所。"是日，临淄大校置酒于都市酒楼，邀韩。韩赴之，怅然不乐。座人曰：韩员外风流谈笑，未尝不适。今日何惨然邪？韩具话之。有虞候将许俊年少，被酒起曰。"[③]第二，会友之所。酒肆也是文人们相聚的重要场所，李白有诗云："清歌弦古曲，美酒沽新丰，快意且为乐，列筵坐群公。"[④]诗

① William Browne(ed.), *Archives of Maryland*, *Vo l. 15*, Maryland Historical Society, 1883, pp. 54–55.

② （唐）薛用弱：《集异记》卷2，中华书局1980年版，第11页。

③ （唐）孟棨：《本事诗》，《明刻阳山顾氏文房本》，商务印书馆涵芬楼1925年影印版，第15页。

④ （唐）彭定求等编：《全唐诗》卷183，中华书局1960年版，第1861页。

中描绘了一群意气相投之士在酒楼相聚，边饮酒边听曲的情形。第三，商谈事务之所。商人们商谈生意事务也会选择酒楼，隋唐间长安西市马行里的酒楼“作为行头所在地，并用做看验商品质量、谈论价格、商定买卖以及签订契约的场所”①。

从酒馆演变和发展可以看出，酒品的销售早在古代已经非常兴盛，消费人群也不断从小众向大众演化，酒肆从最初为人们提供歇脚休息、小酌一杯的场所，逐渐演变成了一种社交公共空间。它不但面向达官显贵、文人墨客，还向普通民众敞开了“怀抱”，各行各业的人们都可以在酒肆相聚、畅饮。同时，它除了提供酒食，还提供其他服务，比如中国的酒肆就有乐舞表演活动。也就是说，现在遍布在城市各个角落里的小酒吧所具备的功能，早在古代就已经有了雏形。

二、夜生活的“主角”

对当代人而言，酒吧是夜生活的代表。很多人理所当然地认为夜生活是当代人的专利，古人是没有夜生活的，天一

① 杨宽：《中国古代都城制度史研究》，上海古籍出版社1993年版，第320页。

黑，要么唠嗑，要么睡觉。事实真的如此吗？你以为你以为的真的就是真的吗？姑且不论其他，单说古人可以从自然发酵的酒中得到启示主动酿酒这件事，就已经显示出了他们超凡的智慧。既然如此，古人未必没有夜生活，或许，他们的夜生活是丰富多彩的。

（一）欧洲人对黑夜的恐惧与痴迷

在相当长的一段时期内，人们对黑夜是恐惧的，黑夜通常与罪恶、魔鬼等联系在一起。古希腊神话中，充斥着各种可怕的黑夜之神，从厄运之神，到横死之神，再到死神、悲哀之神等，黑夜几乎成了万恶之源。到了中世纪，人们对黑夜的认知并没有多大改观，魔鬼和巫术之说的盛行，使人们对黑夜更加畏惧。这一切的改变发生在 16 世纪之后。14—17 世纪，欧洲爆发了反映新兴资产阶级要求的文艺复兴运动，这一运动对欧洲的改变是极为深刻的。新兴的资产阶级为了满足自身对财富的追求，借由海上贸易开始向世界范围扩张，他们肆无忌惮地掀起殖民地运动，把殖民地当作攫取财富的大本营，并迅速利用殖民地完成了充满血腥与罪恶的资本原始积累。依靠掠夺而来的财富，欧洲的很多城市快速崛起，迈向近现代化，法国巴黎、英国伦敦等很快成为大都市的代表。城市的发展、壮大和繁荣，改变了人们的生活状态，原本在夜间静悄悄的城市，突然开始喧嚣起来，酒馆、咖啡厅、俱乐部等多种经营场所开始出现。与此同时，随着文艺复兴运动的深入，人们对事物的认识逐渐开始闪现理性的光芒，人们已经知道夜晚与白天一样，都属于自然现象，原本被赋予恶的性质的黑夜终于卸掉了枷锁，向人们敞开了它充满诱惑的怀抱。对黑夜负面看法的扭转，使得钱袋子鼓起来的市民阶层在夜晚迫不及待地涌入酒馆、俱乐部等场所。对他们来说，黑夜不再意味着漫长寂寥，而是最有情调的时段，他们可以在这些场所喝酒聊天、唱歌跳舞。

当然，对当时欧洲很多大城市的市民来说，酒馆还是他们排解生活苦闷的地方。许多不想工作的人把酒馆当作避风港，他们在这里以打牌、酗酒、互相吹牛皮等方式来逃避繁重的工作。当时的酒馆，不但为人们提供美酒，还提供各种娱乐活动。在英国南部，酒馆是社区游戏和娱乐中心。这里流行掷骰子、纸牌游戏、台球、弹子球等各种游戏，有些酒馆甚至提供室外的网球球场、草地保龄球活动。还有些酒馆，有行吟诗人的说唱表演，每周都会举办小型的音乐会。更为周到的是，有些酒馆还为人们提供隐私空间，虽然只是用木板隔断形成单间，但已经可以最大限度地保留顾客的隐私权。在这样封闭而私密的空间里排遣苦闷对夜晚的欧洲市民来说，无疑具有莫大的吸引力。在英国，尤其是在伦敦这样的大城市，“麦芽酒馆”遍地开花，成为英国市民夜间竞相奔赴的娱乐场所。英格兰生活史学者理查德·劳利奇描述

了16世纪后英国的夜景："当传统节日和体育竞技日趋没落的几十年之中，英国市民最常去的地方是哪里呢？毫无疑问是麦芽酒馆无疑了。"他辛辣地批评了此时的酒馆在英国人民的生活中所起的消极作用，认为夜间酒馆的开放，为普通市民和风尘女子提供了生活腐化的温床，使得人们的行为日渐放荡。但是批评的声音并不能阻挡市民对酒馆的热情，他们依然在夜间聚集到酒馆，进行各种娱乐活动，并且在这种交往中缔结了深厚的感情，有了共同的利益追求，他们可以一起谩骂神父、压迫者，夜间的酒馆似乎让他们空前团结。

（二）宵禁开放后中国古人的夜生活

中国的很多朝代都有宵禁制度，直到唐代，宵禁制度才渐渐开始废弛，到了宋朝，宵禁制度彻底取消。所以，从唐代开始，夜市就开始繁荣，那时候虽然没有电灯电线，人们却可以用灯笼照明，所以唐代的夜市并不寂寥。夜市上的东西也琳琅满目，卖布的、捏泥人的、卖小吃的……数不胜数。唐代杜荀鹤有诗云"夜市卖菱藕，春船载绮罗"，足见唐朝夜市的繁华。唐代酒肆的种类和数量已经非常多，所以夜生活中也少不了它们。只不过，酒馆与普通的夜市摊位存在很大区别，要想在夜间为人们提供服务，适宜的光亮是必要条件，灯笼、油灯照明是不可或缺的，只此一项照明的消耗就会使经营成本增加。因此，能在夜间经营的酒肆很少，只有规模较大的酒肆才会在夜间营业。需求决定供给，这些酒肆之所以夜间营业自然是为了满足人们夜间饮酒娱乐的需求，能在夜间到这些酒肆消费的几乎都是有钱人。唐人方德元的《金陵记》中就记载了金陵（南京）的有钱人的夜间生活："盛金钱于腰间，微行夜中买酒，呼秦女，置宴。"《岭表录异》记载，"大抵广州人多好酒，晚市散，男儿女人倒载者日有三二十辈"[①]。可见，在唐代，南京、广州等地都已经有了在夜间经营的酒肆。酒肆在夜间的经营是大势所趋。《资治通鉴》中也记录了唐肃宗时期王叔文家的一件事："于是叔文及其党十余家之门，昼夜车马如市。客候见叔文、伾者，至宿其坊中饼肆。"[②]这段史料记载也说明，唐代的夜市中酒肆已广泛存在。除了在陆地上开酒肆，唐人还把酒肆开到了水面上。要在水面上开酒肆，船是必要载体。船是古人重要的交通工具，也寄托了古人的浪漫情怀，泛舟于江心，登船赏月，都是古人最喜欢的休闲娱乐活动。在船上饮酒自然也是古人的嗜好之一。《桐桥倚棹录》记载："宴游之风开创于吴，至唐兴盛。游船多停泊于虎丘野芳滨及普济桥上下岸……船制甚宽，艄仓有灶，酒茗肴馔，任客所指。"[③]宽敞的船舱，不但可以烹制佳肴，还可以热酒，只要宾客有要

① 李昉：《太平御览·饮食部（上）》，中国商业出版社 2021 年版，第 94 页。
② 司马光：《资治通鉴》卷 236，中华书局 2009 年版，第 2620 页。
③ 顾禄：《桐桥倚棹录》，中华书局 2008 年版，第 106 页。

求，都可以满足。可见，在船上经营的夜间酒肆丝毫不逊于陆地。古人夜间到酒肆都干什么呢？把酒言欢自不必说，三两好友聚在一起一边推杯换盏，一边吟诗作赋。除此之外，多以寻找慰藉和娱乐为主。夜间，唐代的很多酒肆都有胡姬的乐舞表演活动，这些胡姬来自异国他乡，貌美如花，且能歌善舞，有她们陪酒助兴，自然好不热闹。这些胡姬为酒肆招来了无数的酒客，难怪诗人们吟咏："画楼吹笛妓，金碗酒家胡。"[①]

宋代经济更为发达，加上宵禁的取消，宋人的夜生活更加多姿多彩。对有钱人而言，夜晚最佳的寻欢作乐之处大概就是酒楼了。他们不但可以在那里品尝美酒和可口的佳肴，还可以享受高雅的音乐。在有些酒楼，酒客还可以与风尘女子把酒言欢。由此可见，在中国古代，酒肆是夜生活中的重要去处之一，是人们休闲娱乐的主要场所。

---

① 王维：《过崔驸马山池》，《全唐诗》卷126，中州古籍出版社2008年版，第585页。

第三节

另类政治舞台

作为公共领域的酒馆，是人们讨论和批评政治事务的重要场所之一，许多颇有影响力的政治事件的发生离不开酒馆里的酝酿、谋划，而有些政治家就是从酒馆里走出的。酒馆，俨然成为另类的政治舞台。

一、酒馆里的民主

对美国而言，酒馆最初是作为重要的政治活动中心存在的。当时的美国，还只是一个新建立的国家，人口稀少，广袤的土地上，零散分布着村镇。对美国各地的居民而言，能促进他们彼此联系的就是作为社交中心存在的教堂和酒馆。这也使得当时的教堂和酒馆十分热闹，很多活动都围绕这两个中心进行，政治活动也不例外。以美国的马里兰为例，17世纪时，这里的大多数酒馆十分靠近各级法院和行政机构，

还有些法院和行政机构干脆就把酒馆当作“大本营”。对于当代人而言，这一点肯定是出乎意料的，毕竟把政治这么严肃的东西置于酒馆这么随意的场所，反差确实有些大。但在马里兰，在酒馆举办各种政治活动极为常见。当时档案记载，各种殖民地会议、行政会议、法院审判、陪审团会议等，都在酒馆召开。同时，1675 年、1676 年马里兰省议会的一法案显示，这两个年度该地区行政开销的 50%、55% 都用于酒馆开支。之所以选择酒馆作为政治活动的中心，固然与其本身充当社交中心的属性有关，更为重要的是，即便是政治活动，人们也不能只谈事不吃喝，而酒馆在提供各种酒类之外，还可以提供食宿。①

对美国的政客而言，喝酒也是赢得选票最为经济的方式。18 世纪中期，美国的国父华盛顿总统在选举时，也毫不例外地运用了酒馆这一重要的政治场所。为了赢得弗吉尼亚议会的一个席位，华盛顿总统邀请当地所有有投票权的自由白人来到酒馆畅饮，酒水钱共花费 37 英镑 7 先令。② 为什么饮酒可以帮助赢取选票呢？因为让被投票人喝酒在当时的美国社会被认为是民主的一种体现。选举的人们来到这里，没有社会阶层的界限，无论是达官贵族还是穷困潦倒的贫民，

① J.KOBLER, *Ardent Spirit: The Rise and Fall of Prohibition*, New York: Da Capo Press, 1973, p.44.

② J.KOBLER, *Ardent Spirit: The Rise and Fall of Prohibition*, New York: Da Capo Press, 1973, p.44.

都可以在这里平等地交流思想、行使自己的投票权，这对普通人来说，大概是他们一生中难得的平等体验。当然，在这种氛围中，酒馆也成为孕育美国民主和独立意识的摇篮，它无形中强化了殖民地人民之间的情感联结，使他们更加团结。总而言之，酒馆作为象征平等和民主的聚集地，在当时的凝聚力和影响力不容小觑。

二、啤酒馆里的演说

对于酒馆的政治意义，德国和国际工人运动理论家，第二国际的领导人考茨基曾这样说：“他们这些潦倒的人，没有沙龙可以去，又不能邀请朋友去家里，如果他们要谈论一件事情，除了酒馆哪还有合适的地方呢？”这里的“他们”指的是德国的纳粹党，“纳粹党”是“民族的”和“社会主义的”两个词的德文缩写，是20世纪上半叶的一个德国政党。这个政党的头目就是发动了第二次世界大战的希特勒，对世界很多国家的人民来说，希特勒是“魔鬼”，是“世界公敌”，但对德国而言，希特勒可能曾是“救世主”一样的存在。为什么这么说？美国智库曾评价了希特勒之于德国的意义，最后得出结论，如果没有希特勒，德国很可能沦为二流，甚至三流国家。这绝非夸大希勒特对德国的功绩，事实上，第一次世界大战之后，严厉的制裁，海外殖民地的丢

失，巨额的赔款，使德国陷入空前困境，德国经济如一团乱麻。内忧外患的德国，让民众苦不堪言，对魏玛政府失望的他们迫切需要一个“救世主”带领他们走出这种水深火热的困境，这时希特勒出现了。希特勒一出现就像启明星一样点亮了德国黑暗的天空，在当时怨声载道的社会环境中，希特勒抓住了人民的心理，高亢地说出了人民想要的，以一种更大更强的声音覆盖了怨声载道，让人民相信自己和德国的未来还有希望。

这就不得不提到希特勒最为卓越的才能——演说天赋，人类历史上有很多杰出的军事家和政治家都是出色的演说家，他们的演说立意明确，目的性强，且能切中民众心里所想和国家发展之要害，所以他们的演讲往往具有巨大的穿透力、感染力与诱惑力，极易让民众疯狂，希特勒就是这样一位杰出的政治家、演说家。希特勒政治生涯的转折点就发生在一家啤酒馆里。1919 年，希特勒接到一项任务，去调查自称是“德国工人党”的小政治团体。希特勒的加入改变了整个党派的命运，经过他的改造，这个政治团体改名为“国家社会主义德国工人党”，即后来的纳粹党。纳粹党最常聚会的地点就是啤酒馆，因为这里嘈杂的声音，是他们谈论政事并进行密谋的最好掩护。对于希特勒这样的煽动大师而言，啤酒馆是最佳的演说地点之一，那里有啤酒、微醺的人们、思想偏激的狂热分子，是最容易制造出大动静的地方。所以，1923 年 11 月 8 日，当巴伐利亚邦长官卡尔在慕尼黑著名的皇家啤酒馆开始讲话 20 分钟之后，提前得知这一消息的希特勒带着他早已准备好的冲锋队像“包饺子”一样将这里团团围住。走进啤酒馆之后的希特勒丝毫不给对手喘息之机，他当机立断大声宣布“全国革命已经开始了”，并利用一贯的虚张声势恐吓在场的所有人，告诉他们巴伐利亚和德国政府已经被推翻，迅速控制局面的希特勒眼看就要迎来自己政治生涯最经典的一次胜利。然而一着不慎满盘皆输，就在这决定性的时刻，自以为稳操胜券的希特勒为了处理另一个争端，将局势交给了他带来的将军，这个将军却放走了巴伐利亚三巨头。最后，这场轰轰烈烈甚至看起来不费吹灰之力就要成功的政变失败了，希特勒也付出了被捕入狱的代价。虽然这场政变可以说是希特勒政治生涯中的一个污点，但这次失败也给了希特勒不一样的启发，纳粹党下决心以搅乱国内局势来代替发动政变，最终使人民要求由国家社会主义者统治，很显然，他成功了，希特勒后来成为德国的元首。希特勒掌权之后，每年都会举办集会庆祝啤酒馆政变，而啤酒馆也成为希特勒常去的演讲地之一，以致他的敌人曾在啤酒馆安装定时炸弹意图炸死他。也许是希特勒福大命大，突如其来的大雨使他改变了行程，并逃过了此劫。而这样的暗杀并没有改变希特勒到啤酒馆演讲的习惯，即便是在战

事紧急的时刻，他也保持着这一习惯，希特勒与啤酒馆之间的政治渊源确实非同寻常。

三、幕后的操纵者

在北大西洋地区的很多国家，喧闹的酒馆更像是人们躲避政府当局窥视的避难所，但是在俄罗斯，酒馆被认为是国家的耳目或者国家的机器，酒馆、酒精和专制政权就像是一根绳上的蚂蚱，国家借由酒馆和酒精巩固专制政权，统治臣民。这一说法从何说起呢？或许从伏特加的诞生说起更为合适。杰出的历史学家威廉·波赫列布金在谈到伏特加酒的起源时表示“如果伏特加酒在这个时期内并不存在，那么人们就必须得发明它，不是出于对新饮料的需要，而是作为间接的理想媒介的需要”。他的观点与人们惯常思维里对酒精饮料的诞生认知不同，他认为伏特加的诞生是政府税收的需要。在蒸馏酒之前，发酵的啤酒或蜂蜜酒是俄罗斯人的主要饮料，但这些饮料酒存在一个让人头疼的问题，即会腐败变质，而用蒸馏法制取的伏特加酒永远不会出现这一问题。对 16 世纪正在开展农业革命的恩罗来说，新增加的大量谷物有了更佳的去处。用蒸馏法将谷物制成价格高但运输低廉的伏特加酒，既可以消耗堆积成山的谷物，又可以换来大量的税收，对年轻的俄罗斯而言，这无疑是个绝佳的好消息。为了充分挖掘伏特加巨大的税收潜力，俄罗斯的统治者确实花了些心思。当时，俄罗斯的最高统治者是伊凡雷帝，在对喀山汗国实施围攻屠城时发现了当地政府在酒馆经营方面的独到之处，回到自己的国土之后，伊凡雷帝“照葫芦画瓢”建立起了酒馆国家专营体系。也正是这一决策，使俄罗斯所有酒类贸易的利润都归国家所有，在接下来的一个世纪，俄罗斯凭借着伏特加酒的超额利润建立起了自己的国家力量。为了避免个别商人明修栈道暗度陈仓，政府暗中做了不少工作，包括取缔非法的蒸馏室和酒馆，出台法律禁止人们在政府酒馆以外的地方购买和售卖伏特加等，违反法律规定的人们将会被施以鞭刑、火烤或吊刑。在如此严苛的法律面前，很少有人敢以身试法。所以，到 17 世纪 30 年代，俄国辽阔的土地上分布着 1000 多家酒馆，它们全由政府经营，这些酒馆为俄国带来的是难以想象的财富。既然要靠酒馆获取巨额税收，禁酒、限制喝酒在俄罗斯民间是不存在的，这也就使得俄罗斯人喝起酒来肆无忌惮，毫无节制。

有人说，苏联时期，伏特加不仅仅是一种酒精饮品，更是与资本主义政治斗争的工具。当时的俄国，酒馆充当着当权阶级与社会大众沟通的桥梁和国家的赚钱工具双重角色。酒馆的老板被俄国人民称为酒保或者“吻誓人”，因为他们是沙皇的忠诚拥趸，将为沙皇服务当作至高无上的荣耀。为

了让沙皇的国库更充裕，他们竭尽所能地将酒卖给农民。任何一个农民，只要迈进了酒馆，就不可能不花钱走出去，哪怕是用身上的物品抵酒钱或者是赊账，酒馆老板也一定要挖空心思让农民买酒喝。

第四节

文化艺术的另一片土壤

早期的酒馆除了提供饮酒、住宿等服务外，还有一项重要的功能——娱乐，这使得很多酒馆成为当地人流连忘返的场所，人们在这里可以欣赏到小丑、马术和击剑等各种各样的娱乐表演活动。人们的娱乐需求也刺激了更多娱乐形式的出现，包括民间艺术、文学、世俗戏剧等在内的文化艺术形式，受到了人们的热烈追捧。数量众多的酒馆加速了不同文化艺术形式的传播，促进了文化艺术的繁荣。与此同时，酒馆还是众多文学作品描述的重要场景，酒馆的存在，丰富了世界文学的叙事空间，为世界艺术殿堂贡献了精彩的人物群像。

一、戏剧界的人才库

很多剧作家、文学家、艺术家的创作离不开酒馆。他们

把酒馆当作获得灵感的场所，所以自然而然地成为酒馆的常客。在欧洲文艺复兴时期最伟大的作家莎士比亚的作品里，酒馆如影随形。他将故事的很多场景安排在野猪头酒馆里，从经常光顾这个酒馆的嗜酒之徒、酒馆女仆、男主人等之间的复杂而又微妙的关系中，莎士比亚向读者揭示了当时社会下层女性在家庭生活和社会结构中所扮演的角色，探讨了当时社会广泛存在的私生子问题、上层阶级的腐化堕落问题。艺术创作的源泉是生活，莎士比亚是酒馆的常客，他对酒馆里形形色色的人群的深入观察使他形成了独特的文学景观，以另一种方式记录了酒馆在文学诞生中的作用。

酒馆对英国16、17世纪近代早期世俗戏剧的产生也有不可磨灭的重要影响，称其是戏剧界的人才库一点也不为过。当时的英国，即便是伦敦这样的大城市，也面临着卫生条件差、瘟疫频发等各种社会问题。为了避免影响社会稳定，伦敦政府阻挠和禁止与世俗戏剧相关的活动，这无形中压缩了世俗戏剧的成长和发展空间。对世俗戏剧而言，大众的支持才是其存在和发展的命脉，而酒馆作为广大平民的重要社交场所，渐渐地成为世俗戏剧的理想演出场所。酒馆经营者可以为剧团演员提供演戏的空地或庭院，甚至为他们搭建简易的小型舞台，并为他们提供落脚之处，免去了他们舟车劳顿的麻烦和辛苦，使得剧作家和演员们有更多时间钻研戏剧。与此同时，随着商品经济时代的到来，酒精饮料的价格日益低廉，在伦敦的酒馆里，只需要几个便士就可以得到一杯淡啤酒。对城市贫民和农民来说，这简直是天大的福音，他们终于也可以昂首挺胸地走进酒馆享受热闹自由的氛围。当然，不同身份的人有不同的观剧选择，有钱人进了酒馆可以租间客房看戏，其他人则可以围在酒馆搭建的简易舞台周围看剧。人们乐意在这里进行各种消遣活动，打发时光，酒馆老板也十分乐意支持各种戏剧表演活动，因为这些活动会为酒馆带来比平时多几倍的酒和食物销量，加上剧团支付的场地租赁费，酒馆老板所能得到的收入相当可观。一些有敏锐商业头脑的剧团经纪人看到了酒馆的赢利能力，他们也开设酒馆，将更多的戏剧表演活动推向酒馆。与此同时，酒馆的老板们也捕捉到了商机，为了获取更大的利润，他们乐此不疲地为剧团联系演出，有些酒馆老板也以入股的方式参与剧团的经营。酒馆老板的参与使得戏剧的商业味道愈发浓厚，戏剧世俗化步伐加快，最终形成了世俗戏剧这一专门的艺术形式。在英国，世俗戏剧的火爆使得有才华的剧作家变得抢手，这些剧作家队伍中既有专业的剧作家，还有热爱世俗喜剧的大学生和律师，16 世纪后期出现的“大学才子派”剧作家就是这样一个由学校的大学生和法学协会里的律师组成的队伍。这些年轻的、受过高等教育的剧作家们，凭着对戏剧的一腔热忱和梦想，以及酒馆提供的廉价租金，待在伦敦进行剧作创作，创作出了不少优秀的剧目，为那一时期英国世俗戏剧的繁荣做出了杰出的贡献，他们创作的作品也成为文

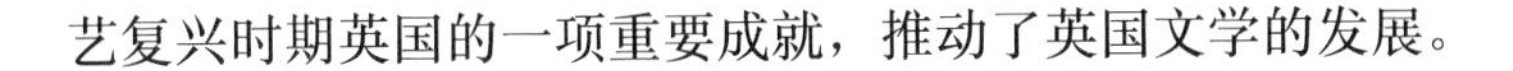
艺复兴时期英国的一项重要成就，推动了英国文学的发展。

二、诗词小说在这里酝酿升华

在中国文学史上，酒肆架通了诗人与诗歌之间的空间联系。中国唐代，酒肆日益繁盛。加上庶族地位的提升，进酒肆饮酒消费的群体日益扩大。上至达官显贵，下至普通市民甚至乞讨者，还有诗人、商贾等，都成为酒肆的常客。庞大的消费群体使得酒肆成为重要的传播交流渠道，在酒肆提供的交际空间中，文人的诗歌创作空前繁荣。很多文人都与酒肆有着密切关系，他们在酒肆饮酒作诗，使得诗歌传播与欣赏活动日盛。同时，酒肆作为歌舞表演的重要场所，为诗人提供了认识交往的媒介，很多诗人都喜欢在酒肆饮酒聚会。李白就时常流连于酒肆，《太平广记》记载他“于任城县构酒楼，日与同志荒宴”①。对于李白这样的羁旅士子而言，将交际场所置于酒肆，确实很恰当。杜甫用诗句“何时一樽酒，重与细论文”表达了对在酒肆中与李白饮酒论诗往事的怀念之情。这些诗人们在酒肆论诗，既排遣了孤独寂寞，又切磋了诗艺，诗艺水平也在不知不觉中得以精进提升。

① 李昉等编：《太平广记》，中华书局1961年版，第512页。

除了喜欢在酒肆以诗歌会友，中国古代诗人的诗歌中也有诸多描写酒肆的诗句。李白《金陵酒肆留别》中“风吹柳花满店香，吴姬压酒唤客尝”，元稹《西凉伎》中“楼下当垆称卓女，楼头伴客名莫愁”，诸如此类，都是描写酒肆中酒伎的名篇。可见，酒肆、酒伎这些特殊的场合及特殊场合里出现的人物给了这些诗人极大的创作灵感，成为他们诗歌创作的重要素材。对诗人来说，丝竹管弦、轻歌曼舞，既能调适他们拘谨郁闷的心境，又能洗涤他们躁动的心灵，在感官愉悦的同时，更能激发他们的创作灵感。当然，酒肆中的胡姬还是胡汉文化交流的渠道，通过这些胡姬，可以接触到异域风情，让诗人在潜移默化中受到胡文化的熏染，从而丰富唐诗的表达，催发唐诗向着更加多样化的风格发展，唐诗的刚健气质和开放风貌的形成与此不无关系。总之，无论是空间，还是心态，诗人都与酒肆建立起了一种默契的联系。在这种和谐的空间氛围中，诗歌艺术悄然发展并不断变化。

到了宋代，酒、音乐与词构成了宋人生活的重要组成部分。宋代的商品经济极为繁荣，为酒肆的兴盛创造了得天独厚的条件。在宋代的酒肆中，歌姬的音乐表演是酒肆经营不可分割的一部分，一些高档一点的酒肆，歌姬技艺高超，表演形式丰富多样。有些酒肆的演出一年四季每日连续不断，风雨寒暑都阻挡不了看客们到酒肆日日笙歌的雅兴，音乐表演也成为宋代市井繁荣的缩影。在这种背景下，宋代上至宫

廷贵族，下至平民百姓，无不喜爱音乐。最初，他们对音乐的要求可能不那么高，只是借以娱乐打发无聊的时光，但之后，随着喜爱程度的加深，他们对音乐文化的要求也水涨船高。需求刺激供给，为了吸引更多的观众，各个酒肆也是使尽浑身解数，有些酒肆还通过乐人对垒的形式吸引观众眼球，酒肆间艺人的比拼意味空前浓烈。为了创作出大众喜爱的乐曲，满足他们日益增长的文化需求，乐人不断精进技艺，听众与乐人之间形成了一种极佳的良性循环关系。有些乐人为了让自己的乐曲更与众不同，会邀请词人为音乐填词，词迅速发展和繁荣起来。酒肆的繁荣，促进了音乐的繁荣，音乐文化的繁荣又促进了词的发展和繁荣，二者相互联动，相互成就。

酒肆还为中国古代小说提供了重要的叙事空间。酒有一种天然的神力，它可以让平时话少的人肆无忌惮、口吐真言，可以让人乱了心智、失了方寸。正因如此，许许多多的故事都在这里发酵、升华，成为中国文学史中许多经典作品的缩影。比如中国的四大名著之一《水浒传》中，有很多关于酒肆的描写。小说中的酒肆既有奢华繁荣的都市酒楼，比如翠云楼，也有简陋的村野酒肆。都市酒楼往往坐落在城市最繁华的地方，这些酒楼规模宏大，内部装饰豪华，其规格相当于现代的星级酒店。乡野酒肆远离城区，规模与都市酒楼自不可相提并论，且常位于山坳之中。《水浒传》里的酒肆与英雄脾气秉性是相通的：它为不同的人提供了相遇的场所，武松与张青、孙二娘的初次相遇就发生在酒肆之中。《水浒传》第三十九回描述的浔阳楼酒店中宋江酒后在酒馆的白粉壁上写下的《西江月》将自己对官场的黑暗痛斥、自身非凡的抱负，倾泻而出。可见，酒肆畅饮让一向愚忠的宋江也有了造反的心思。在这里，酒肆被赋予了改变人生命运的特别意义。当英雄豪杰身陷危难之时，酒肆又成为英雄的守护地，解珍、解宝兄弟就是在顾大嫂所开酒肆的掩护下被救出。如果没有酒肆，《水浒传》里的许多经典场景和情节可能就失去了可以依托的载体。所以，可以说，酒肆的存在，赋予了古代小说更丰富的叙事空间。

尤其值得注意的是，自隋唐时期开始，中国和亚欧各国政治往来、文化交流增多，长安一些大都市一时胡风炽盛，出现了一些胡人开设的酒馆，这些酒馆成为中外互鉴的窗口，胡风胡韵对当时的社会产生了不小的影响，妇女竞相化胡妆、学胡乐胡音，而亚欧国家也受到了中国诗歌文化、饮食文化等的影响。因此，从某种程度上可以说，酒与酒馆为中外文化交流、为新鲜的外国文明的引入起到了积极的促进作用。

第五节

媲美互联网的信息共享中心

说起当代的信息传播方式，互联网绝对是绕不开的存在。互联网的诞生给人类世界带来了空前的改变，在信息传播领域尤其如此。互联网出现之后，人与人之间的联系变得愈发简单，即便身处地球的两端，人们也可以轻而易举地进行信息的传播，而且可以使用图片、文字、视频、音频等多种信息传播手段。那么在距离现在久远的古代，在还没有报纸、广播、电视等大众媒介的年代，人们又是怎么传播信息的呢？也许你能想到很多，比如“三百里快马加急”，“飞鸽传书”，击鼓传递信息，还有用烟火传递信息。《荷马史诗》中特洛伊战争结束后战胜的消息也是通过烟火传递的，周幽王烽火戏诸侯也是利用烟火传递信息。据说，直到近代，印第安人还在使用烟火传信这种传统的方式。当然，快马或烟火等信息传播方式通常应用于军事领域，在社会大众的日常生活中，人们要进行信息传递，还是要靠人际交往，这就需要社会为大众提供人际交往的场所。那个时期，遍地开花的小酒馆不仅为人们提供饮酒服务和娱乐消遣的场所，还是重要的社会活动中心，也常常充当着信息传播中心的角色。

一、跨阶层的信息传播圈

酒馆是什么地方？是社会上三教九流的聚集地。只要有钱，无论是达官贵族，还是下层平民，都可以到酒馆消费，这也就使得酒馆的消费人员极为庞杂。当这些来源庞杂的人聚集在一起，信息的传播方式便发生了极大改变。原本，人们只在自己的社交圈子里传播信息。在相当长的历史时期内，人们之间是存在社交的阶层壁垒的，下层社会的人很难进入上层社会人们的社交圈，自然也无法与他们共享信息。比如16世纪的法国，在宫廷或巴黎的名人家庭，经常会举办沙龙，男人女人们在这里齐聚一堂，共享信息，构筑自己的人脉关系。到了中世纪，随着文艺复兴运动的兴起，个人知识和才华成了社交圈的“敲门砖”。正是由于如此，人们之间很难进行跨阶层的信息传播。但酒馆没有这样那样的门槛限制，只要人们愿意花钱，就可以进入酒馆，接触不同阶层的人。如此一来，人们踏出了原来的社交圈，进入了另一个更为广阔的信息传播圈。这意味着，人们将突破信息传播的阶层局限，跨阶层进行信息的共享与交流。于是，

各式各样的人趁着喝酒歇脚的工夫聚集在一起，上到天文，下到地理，大到国家政事，小到家庭琐事，无所不聊。风流韵事、政党秘闻、民间凶杀惨案……各种信息铺天盖地而来，这些信息在酒馆汇集，又以酒馆为中心向四面八方传播。在这种情形下，酒馆自然而然地成为人们交流传播信息的绝佳场所。从这个意义上说，酒馆确实可以和互联网相媲美。

早期英属北美殖民地马里兰的酒店就是该地重要的消息传播中心，因为酒店上通下达，上与殖民地当局关系密切，下又是各阶层人士和来往行人的聚集地，频繁的人员流动和人际交往使得各种新闻、小道消息都在这里汇聚，形成信息中心。殖民地当局把酒店当作了解移民活动的平台，而与世隔绝的早期移民把酒店当作他们了解外部世界的窗口。总之，人们将酒店作为信息中心，从这里获取自己想要的各种信息。

二、最危险又最安全的情报据点

世界上有很多情报机构。在世界情报史上屡创传奇的摩萨德，拥有超强的情报搜集能力，以大胆、激进、诡秘著称于世。美国的中央情报局，拥有连国会都不能过问的超高自主权力，在诸多美国大片中可以看到中情局的身影。俄罗斯的克格勃被英国的情报机关称为“世界上空前最大的搜集秘密情报的间谍机构”。英国的军情六处在极度机密的情况下工作，拥有不受政府领导的权力。这四大情报机构被称为世界四大间谍组织，纵观这些情报机构，最大的共同点在于具有高度的隐秘性，一般人很难发现它们的存在。然而，这些情报机构大都是在20世纪之后才建立的，但情报活动却并不是从20世纪开始的。公元前480年，波斯帝国入侵希腊之时，雅典人的情报行动就发挥了至关重要的作用。而被称为世界上最早的兵法著作、成书于2500多年前的《孙子兵法》和成书于公元前4世纪左右的印度的《政事论》都曾强调情报在战争与和平中的重要作用。这表明世界上很早就已经有了情报活动。那么在没有专业的情报机构的时候，人们如何传递情报呢？酒馆被认为是可靠的情报中心。以常规思维来看，酒馆这种地方熙熙攘攘，人来人往，是最容易暴露身份的地方，但在科技不发达的时候，利用人们的思维差，往往能让最危险的地方变成最安全的地方。

在中国古代，酒肆是重要的情报站。《水浒传》对此有描写，书中第十一回写到的朱贵酒肆，就是梁山好汉们搜集和传播情报的重要中心。这个酒肆位置靠近梁山，便于上传下达。当初，林冲上山时，朱贵就打开水亭上的窗子，取出一张鹊画弓，搭上一支响箭，向着对面芦苇丛射过去。此举

可以给山寨传递信息，山寨接到信息后就会派船过来。第四十四回中，吴用对其功能进行了详细描述："专一探听吉凶事情，往来义士上山。如若朝廷调遣官兵捕盗，可以报知如何进兵，好做准备。"可见，酒肆日常负责打探吉凶和朝廷信息，同时，负责护送英雄好汉到梁山。在梁山事业风生水起之后，又增设了几处具有搜集情报和传递信息功能的酒肆："目今山寨事业大了，非同旧日，可再设三处酒馆……西山地面广阔，可令童威、童猛弟兄两个带领十数个火伴那里开店。令李立带十数个火家，去山南边那里开店。令石勇也带十来个伴当，去北山那里开店。仍复都要设立水亭、号箭、接应船只，但有缓急军情，飞捷报来。"由此可见，早在古代，人们就已经认识到了酒馆在搜集情报和传播信息方面的独特优势，所以，他们利用酒馆"明修栈道，暗度陈仓"，遮人耳目，使酒馆肩负起了信息中心的重要使命。

正是因为酒馆曾发挥过情报中心的作用，有些国家至今还在利用这一最容易暴露又最隐蔽的据点传递情报。在欧洲，一些帮派和政客就仍将酒馆作为交换情报的据点，在这里打探各种信息。2020 年，英国《经济学人》周刊 5 月 30 日发表了一期报道，题为《揭秘一个以啤酒为幌子的欧洲间谍俱乐部》。该报道称 1979 年，来自丹麦、瑞典、德国和荷兰的四名特工曾在慕尼黑郊外的一家酒吧秘密碰头，他们以啤酒为幌子，将啤酒馆当作信息情报中心，此后几年，这些人一直在这里进行信息的拦截、破解工作。最危险的地方往往就是最安全的地方，酒馆人声鼎沸，人员混杂，看似最容易泄露信息，但是却又为秘密的信息传播工作提供了最好的掩护。这也就难怪在信息传播技术已经有了突飞猛进发展的时代，还有人会选择将酒馆作为情报中心。

第六节

酒馆的“一体两面”

酒馆可以为人们提供展览、观剧、比赛等各种活动，无聊、无所事事的人们有了消遣解闷的去处，需要灵感、需要搜集信息的人也在这里聚集。酒馆为人们打开了一扇新的大门，进入这扇大门，人们各取所需。在欧洲、美洲，酒馆的一体两面表现得淋漓尽致，它既可以发挥类似于地方行政中心、司法机构等公共服务机构的作用，又被视为万恶之源，被斥为滋生罪恶的温床。

一、比肩公共服务机构

16、17世纪的英国，各种社会问题丛生，流浪人员多就是其中最突出的问题之一。数量庞大的流动人员加剧了社会的不稳定，也让为他们提供食物和救济的地方政府压力陡增，苦不堪言。但数量众多的啤酒馆的存在却在这方面发挥了意想不到的作用，很多啤酒馆都会收留顾客住宿，一些规模较大的啤酒馆，甚至会提供可以容纳几个人的床位。记录显示，16 世纪早期，很多新移民会去光顾位于埃塞克斯西蒂尔伯里的一家啤酒馆，这里不但为他们提供住宿，还为他们办理通行文件，[①] 有了通行证，他们就可以免受政府的惩罚。除了为新移民提供庇护，啤酒馆也为当地的流浪者提供住宿，直到他们找到合适的工作。有些啤酒馆还为贫困人员提供就业机会，帮助他们度过危机。更令人惊讶的是，啤酒馆还是调节个人纠纷的场所，其作用类似于现在的法院和民间调解机构。当时，就有人选择到啤酒馆调节家庭纠纷，他们会选定双方都接受的调解人，然后由调解人在啤酒馆主持双方调解纠纷，并签订和解协议。

古代社会，人们有了信息传递的需求，但那时并没有为人们提供传递信息服务的机构。早期的邮驿，是古代国家建立的专门用来传递官方文书、为来往官员提供食宿的机构，普通人要想通信并不容易。中世纪，曾经出现过专门从事邮驿服务的私营邮递组织。17 世纪后，英、法等国设立了专门的邮政，面向官方和普通民众提供通信服务。18 世纪，为国家和公众提供邮递的服务开始在欧洲一些商业比较发达的城市出现，比如英国的伦敦、法国的巴黎等。而在早期邮政

---

① Peter Clark, *The English Alehouse: A Social History 1200-1830*, Longman Publishing Group, 1983, p. 136.

服务缺位、不发达的时候，有些替代角色也起到了相同的作用，譬如酒馆。英属北美殖民地马里兰早期没有正式的邮政服务，但这里的酒馆却扮演了类似于邮局的角色。当地的居民将邮件留在酒馆，由酒馆老板交给商船，让他们带走，商船带回的邮件也会放到酒馆，由邮件主人来领取。在17世纪末马里兰建立邮政系统之前，这里的酒馆一直充当着邮局的角色，为当地人们提供邮件的传递和接收服务。除此之外，酒馆还为当地人们提供医疗救济服务，发挥了类似于医院的功能，早期马里兰法院记录中证明了这一点。当时，有不少店主指控病人拒绝支付他们在酒馆期间的医疗花销和其他开支的案件。[①] 酒馆代替医院发挥作用与当时马里兰社会现实有关，刚刚建立的马里兰殖民地并没有像样的医院和社会救济机构，仅靠当地的种植园主和当地居民，很难满足患病且处于困境中的人们的需求。所以，殖民地当局也要求酒馆承担照顾病人的责任。此后的很长一段时期内，酒馆在美国社会都承担着某种社会救济的责任。

工业革命后，工业化大机器生产时代到来，工人数量激增。美国的许多城市，聚集了来自乡村的本土美国人和移民工人。工业化生产有严格的纪律。这对于适应了前工业社会工作与娱乐不分的工作习俗的工人而言，压力倍增。严格的

① William Browne (ed.), *Archives of Maryland, Vo 1. 60*, Maryland Historical Society, 1883, p. 248, pp. 547–549, pp. 635–636.

管理制度让他们身心俱疲，他们渴望有一个可以放松身心的舒适场所，但这个场所并不是家。因为那时候的美国工人，居住条件很差，常常是一家几口居住在一个狭小的公寓里。这种情况在美国的各个城市都十分普遍，在布法罗“不大的两层小楼住着6家居民”[①]，在纽约，有些地方房客所占空间为“人均4.28立方英尺，远远低于6立方英尺的最低法定标准”[②]。在如此逼仄的空间内，劳累了一天的工人很难得到充分的休息，也毫无隐私空间可言。恶劣的居住条件使得家庭丧失了其传统的会客、娱乐功能，工人们转而到社会上寻求可以替代这一空间并承担相应功能的场所。工业化后如雨后春笋般兴起的酒馆就是这样的地方，那里宽敞明亮，气氛随意自由，特别契合工人们的娱乐放松需求，工人们在工厂里积累了一天的疲倦与压抑心理终于有了可以肆无忌惮宣泄的场所。他们只需要花上几分钱，就可以天马行空、高谈阔论。当时，酒馆数量很多，对经营者而言，要想吸引更多的顾客，势必要采取一些非常的营销策略。很多酒馆的经营商盯上了工人这一稳定的消费群体，有些酒馆老板投其所好，打出了只要花费5美分买酒就可以享受免费午餐的招牌。这一营销策略正中工人下怀，工作了一天的工人，饥肠辘辘，酒馆提供的品种齐全的菜肴，对他们而言既美味又经济划

① Handlin, Oscar, *The Uprooted: The Epic Story of the Great Migrations that Made the American People*, University of Pennsylvania Press, 2002, p. 134.

② ［美］欧文·豪：《父辈的世界：东欧犹太人移居美国以及他们发现与创造生活的历程》，王海良等译，生活·读书·新知三联书店1995年版，第85页。

算。虽然当时的美国社会，工人们也可以从慈善机构领取食物，但从心理上而言，这种具有施舍性质的餐食难免会让人心理不适。相比较而言，只需要花费很少的工资份额就可以享用的食物和啤酒，让他们更为放松，消费起来也没压力。所以，酒馆在无意中承担起了慈善机构的部分社会功能，[①]满足了人们的需求。

能收留流浪人员，能帮扶新移民，能给贫困的人提供就业机会，能帮有矛盾的人进行调解，还能承担社会慈善机构的某些功能，酒馆在当时社会发挥作用的领域之广简直让人咂舌，这大概是酒馆历史进程中最特别、最有良心和最富正义的篇章了。

二、鸡鸣狗盗藏污纳垢之所

唯物辩证法认为，任何事情都有两面性，酒馆的娱乐、文化、信息媒介等诸多功能，使它在促进社会稳定、经济、文化等发展方面发挥了独特的作用。但不能据此就说，酒馆对人类社会只有利没有弊，毕竟酒馆是喝酒的场所，小酌怡情，酗酒则会引发许多社会问题。

---

① 刘丽华:《酒馆文化与美国男性工人的业余生活（1870—1920）》,《辽宁大学学报（哲学社会科学版）》2005年第03期。

当越来越多的工人选择在酒馆消磨时光，他们必然会减少在家庭里的时间。这就导致酒馆与家庭之间的对立，有很多家庭因为酗酒问题产生矛盾，家庭暴力、夫妻不和、亲子关系恶劣等相互交织，最终导致家庭走向毁灭。此外，尽管有很多酒馆面向下层人民提供便宜的酒精饮料，但对于本就贫困、囊中羞涩的工人而言，如果他们将辛苦劳动所得的工资都花费在喝酒这项娱乐活动上，他们只会变得更加贫困，这显然无益于家庭条件的改善。酒馆还与宗教道德、社会秩序冲突。基督教倡导铲除世间的一切丑恶，而酒馆却滋生了家庭暴力、性病蔓延等各种问题，成为藏污纳垢之所。譬如有些政客为了换取选票，请选民喝酒，这些顾客为了喝酒可以全然不顾政客到底有什么政治观点，他们只关心谁能给他们带来最大实惠，为他们提供更多的酒。如此一来，所谓的酒馆里的民主就变得荒谬至极。而一些酒馆老板为了赚取更多的利润，无所不用其极，比如随意延长营业时间，这种行为简直是在鼓励和暗示人们可以夜夜宿醉；在酒馆举行艳舞表演，让妓女进入酒馆，诱惑顾客进行更多消费；允许顾客在酒馆进行赌博活动；故意放小偷进入，默许各种鸡鸣狗盗之事。酒馆的种种没有下限的举动，使得酒馆自诞生以后树立的良好形象毁之殆尽，整个社会对酒馆的态度也有了巨大的变化，各种抨击、贬斥的声音铺天盖地而来。美国第二任总统亚当斯就不无愤慨地痛斥，“看到大批游手好闲的人、小偷、酒鬼和需要马上就医的肺病患者在这些龌龊之地鬼混

时，我陷入了深深的悲伤之中不能自拔，胸中的怒火难以遏制，想立刻与烈酒、酒馆、酒类零售商决一死战”。

过去，酒馆曾发挥了社交中心、娱乐中心、信息中心的作用，甚至承担起了很多公共机构应当承担的职能，可以说在很长一段时间内，酒馆在维持社会稳定、缓解激烈的社会矛盾方面是发挥了不可替代的积极作用的。但后来，酒馆的角色显然悄然发生了变化，酒馆成了社会问题的“制造者”，以至于有人发出了酒馆老板控制城市政府的声音。这种声音看似极端，却揭露了当时的社会现实。酒馆老板通过种种手段吸引社会各阶级，尤其是劳工阶级到酒馆消费。而这些劳工掌握着城市的投票权和选举权，但他们却整天沉浸于酒精之中，酒精使他们思维混乱、陷入非理智的狂躁状态，各种寻衅滋事频发，社会阶级冲突明显增加。一时间，酒与酒馆成为社会罪恶的代名词，以取缔酒馆为主要目标的禁酒运动由此揭开了序幕。[①]

美国、英国等都曾发起过禁酒运动，但这些国家的禁酒运动却存在本质区别，结果也不同。英国饮酒文化自中世纪开始盛行，酒是英国人民生活中不可或缺的必需品，1276 年亨利三世颁布的《面包与啤酒法案》中，啤酒就是仅次于面

① 刘丽华：《酒馆文化与美国男性工人的业余生活（1870—1920）》，《辽宁大学学报》2005 年第 3 期。

包的生活必需品。也正是因为啤酒享有如此高的地位，饮酒之风颇盛，英国社会逐渐形成了较为严重的酗酒问题，酗酒引发的社会动乱自然引起了英国政府的重视，为了缓解工人的酗酒问题，英国政府开始颁布一系列禁酒令。但禁酒令实施后的效果却远未达到预期。英国是率先开始工业革命的国家，工业化大生产使得英国社会工人数量猛增，每日繁重的体力劳动让工人苦不堪言，酒精成为他们消除疲惫与忧愁的首选之物，长期酗酒直接或间接地引起了各种社会问题，很多工业区都成为犯罪行为的高发地带。1830—1838 年，英国政府对小酒馆的管理日益严苛，伦敦每年都会有约 700 家小酒馆因非法售卖酒精问题遭受审查，但这种管制措施所起到的作用微乎其微。早期英国的禁酒运动主要由温和派主导，他们的宗旨是不倡导彻底禁酒，只是说服工人群体不要酗酒，比如建议用餐的时候不要饮酒，早期禁酒运动得到了民众的支持和积极参与，但英国社会的酗酒问题并未得到解决。从 19 世纪 40 年代开始，英国工人自发组织彻底禁酒运动团体，他们在工人中成立“不饮酒协会”，希望从工人自身入手，摒弃饮酒恶习，这种希望通过抓住主要矛盾、重点击破的做法，成效也不明显。到了 19 世纪中期，英国禁酒运动再次掀起新的波澜，全国开始组织禁酒团体，并从法律高度为禁酒运动提供支持。1872 年，英国《售酒法案》颁布，这一法案严格限制售酒场所，但遭到工人群体的抗议。其后，英国的禁酒组织意识到，仅靠禁酒并不足以约束工人的酗酒行为，他

们找到了其他“曲线救国”的办法，比如为工人修建娱乐设施，让工人在闲余时间可以选择除饮酒之外的其他更为文明的休闲方式。伴随这种办法而至的是大量图书馆、公园等休闲娱乐场所及旨在引领新的工人文化的工人俱乐部。与此同时，英国政府还允许俱乐部进行酒水销售，但要求工人有节制饮酒。虽然英国的禁酒运动成效也不显著，但其采取的种种有利于社会稳定的措施，对社会改革影响深远，也起到了让工人将更多精力放在各种文明活动中的作用。从这个意义上来说，英国的禁酒运动不能说是失败的，因为其禁酒的初衷只是为了减少酗酒问题，而不是为了彻底让人们不饮酒。

而在美国，禁酒运动则是另一番景象。最仇恨酒的是新教教徒，但这群新教教徒在禁酒运动中也采取了一些疯狂的做法。1873 年，由新教教徒组成的美国禁酒组织冲上街头，他们先是跑到各大药店，禁止销售一切含酒精的产物，包括医用酒精，不听他们命令的就会遭遇打砸。为了配合禁酒运动，美国还出台了宪法第十八修正案，并于 1919 年 1 月 16 日获得国会批准，该修正案规定：“禁止在合众国及其管辖的所有领土内酿造、出售和运送作为饮料的致醉酒类；禁止此等酒类输入或输出合众国及其管辖的所有领土。”“明里”是大张旗鼓地要求禁酒，但“暗里”人们的做法却大相径庭。在禁酒法案生效前，许多人争分夺秒地抢着往家里运酒，禁酒和络绎不绝的运酒车形成了颇具讽刺性的画面。与此同时，在禁酒令颁布之后，美国社会开始陆续出现各种反对禁酒令的活动，私酒贩子出现，非法的酒类贸易迅速崛起，虽然政府对此采取严惩的办法，但仍然屡禁不止。在强大的反禁酒势力面前，美国宪法第十八修正案被迫废止，成为美国宪法史上一大丑闻。

美国禁酒运动的失败是必然的，因为酒精饮料作为一种有一定药用价值，在人类文明进程中曾发挥过重要作用的饮品，其本身是好的，是不会导致犯罪的，是有些人“酗酒”，才引发了一些极端社会问题。禁酒令明显混淆了“酒”与“酗酒”的差别，应当禁止的是酗酒，应当惩罚的是犯罪行为，而非酒。就像有人开车出了交通事故，造成了人员伤亡，我们要打击的绝不应当是车辆本身，而是肇事者。此外，人类在漫长的历史发展中与酒保持着密切的关系，人类对酒有着天然的热爱和感情，硬要将其活生生地从人类的精神世界和现实生活中剥离，显然是违背人类的意愿的，也必然会导致强烈的反弹。历史上，任何违背人民大众自身意愿的改革都不可能成功，禁酒运动自不例外。酒作为一种饮品，反映了人类社会发展中的某种特殊需求，这种需求不仅是物质上的，更是精神上的。人类要禁的从来不是酒，社会不稳定的根源也并非酒。因此，酒馆的“反派”角色只是人类历史上某一时期酒馆经营过程中的一个“小插曲”，并不足以磨灭酒馆对社会发展的总体贡献。

第七节

酒馆文化的升级换代——酒吧

人们对一个城市基础配套设施的惯常思维是一定要有餐馆、医院、学校等的存在，而如果仔细观察，人们也许会惊讶地发现，原来，酒吧也几乎是每个城市的标配。甚至，在一些繁华的城市，酒吧的数量要远超餐馆、医院。无论是现在的酒吧，还是早期的酒馆，都是提供各种酒精饮料的消费场所，它们都属于酒精历史的一部分，从出现的时间先后而言，客栈、酒肆、酒楼等都属于酒吧的前世，对于其前世我们已经有了基本的了解，那么它的今生又是什么样的？又有着什么样的辉煌和风情？

一、酒吧的出现

酒吧，在英文中写为“bar”，原意是长条的木头或像栅栏之类的东西。木栅栏与酒吧之间又有着什么样的渊源呢？旅店、客栈、酒馆、酒楼等都是不同时期酒吧的前身，在工业革命之前，人们出行不像如今这般各类交通工具齐全，随时可以开私家车出门。那时候的人们，出行要靠骑马或乘坐马车。据说，在美国西部，牛仔们闲来无事最喜欢策马奔腾到附近的小酒馆喝酒聊天，为了方便他们拴马，酒馆老板就在馆子前面设置一根横木，而这根“拴马的木梁”也成了酒馆的象征。后来，工业革命爆发之后，汽车取代了马车，按理说这样的木梁已经失去了其存在的意义。但一些颇有怀旧情怀的酒馆老板依然不愿意拆除这根横木，有些将其拆下来放到柜台下面。这一无心之举却受到了顾客们的喜欢，他们将其作为垫脚的地方。顾客喜欢的就是商家追求的，很多酒馆纷纷效仿此举，在柜台下放横木一时蔚然成风。由于横木在英文里念“bar”，人们索性将酒馆翻译成“酒吧”。所以，酒吧并不是工业革命之后的新事物，其只不过是酒馆这一售卖酒精饮料的场所在某一时期称呼改变之下的新的代名词，它与酒馆依然是一脉相承的。当然，不可否认的是，经历过两次工业革命，酒馆文化也进入了新的发展阶段，即以酒吧为代表的新型娱乐文化。

在说酒吧之前，不妨先来了解一下“吧”。这是一个非常典型的音译外来词，由英语的“bar”的读音直接翻译过来，这个词大约是在 19 世纪初从西方引进的。在英语里“bar”起初的意思是横木，后来渐渐有了售酒的柜台的义项，被引进中国之后，采用汉化方式，以音译和意译相结合的方

法，将其翻译为酒吧。由此可知，酒吧是一种场所，是一种与酒有关的在室内休闲娱乐的地方。2003年出版的《新华词典》将“吧”解释为“吧，英语音译词，具备特定功能或设施的休闲场所”，2002年出版的《现代汉语词典》将“酒吧”解释为“西餐馆或西式旅馆中卖酒的地方”。虽然中国早在几千年前就有了酒吧的各种雏形，但对“酒吧”一词的使用要晚许多，大约是在19世纪初。彼时的中国，处于封建社会晚期，清王朝飘摇动荡。但当时的中国，已经是拥有4亿人口的大国，这个数字超过了整个欧洲的人口，很多外国人都垂涎中国这个巨大的消费市场。随着在华外国人数量的增多，出现了各种外资店铺。上海的第一家欧式酒吧，就是欧美人19世纪初在黄浦江畔开设的。这家酒吧主要的服务对象是在华的外国人，此后，“酒吧”一词诞生并被缓慢地使用。直到20世纪80年代，中国改革开放之后，随着在华外国人数量的增多，中国的各大城市开始出现风情各异的酒吧。所以，某种程度上，“酒吧”一词的诞生是中西文化交融的结果。

二、神秘的空间

现在，酒吧已经成为人们日常生活中极为平常的一部分，但对于很多人而言，位于城市不同角落的酒吧，依然是一处神秘的空间。这种神秘固然与酒这种液体让人如痴如醉的天然属性有关，也与酒吧的个性化设计有很大关系。作为现代人的娱乐中心，几乎所有的酒吧都十分注重自身设计。在英国，酒吧是各个城市的标志性建筑物。这里有各种类型的旧木桌椅，裸露的管道，充满岁月之感的花纹瓷砖，还有各种夸张的装饰，传统的、现代的、工业革命风等各种元素交织，共同打造了一个足以让消费者眼花缭乱、目不暇接的神秘空间。在马来西亚，用象征皇室色调的蓝色及蓝绿色进行装饰，是很多追求奢华范儿的酒吧的选择，营造出华丽宫廷的既视感，让置身其中的人有在皇宫喝酒一样的体验感。而在中国，各种后现代风格、时尚混搭风格、后工业时代风格……多种不同风格的酒吧鳞次栉比，它们矗立在城市的中心或并不引人注目的角落，以独有的方式，吸引人们前往。

吧台可以被称为酒吧的灵魂所在。不论去到世界哪个国家，沿着酒吧的大门进去，一定会看到吧台，虽然它们形态不一，但几乎无一例外地矗立于酒吧的核心位置。有人甚至宣称酒吧文化是建立在吧台上的，吧台之于酒吧何以如此重要，无从考究。就其本质来说，吧台只是酒吧调酒师的工作台，来酒吧饮酒的人会习惯性地坐在吧台边等待。有一种说法颇有意思，这种说法认为吧台文化起源于英国伦敦的一间酒吧，一位在酒吧饮酒的年轻男孩一时兴起在酒吧的木板上写了一段话：有缘还会在这里相见（Decree by destiny will meet here）。男孩的无心之举，却造就了颇具情怀的吧台文

化。人们将酒吧的吧台视为一种缘分的象征，赋予它“思念”“等待”“忧伤”等丰富的含义。正是这种神秘的文化内涵，唤起了人们心中的某些情愫，无数有故事或想要制造一段故事的人来到这里，排遣内心的孤独、烦闷、痛苦，抑或寻找自己的缘分。还有一种观点认为吧台的出现是酒吧追赶时尚潮流的产物。19 世纪 20 年代以后，大都市逐渐进入商业发展的繁荣时期，以零售革命为起点，大都市掀起了全新的消费生活，商店成为新的时尚空间和人们日常消费生活的重要组成部分。在全新的购物时尚面前，许多小酒馆简陋的经营模式显得格格不入，为了尽快融入大都市的时尚潮流，成为潮流先锋的一分子，酒馆经营者们开始想方设法寻找新的灵感和路径。琳琅满目的商业柜台吸引了酒馆经营者们的目光，他们尝试将这种设计引入酒吧的公共空间，吧台设计由此成为酒馆的新潮流。这种尝试显然是成功的，惹眼的吧台，加上炫目的灯光设计，与各种玻璃器皿交相辉映，成为酒吧的一道美丽景观。渐渐地，吧台成为酒馆的标志性场景，西方很多酒吧在开业时都会有意无意地宣称自己拥有一个多么与众不同的吧台，有些酒馆还会无比自豪地宣称自己拥有本地、本市甚至本国最大、最奢华的吧台。酒馆对酒吧的刻意渲染，加之吧台特别的氛围总是能勾起人们心中的某些回忆、情愫，它渐渐成为前往酒吧的人们最常就座的地方，成为酒吧的热闹中心。人们将一边静静地等待一场可能的偶遇，一边看调酒师调酒，当成一种别样的享受，仿佛坐在吧台的那一刻，周围的时空已静止，只剩下酒液这种既无形又有形的媒介，将自己与世界连接起来。目前，比较流行的酒吧吧台主要有四种形式——直线形吧台、“U”形吧台、环形吧台及中空的方形吧台，每个酒吧都会根据自己的规模情况和整体设计风格选择相应的吧台类型。

三、新型的娱乐文化

酒馆与酒吧是不同时期售酒场所的代名词，而这种称呼更迭的背后，隐藏了社会经济、文化的变迁。当代的酒吧与早期的酒馆在功能、经营方式等许多方面都不可同日而语，当代酒吧代表了一种新型的娱乐文化和休闲文化。在英国，无论是一千多年前还是现在，人们对酒吧的喜爱一如从前，但也有一些事情在悄然发生着改变。比如，酒吧功能的嬗变，随着社会公共机构的完善、科技的进步，酒吧所具备的一些传统功能已经被更加专业的细分机构所取代。如果人们想要交流分享信息，只需要通过一部智能手机或一台电脑就可以实现，这比酒吧的信息传播更加便捷、隐蔽。当然，虽然酒吧失去了一些早期存在于它身上的功能，但它的休闲娱乐功能却一直延续到现在。如今，酒吧依然是人们休闲娱乐的主要场所之一，英国人最常去、最爱去的地方依然是酒吧。只不过，现在的他们可以在酒吧进行更多的娱乐活动。

比如观看足球赛，在酒吧里观看球赛是英国球迷的最爱，遇到联赛决赛、世界杯、欧洲杯这样的日子，更是如此。即便酒吧已经人满为患，英国人也更愿意在摩肩接踵的酒吧里与熟悉的、陌生的人共享球赛的激情，那种火热的气氛成为英国酒吧文化的重要活力要素。

而在中国，仅仅是 20 世纪 90 年代至今，酒吧文化已经经历了不小的改变。中国真正意义上的本土当代酒吧大概是在 20 世纪改革开放之后才出现的。最初，酒吧里聚集的都是诗人、艺术家、大学生、商人等群体，普通人很少到酒吧消费。90 年代初，酒吧文化代表了一种个体休闲文化，与阶级斗争时期倡导大众公共文化不同，这一时期酒吧营造出了一种特别的小空间文化，为个体提供体验个性自由的空间，这一空间孕育出了一种与政治、教化、谋生等无关的极为松弛、休闲，带有享乐性质的个体文化。[①] 某种意义上，它揭开了中国文化由倡导公共性、功利性向追求个体性、休闲性转变的新篇章。进入 21 世纪之后，中国的酒吧文化再次发生蜕变，市场经济的深入发展，使得商业文化以迅雷不及掩耳之势侵入各个领域，酒吧的经营者们不再追求酒吧文化的个体性，转而将消费性置于首位，即吸引更多消费者，因为那意味着更多的利润，纯粹的商人代替过去有品位的文化商人

① 王晓华：《从个体休闲到大众消费——中国酒吧文化的走向》，《中国青年研究》1998 年第 4 期。

大规模入驻酒吧投资市场，成为酒吧的新主人。新的经营者们促使酒吧文化再次发生转向，过去那种强调个体自由和休闲享受的纯粹品格被大众消费文化所取代，酒吧成为一个多元的群众性娱乐场所。

小结

由此可见，不同时期，不同国家，人们对于售酒场所的称呼是不同的。但这些售酒场所在功能上却存在许多相通之处，正是这相通之处，使酒馆具备了某种属性，透过它，我们可以了解人类在不同历史阶段的经济、文化发展概况。因此，我们可以说，无论是早期的酒馆，还是现在的酒吧，都是社会来回移动的一面镜子，通过这面镜子，可以看到不同领域、不同阶层、不同身份的人们上演的形形色色的现实主义剧目，也看到了不同时期社会发展的基本面貌。

从公认的传播文明与信息、提供各种公共服务的公共场所，到令人深恶痛绝的社会罪恶的滋生地，再到崭新的被寄予了情怀的新型娱乐场所，酒吧角色转换的背后隐藏了不同时期酒馆在社会生活中的作用，反映了人们对酒馆态度的变化。

那些汹涌的裹挟着政治潮流的运动，灵感一触即发的创

作者的激情，肆意挥洒的普通人的情愁……如此种种，交织在一起，共同奏响了酒馆在人类历史舞台上的交响曲。如果没有酒，就没有酒馆；没有酒馆，人类缺少的绝不仅仅是一个可以互通信息、休闲娱乐、运筹帷幄的公共领域，而更像是缺少了一种在某一时期发挥过精神支柱般作用的重要媒介。无怪乎英国有学者提出，酒馆在早期社会的公共影响力，要远超过社区组织、教堂、慈善团体等加起来的总和。

第五章

不妨先做个“知道分子”

——“酒话”

自从人类发现了酒精，并将其为己所用，就有了人类和酒精漫长的爱恨交织的历史。人类爱酒，这是毋庸置疑的，几千年连绵不断的饮酒史就是最好的证据；人类也恨酒，因为饮酒过度会让人失去控制、惹是生非，因酗酒引发社会问题导致的禁酒足以证明酒对人类社会的危害。但是人类社会需要酒精也是不争的事实，人类的很多生产活动都离不开酒精，酒精已经成为当代人们生活不可剥离的一部分。既然如此，我们不如尽可能先做个“知道分子”，全面了解与酒精相关的社会现象、文化现象，以及科学文化知识等。虽然我们依然远无法达到知识分子的程度，但至少我们可以学会与酒精更加友好地相处。

第一节

酒味：酒好不好喝可能是个伪命题

人类是自然界的翘楚，超凡的进化能力使人类立于生物链的绝对顶端。在人类漫长的进化史中，对食物的尝试与选择所起的作用不容小觑。若不是人类敢于尝试，敢于发挥自己的想象力，今天的世界可能是另一番景象。人类与酒精的缘分就始于对饮料酒的一“尝”钟情，如果不是这一“尝”，酒精被人类发现并应用的历史可能会迟到很多年。那么，人类爱喝酒，是因为酒好喝吗？爱喝酒的人和不爱喝酒的人判断酒好喝与否的标准是否反映了酒真正的味道？酒的味道究竟是一种什么味道呢？

早期人类对酒的体验是单薄的。这种体验上的单薄受多重因素影响：一方面，那时候的人类尚未形成系统的语言，他们不可能用贴切的语言传达出相应的关于酒味的讯息；另一方面，早期人类看起来像是名副其实的“吃货”，因为他们似乎什么都敢吃，大到骆驼大象，小到各种昆虫，天上飞

的，地上走的，没有他们不敢下嘴的。鸿蒙初开的人类，就是以这样一种对吃的大无畏的追求，不断丰富着自己的食谱，使自己在残酷的自然竞争中存活了下来。但人类什么都敢吃，并不代表人类什么都喜欢吃。关于人类早期食物的研究发现，人类最早的美食体验来源于甜食，比如蜂蜜，蜂蜜中含有丰富的果糖和葡萄糖，是人类最喜欢的高能量食品。在迄今发现的关于古文明的记录中，几乎都有蜂蜜的影子，古罗马神话中，有阿里斯泰俄斯教会人类驯化蜜蜂的记载，西班牙发现了距今约 1 万年的描绘女性从蜂巢采集蜂蜜的壁画。可以说，蜂蜜是早期人类最向往的食物之一。那时候的人类，已经可以从甜味里得到愉悦和满足。但如果据此认为，早期人类已经和当代人一样，可以清楚辨别某种食物味道的好坏，就大错特错了，因为我们和早期人类对于味道好坏这件事的见解存在很大差别，比如原始人可以吃蜥蜴、幼虫、腐烂的野兽的尸体，这在当代人看来是难以想象的。早期人类的感觉、味觉系统与当代人是不同的，当他们偶然尝到了野外自然发酵而成的酒液，他们最有可能感觉到的就是酒液里的甜味，毕竟人类最早饮用的酒可能是果酒。而现在，人类已经有了较为完善的感官系统和完善的语言表达体系，他们可以尽可能地描述出不同食物的味道，包括酒味。这些关于不同饮料酒的味道的描述，以及自身的品尝体验，是我们了解酒味的重要来源。

一、酒味“真相”

酒味是什么？要回答这一问题，可能需要先了解构成酒味的物质到底有哪些，这实在是一个太过专业也太过复杂的问题。我们只能选择以小见大的方式，选取某些小的切入点来谈谈酒味的构成。人类祖先从猿进化为人的过程中，味觉和嗅觉的作用功不可没。这两种看似没什么特别的身体感觉机能，使人产生了极为不同的感觉。要么感到愉快，主动获取所需物质；要么感到不适，尽快远离有害物质。而正是味觉和嗅觉带来的愉悦感驱使人类学会了主动烹饪食物、酿制酒精饮料。因此，人类在面对某种食物或饮品时，会习惯性地先闻一闻它的气味，然后品尝味道，这是人类的本能。酒精饮料闻起来、喝起来是什么感觉呢？

酒精饮料闻起来普遍带有香味，试想，假如当初人类祖先最先接触到的自然为之的天然酒闻起来又臭又刺鼻，大概就没有后续人类与酒缠绵不断的故事了。人类对香味的追求似乎是与生俱来的。这不是危言耸听，也并非夸大其词，无论是遥远的古代，还是当下，人们对香味的追求贯穿于生活的方方面面。比如现在的热门烹饪食物，会用葱姜蒜来提升菜的香味，人们所吃的冰激凌、面包等各种食物中也都不乏香料的影子。当然，人们对香味的追求绝不仅止于口腹之欲，人们还喜欢使用各种香水、香料，种植各种带有独特香

味的植物。喜欢香味并非现代人的专利，远古时期的人们也对各种香气香味情有独钟。只不过东西方对香味的追求有差异，东方人喜香偏淡雅，西方人则偏浓郁。在原始社会，东西方都把香料作为祭祀神灵的珍贵礼物。那时候的人们会通过多种方式实现自己对香气、香味的追求，比如，古罗马人会在室内种植一些香草植物，让室内充满花香，中国古代的一些士大夫们也喜欢种植花草。用香气装饰自己也为古代人们所喜欢，比如马其顿的亚历山大大帝喜欢在全身抹香，并用香料浸泡自己的长衫，中国战国时期的楚国政治家兼诗人屈原，也喜欢“纫秋兰以为佩”。在东西方贸易中，香料也占据着重要地位，搭起东西方交流桥梁的丝绸之路上，香料就是重要的通行货物。这些都足以说明，人类对香气香味的追求是与生俱来的。

酒也有香气、香味。喝酒前，看一眼酒的颜色，开启瓶盖之后，闻一闻酒的香味，是爱好饮酒之人的惯常做法。但很少有人关注酒的香味是如何产生的，它的香气成分有哪些。事实上，酒的香气成分来源是极为复杂的，不同的酒类，香气成分也各有差别。世界上有六大蒸馏酒，它们品质各异，酒味也不同。就香味而言，可以将构成这六大蒸馏酒的香气成分分为几类：醇类、酸类、酯类、醛类、酮类、内酯类、含硫类化合物和含氮类化合物。每种蒸馏酒中这些化合物所占比例不同，加上这些化合物本身就具有各异的气味，所以六大蒸馏酒各有不同的香味。中国白酒按香型又可分为浓香、清香、酱香等不同种类，不同香型的白酒中风味物质的构成也各有差异。像洋河大曲这样的浓香型白酒，主要风味成分是由酯类化合物贡献的；清香型白酒中风味的贡献仍以酯类化合物为主，乙酸乙酯含量最高，乳酸乙酯含量次之，乙酸乙酯与乳酸乙酯的比例关系对其风格特征影响较大，丁二酸二乙酯也是形成清香型白酒风味的重要成分，赋予其特殊的香气风格。[①] 酱香型白酒香味浓郁、口感甘洌，让人回味无穷，如茅台和郎酒；清香型白酒香气清醇、味道绵柔，如山西汾酒；浓香型白酒香气扑鼻、酒香浓烈，如洋河大曲、泸州老窖；米香型白酒口味甘甜，如三花酒。其他蒸馏酒也各有各的香味和口感，白兰地中有 34 种主要的呈香物质，每种物质赋予白兰地的香气都不同，比如双乙酰赋予了白兰地黄油香气，橙花叔醇使得白兰地产生了干草香气。总体而言，白兰地有果香、橡木香，口感细腻丰满。威士忌香味主要来源是吡嗪、吡啶类杂环化合物，酒体丰满醇和、带有泥炭烟熏大麦芽所特有的优雅香味。朗姆酒的香气来源中脂肪酸乙酯贡献最大，有浓郁的酒香和蜜糖香，且香味醇和圆润，并带有甘蔗的特有香气。[②] 金酒风味主要受萜烯类化合物的影响，酒体中带有杜松子特有的芳香、干爽柔

---

① 李大和：《白酒酿造与技术创新》，中国轻工业出版社 2020 年版，第 348 页。

② 郑福平等：《世界 6 大蒸馏酒香气成分研究概况与前景展望》，《食品科学技术学报》2017 年第 35 期。

和[1]。伏特加的香气最为纯净，与其他蒸馏酒相比，它的各种香气都很淡，没有特别的香味物质，所以口感柔和干爽、无异味。

葡萄酒的香气成分，目前已经发现的已经超过500种，这些香气成分的来源包括动物香气、花香香气、果香香气、熏烤香气、香脂香气、化学香气等。葡萄酒拥有如此复杂的香气成分，的确出人意料，大多数葡萄酒爱好者很难精准地识别这种类繁多的香气，而那些能捕捉到更多香气的饮酒者，基本上都属于资深葡萄酒爱好者。葡萄酒之所以会存在如此多的香气，与葡萄品种、产区、年份、发酵方法、贮藏容器等密切相关。葡萄品种不同，葡萄酒的香气也会有差异，即便是同一品种，在不同的产区，不同年份，其香气也会不同，而同一个地方、同一酒庄、同一种葡萄酿造出的葡萄酒随着贮藏时间的推移，香气可能也会有差别。葡萄酒的香味是有层次的，根据葡萄酒香气来源将其香气成分分为三大类：第一类，来源于葡萄浆果的香气成分，葡萄品种不同，所产生的香气也不同。这种果香的构成很复杂，如洋槐、丁香花等的花香，胡椒、茴香等的香料香，汽油、煤油等的矿物质香，以及青草、薄荷等的植物香。第二类，来源于发酵过程的香气成分，这种成分也被称为果香。在发酵过程中采用的菌种与发酵工艺都会影响酒香。如酵母、松糕、

① 余乾伟：《传统白酒酿造技术》，中国轻工业出版社2014年版，第61—212页。

饼干、甜点等的乳香，牛奶、焦糖、酸奶等的乳香，以及香蕉、指甲油等的醇香。第三类，来源于陈酿的香气成分，被称为醇香，是葡萄酒在漫长的陈酿过程中在多种物质的参与下经过多种复杂的化学反应而形成的，诸如新鲜土壤、干花的花香，胡桃、杏仁、李子干等的水果香，蜂蜜、蛋糕等的糖果香，橡木、松木香草等的木香与香脂香，桂皮、甘草等的香料香，肉汁、皮革等的动物香，烟草、烤面包等的焦油香，松露、蘑菇等的植物香，清漆、溶剂等的化学香。仅是浏览这些描述葡萄酒香气的词，已经让人目不暇接，要鉴别这些香气的差别，确实是一项非专业人士难以企及的工作。

葡萄酒还有酸味，酸味是葡萄酒的支架，酸味适中的葡萄酒，才会有清新爽口的口感。不同葡萄酒的酸味存在差别，有些产区的葡萄酒酸味要稍微突出一些，比如法国波尔多产区的葡萄酒就要酸一些，因为这里的气候温和，葡萄成熟需要更长的时间，含糖量较低，酿制出的葡萄酒酸味突出。用不同容器陈酿的葡萄酒酸度也会有差别，通常来说，用橡木桶陈酿的葡萄酒酸味不明显，未经橡木桶陈酿的葡萄酒酸味则要明显一些。葡萄酒的酸味构成包括苹果酸、乳酸、柠檬酸、酒石酸、醋酸，这些酸给人的味觉刺激及对身体机能的影响是不同的。比如苹果酸，这种几乎包含在所有水果里的酸，能让人感觉到强烈的、带有苹果香味的酸，有

些葡萄酒尖酸难饮，往往是由于苹果酸太多。但它对人体十分友好，可以提高人体免疫力。乳酸相较于苹果酸，要“温顺”许多，它更具温柔细腻的特质，会在口齿间形成一种奶油的味道。柠檬酸和酒石酸的酸度都不明显，酒石酸更多地存在于葡萄酒中。醋酸对于葡萄酒而言，不是一种好的酸，因为它会吞噬葡萄酒的醇类物质，影响葡萄酒的口感，严重时甚至可以改变葡萄酒的性质，使葡萄酒丧失其他味道，只剩酸味。就口感而言，葡萄酒有一种微涩的味道，这种味道是单宁酸作用的产物，单宁酸含量适中，葡萄酒的涩味就不会太突出，相反，如果单宁酸含量过高，涩味过高，就会极大影响葡萄酒的口感。此外，葡萄酒喝起来都有一股果味，神奇的是，这种果味并不一定是葡萄味，有的葡萄酒还会让人联想起苹果、西瓜、荔枝等水果的味道。

影视剧中经常有这样的镜头：葡萄酒品酒大师们只需一看、二嗅、三品，就可以说出葡萄品种、产区、年限等信息。葡萄酒品酒师们真如这般神通广大吗？也不尽然。据说，2001 年，波多尔第一大学的研究者对 54 名酿酒学的学生进行了测试，这个专业的学生将来基本上都是要成为酒评家的。在品尝了酒之后他们无一例外地描述了自己所品尝到的葡萄种类，以及酒中的鞣酸。但贻笑大方的是，他们所品尝到的是被研究者偷偷动了手脚的葡萄酒，并不是真正的红葡萄酒，所评非此物，此举伤害性不大，侮辱性极强。无独有偶，加州理工学院也做过类似的测试，研究者们偷梁换柱，用高价酒瓶装入价格低廉的葡萄酒，结果尝酒人纷纷称赞廉价葡萄酒的味道。这些有趣的案例，并非要否定葡萄酒品酒师的专业技能，只是说明对葡萄酒的品鉴并不是一件简单的事，需要极其专业的知识储备和技能训练。

啤酒的酒味构成主要来源于麦芽、啤酒花、酵母三大配料，它们是决定啤酒香气和风味的关键。作为啤酒酿造的主要原料，麦芽有基础麦芽和特种麦芽之分，不同的麦芽香气不同，会产生不同的颜色和味道。总体而言，麦芽的香气种类可以概括为五大类，分别为麦芽味、烟熏味、焦糖味、水果味、烤焦味。啤酒花是啤酒香气的主要来源，啤酒花中自带的香气和风味，赋予了啤酒复杂的香味。啤酒花中的香气主要有薄荷味、茶叶味、绿色水果味、柑橘类水果味、青草味、蔬菜味、焦糖布丁味、木香味、辛辣味、草药味、莓果味、甜水果味、花香味。不同的啤酒花中，各类香味物质所占的比例也不同，最终形成的香气也就有了差异。对啤酒香气做出了卓越贡献的还有酯类化合物，它是酵母自然发酵中产生的。如由双乙酰、乙偶姻、丁二醇等组成的双乙酰味，由正丙醇、苯乙醇、异丁醇、戊醇类等组合而成的高级醇味等，啤酒中若含有较高的高级醇，就会产生腻厚感。还有双乙酰、乙偶姻、乙醛、硫化氢、硫醇等组成的生青味，这种生青味过浓时，会让人产生恶心的感觉。口感也是构成啤酒酒味的重要因素，口感是啤酒与口腔、牙齿、

牙龈等的接触感觉，发酵过程中产生的蛋白质降解产物的含量及麦汁浓度、发酵度和残余浸出物都会影响啤酒的口感。人们在描述啤酒的口感时常用的描述语包括“酒体醇厚”“口味纯正”“酒味很浓”“酒体饱满”。啤酒的口味指的是酒液入口时产生的直观的味觉感受，如苦味、酸味、新鲜度等，正常情况下，啤酒都有一定的苦味，这是因为酒花中含有酮类物质。但此苦与我们通常意义上所理解的苦有很大差别，啤酒的苦味是有量度方法的，包括口感苦味单位（Organoleptic Bitterness Units，简称 OBU）、分析苦味单位（Analytical BU），用苦味物质含量表示的苦味值，以 mg/L 计。要理解这些看起来就让人头疼的苦味单位着实不易，但要了解啤酒苦味的产生又绕不开这些苦味单位。这些苦味单位中，口感苦味单位与啤酒中苦味物质的含量是正相关的，分析苦味单位是按照 EBC 分析方法，使用分光光度法在波长 275nm 测出消光值后乘以一个系数得出的苦味单位，中国啤酒行业多使用此方法来衡量啤酒的苦味度。而口感苦味单位是与消费者所能感受到的苦味感觉关系最密切的，啤酒酿造工艺中会设定一个标准值，即将 1mg/L 的异葎草酮（俗称异α-酸）的苦味设定为 1 个口感 BU 值（简化为 BU），这样，1mg/L 的二氢异葎草酮的苦味相当于 0.7BU，1mg/L 的四氢异葎草酮的苦味为 1.6BU，1mg/L 的六氢异葎草酮苦味为 1.1BU。这些专业解释确实晦涩难懂。概而言之，所有的啤酒都有一定程度的苦味，因为它可以起到对啤酒口感的缓冲与补偿作用，这种苦味大体上是良好的苦味，是清爽、细致、柔和的，而且会很快消失于唇齿间，不会有明显的后苦。

二、酒味感知

我们已经对葡萄酒、啤酒、蒸馏酒这三大饮料酒的酒味进行了整体性概括，但显而易见，这些对酒味的描述，并不足以让不爱喝酒的人明确酒到底好不好喝，而对爱喝酒的人而言，他们也一定想不到原来自己平常喝的酒就酒味而言有这么多的学问。因为这些对于不同酒类酒味的精确分析，是他们在日常喝酒时很难从感官上获得的。那么人们在喝酒时的直观感受到底是什么呢？

中国白酒是蒸馏中的一个异类，打开瓶盖，几乎都有扑鼻而来的香气，如果单从香气联想其味道，一定会觉得味道极佳。但想象与现实的差距，往往在酒液入口的那一刻就立见分晓了，白酒喝到嘴里往往是先辣后苦，然后还夹杂着涩。虽然白酒的后味中也有一点甜和鲜，但能喝出来的人并不多，能品出白酒劲、爽、醇、柔等口感的更是少之又少，只有少数会喝白酒的人或白酒品鉴师才能尝出这些丰富的口感。那么在爱喝白酒的人心目中，什么样的白酒最好喝呢？应当是辣、苦、酸、甜、涩、鲜多味兼备但又诸味协调的白酒。比如，白酒必须具有辣味元素，但白酒的辣与辣椒的辣

是截然不同的，白酒中让人产生辣感的是醛类物质，辣椒的辣感则源于一种被称为辣椒素（反式-8-甲基-N-香草基-6-壬烯酰胺）的生物碱。辣椒会让人产生灼烧的痛感，白酒的辣不同，白酒过辣会让人产生不适感，让人望而却步。但白酒和辣椒的辣追求是相通的，那就是对辣的分寸感、层次感的追求。四川、重庆的辣椒，与其他地区的相比有明显优势，辣中有香有鲜，辣得畅快，辣得入魂，辣得入骨。白酒的辣，过辣或干辣都会让人产生不适感，只有辣得恰到好处，才能既刚好对口腔和神经产生一定的刺激感，又让人产生愉悦的感觉。也就是说，辣、苦、酸、甜、涩、鲜这些元素，白酒都要有，但每一味的比例都不能出头，要恰到好处。有些人认为白酒的辣度与度数成正比，度数高的酒会更辣，这实际上是一种误解。不同类型的白酒之所以产生的辣感不同，是因为香味物质不同，对口腔的刺激程度有差别。

啤酒种类繁多，不同啤酒口感各异。比如大麦啤酒，入口之后较之小麦啤酒会有明显的苦感，小麦啤酒入口后则可以感觉到麦芽的香味、苦味较淡。有些啤酒还带有淡淡的咖啡味、焦糖味，有些啤酒带有花香。但总体而言，啤酒喝下去的感觉都是爽口的，带有些许苦感，当然，苦感通常都在人们所能接受的范围内。不同产区、不同品牌的葡萄酒，酒味差异明显，普遍而言，价格较低的葡萄酒，酒的味道层次更单一，比如偏甜、偏酸、偏涩；价格昂贵的葡萄酒，味道层次更丰富，酸、甜、涩等诸味的协调度更高，口感更佳。

三、伪命题

为什么说酒好不好喝是个伪命题？其一，构成酒味的元素是复杂的，然而普通人喝酒所能直观体验到的感觉是有限的，很少有人在喝酒时能透过酒液精确地将酒味的构成元素说个清清楚楚、明明白白，即便是厉害的品酒大师，恐怕也只能拣重点而论之。更何况，人们喝酒不是为了弄清某种学问，只是为了满足自己的饮用需求而已。所以，很少有人能真正客观地说出不同类型的酒在酒味上的差别。其二，酒好不好喝是一个仁者见仁智者见智的问题。有些人认为酒好喝，但他们对这种好喝的评价并不是基于口感上的，而是基于精神或心理层面的，所以听者根本无法从其观点判断酒是否真的好喝。其三，人的感知不仅仅受感觉器官所能感受到的事物本身的影响，还受大脑中诸如想象、情感、回忆等因素的影响，以及如噪声、音乐、温度等外部环境的影响。这些因素不会单独发挥作用，它们往往交织在一起，共同影响人对事物的判断。因此，人对酒好不好喝的评价，从来都不是“单纯”的。

来自赫瑞瓦特大学的研究者艾德里安·诺斯曾用几首音乐做实验，试图研究人们喝酒时对酒的评价是否受环境影

响。他先是要求受试者对挑选出的歌曲进行分类，最终，这几类歌曲被分为“铿锵有力的”“激情洋溢的”“清新柔美的”。接着，他让所有受试者一边听着音乐，一边品尝“加州赤霞珠”红葡萄酒或者“霞多丽”白葡萄酒，而对照组则在无音乐的情况下品酒。试验结束，那些听着铿锵有力的音乐的人更倾向于将他们喝的酒归为醇厚有力类，听着清新柔美的音乐的人将他们喝的酒归为清爽类，听着激情洋溢的音乐的人将他们所喝的酒归为活泼新鲜类。这一试验说明，人们对酒的感受是受环境影响的，不同的环境，会直接影响他们的品酒感受。这样就不难理解日常生活中一些常见现象了，贫穷年代，有些一穷二白的爱酒者只能去市场上购买散酒来喝，这些散酒品质普遍不高，比如粮食短缺年代中国的红薯干酒，又辣又涩，实在不好喝，但总有些人喝得美滋滋。尤其是与朋友相聚时，他们推杯换盏，喝得十分尽兴，丝毫看不出不好喝的迹象。人逢喜事精神爽，人们遇到喜事总爱喝上一杯酒，此时的一句“好喝”，到底是酒好喝，还是事让人高兴，旁观者自然无从得知了。借酒浇愁愁更愁，有些人遇到点挫折、困难，也爱喝上一杯，几杯下肚，眼泪直流，却言“酒太辣”，究竟是酒辣还是心里难受，恐怕很难说得清了。

由此可见，酒好不好喝其实可能是一个没什么意义的伪命题。如果说我们日常食用某种水果、偏好某种食物是因为它的味道好、口感佳，是为了满足我们的口腹之欲，那么喝酒本身也是为了满足口腹之欲或其他需求，比如社交，抑或解忧都只不过是以酒浇自己之块垒。中国古代有很多名家爱喝酒，并留下了许多与酒有关的千古名句：“对酒当歌，人生几何？”“花间一壶酒，独酌无相亲。”“人生得意须尽欢，莫使金樽空对月。”“葡萄美酒夜光杯，欲饮琵琶马上催。”“一醉能消万古愁。”“酒逢知己千杯少，话不投机半句多。”“醉翁之意不在酒，在乎山水之间也。”……如此种种，不胜枚举。从这些内容传达的意境中也不难看出，古人饮酒，并非因酒好喝而喝之，每个人都有自己的诉求。比如醉翁欧阳修，他爱酒也爱写酒诗，经常一壶酒、一张琴、一卷书，独酌陶醉其中。酒对他而言，是怡然自乐，是远离官场喧嚣的调剂品。对诗仙李白而言，酒是灵感的催化剂，据说李白写诗，越醉写得越好，没有酒，恐怕这位大诗人的诗兴就要深埋于胸中，难以抒发得如此酣畅淋漓了。

当然，喝酒有时也是为了满足人们的某种心理愿景。比如，葡萄酒配烛光牛排，啤酒配炸鸡，真的是因为葡萄酒、啤酒好喝吗？也不尽然。有时候，这些特别的桥段和情节，会让人们在模仿的时候产生身临其境的感觉，仿佛自己也体验了那种别样的浪漫。或者我们可以说，只是此情此景，恰好像闪电惊雷一般，击中了人们的内心，才引起人们竞相模仿。所以，可能并非酒好喝，而是借酒营造的特殊意境恰恰是人们心之所向、神之所往罢了。

第二节

酒效："药"和"毒"的是是非非

酒和药的羁绊自古已有之，前文也已粗略论及这一话题。对比古今人们对酒的认识，有共识也有分歧，最大的共识在于很多人都认为酒不可或缺；最大的分歧在于，现代科学研究认为，酒精有"毒"，长期大量饮酒是很多疾病的元凶，是影响现代人健康的隐形杀手。而古代人们却普遍认为酒与药之间渊源匪浅，认为以酒为药、以酒入药，可以治疗很多疾病。治病救命的"药"与害人匪浅的"毒"，这两种截然不同的认识将酒置于极为尴尬的处境。酒是与人类文明相伴相随的一种不可或缺的物质，是将它置于人类文明的功劳簿上，还是将它作为口诛笔伐的对象，不应当偏听偏信，而应当以更加全面、辩证、客观的态度，以知其一还要知其二三的探究态度博学明辨，这才是对酒、对历史、对人类文明的尊重。

一、酒治百病

喝过酒的人，身体都会有一些直观的感受，尤其是喝蒸馏酒和葡萄酒的时候，一口下肚，身体就会有微微的发热感，有些人还会脸红，即俗话说的“上脸”。这些显而易感、易见的特征，正反映了酒的特性，酒辛温，可鼓荡气血，所以才会让人的身体产生以上所述的反应。正是因为酒的这些特性，在缺医少药的古代，酒被人们当作药用于治疗各种疾病。

（一）美味的药

人吃五谷杂粮，身体有恙在所难免。对待疾病，远古人和现代人的做法不可同日而语。现在，人们无论大病小病，通常会去找专业的医生诊治。但在远古时期，专业的医者甚少，也没有与各种病症相对应的药物。所以，病人通常会另辟蹊径，比如求神。古希腊人要是生了病，会杀鸡宰羊供奉希腊医神阿斯克勒庇俄斯，希望得到神灵庇佑早日康复。商周时期的中国古代先人生了病，则会求助于巫医，这些巫医主要使用巫术营造一种对患者进行安慰的气氛。现在我们已经知道，这种办法更像是精神疗法，其顶多可以起到精神抚慰和心理安慰的作用，对于缓解病情带来的不适有一定效果，但并不能根治病症。那么，在医药不那么发达的时代，病人如何对抗疾病？人们又用什么办法保健身体呢？

现代研究认为，酒中的乙醇能被人体氧化成乙醛，然后氧化成乙酸。这种氧化过程可促使体内血液流动加快，使人脉搏加速，呼吸加快。换言之，如果人们饮用适量的酒，会对身体产生很多微妙的有益作用，比如促进人体肠胃分泌，让积食腹胀者更快地消化，还可以促进人体的血液循环，缓解人体疲劳，提高人体温度，使人感觉身心舒畅。认识源于实践，其实，在人们对酒可以治病的认识产生之前，先人们已经进行了诸多以酒治病的实践。在中国，《黄帝内经·素问》中有言：“自古圣人之作汤液醪糟，以为备耳。”意思是说，古人做酒是为了用来治病。《黄帝内经》中详细记载了酒有祛寒气、通血脉、养脾气、厚肠胃、润皮肤、消毒杀菌等功效。[1]长沙马王堆汉墓出土的《五十二病方》里记载酒可以用来治疗疥癣、疔疮等各种皮肤病。李时珍《本草纲目》有用烧酒浸猪脂、蜜、香油、茶叶末，治“寒痰咳嗽”的记载。

可以说，在相当长的一段时期内，酒可以治病都是世界人民的共识。古埃及提供的相关信息显示，用加入了芫荽、泻根、亚麻和大枣的啤酒可以治疗胃病，葡萄酒可以起到非常好的助消化的作用。希腊草药医生推荐使用在啤酒和药草里浸泡过的栓剂来驱除肠道蠕虫。很多医生不但用酒为病人

① 刘欣：《百药之长——酒与医学》，《中国医学人文》2016年第2期。

治病，还建议病人饮酒。比如马克思和恩格斯所处的时期，德国的医生就建议病人饮酒治疗疾病，尤其是一些身体衰弱者，有的医生会直接在药方上为病人开出不同的酒，让他们当药喝。这种事情要是放到现在，一定会遭到人们的口诛笔伐。但当时的事实是很多人将酒视为一种美味的药，马克思和恩格斯便是其中的典型代表。马克思患黄疸病期间，医生除了提供医学治疗外，还建议马克思每天喝三四杯波尔图酒和半瓶波尔多酒。但马克思很穷，囊中羞涩的他经常向恩格斯求援，而求援的一个重要事项就是酒。

从两人的书信来往可以看出，恩格斯多次给马克思寄酒，马克思也常告诉恩格斯自己喝酒所获得的疗效。1882年，马克思在二女儿劳拉·拉法格的陪同下到瑞士疗养，恩格斯在同年的8月26日致信马克思，信中还不忘向他推荐当地的6种葡萄酒，并认为饮酒“毕竟是能够使你恢复过去精力的唯一办法”。马克思不但品尝了当地的葡萄酒，而且饶有兴致地参观了丰收在望的葡萄园，给恩格斯回信说：“我和劳拉一起爬上了这里的葡萄园高地，以及蒙特勒的更高的葡萄园，一点也没有感到呼吸困难。”可见，马克思和恩格斯对酒的身体保健与疾病治疗之效是十分认同的。酒对于马克思，已经成为一种极为重要的生存资料，这也是为什么有人戏称马克思主义是带着酒香诞生的。

人类发展到现在，很多旧事物都被新事物所取代而消失在历史长河里，也有一些事物一直存在于人们的生活中，比如酒。虽然现在新的酿酒工艺已经在很大程度上取代了传统工艺，但也有一些传统的酿造方法被保留下来，与之一起延续至今的还有人们对酒的认知。现在，在民间，依然有很多人用酒来治疗一些常见病症。比如用高度酒擦拭扭伤的部位或者因受寒疼痛的关节，人们认为这样可以消肿、止疼。比如用酒给中暑或高烧的病人擦拭身体以降温。国外还有用酒治疗感冒的习惯，因为酒可以提高人体温度，引起发汗。而在古代，酒不但能治疗各种普通病症，对于一些危及人类生命的疾病，酒也有意想不到的效果，比如预防和治疗瘟疫。

（二）酒与疫的对抗

自人类繁衍伊始，瘟疫就如影随形。《中国疫病史鉴》记载，西汉以来的两千多年，中国先后发生过300多次规模较大的瘟疫流行，《欧洲中世纪黑死病历史》也记载了欧洲发生了数次瘟疫。在那个时代，瘟疫的暴发对人类是致命的。意大利著名的人文主义作家薄伽丘在《十日谈》中描述了瘟疫将人间变地狱的惨状：“行人在街上走着走着突然倒地而亡；待在家里的人孤独地死去，在尸臭被人闻到前，无人知晓；每天、每小时大批尸体被运到城外；奶牛在城里的大街上乱逛，却见不到人的踪影……”瘟疫夺去了很多人的生命，造成了人口锐减。据统计，公元 6 世纪和 14 世纪世界性瘟疫大流行，全球人口分别锐减 1/5 和 1/3。

这并不意味着人们面对瘟疫只能逆来顺受，人类之所以能在瘟疫中存活下来，与他们发现了防治瘟疫的办法有直接关系。用酒防治瘟疫在古代极为盛行，效果也立竿见影。中国古代有很多医学家奉酒为“药王”，唐代医学家孙思邈便是其中之一。他曾这样评价酒：“一人饮，全家无疫；一家饮，一里无疫。”孙思邈对酒的这种评价源于他的医疗实践。唐朝初年，南方的瘟疫就像梅雨季节的雨，时不时就卷土重来。孙思邈常常奔波于南方各个城市忙于治疫。但让他闹心的是，疫情总是反复，得了瘟疫的人刚痊愈，瘟疫又在未得病的人中流行起来。为了彻底治疗瘟疫，孙思邈潜心钻研，习读古代的各种药典，终于在葛洪的《肘后备急方》中发现了一种可以预防瘟疫的药方 —— 屠苏酒。受到前人启发的孙思邈经过苦心研究之后终于成功配置出药酒，给未得病的人喝，其效果很好，瘟疫很快变得可控。如果放到今天，医师们发明了新药方，一定会先去申请专利，绝不会轻易将炮制方法告诉其他人。孙思邈没有这样做，他没有将药方占为己有，且为了防止别有用心之人用药方做其他不义之事，孙思邈直接将屠苏酒的药物组成及炮制方法张榜公之于众，人人皆可观之、抄之。此后，屠苏酒治瘟疫的药方在江南各地广

为流传，后来还走出国门，传到了日本等国。当然，用酒防治瘟疫不但出现在中国，在世界的其他国家，此法也被广泛使用。中世纪的欧洲，用杜松子酒防治黑死病也被认为是一种有效方法而得到广泛推广。

总体而言，在医药资源极为匮乏的时代，酒的药用价值的被发现及与药物的结合，是人类智慧的体现，极大地挽救了人类的生命。酒之于药的作用可以概括为：其一，酒是药之催化剂，能使药物的内在作用得到更好的发挥。在酒的助力下，药力可以外达于表，上至于颠，尤其是对理气行血类的药物，酒活血通脉的特性可以使其最大程度发挥作用。其二，酒是一种很好的溶媒，很多药物都可以溶入酒中，可以使药物中的有效成分更好更快地析出。这一点也早已被中国的先民们发现，成书于汉代的《神农草本经》中记载，“药性有宜丸者，宜散者，宜水煮者，宜酒渍者”。所谓酒渍，就是用酒浸泡，这种方法可以显著提高药材中的某些药用成分的溶解度。其原理在于酒是一种良好的有机溶媒，酒的溶解作用和良好的通透性，使其可以促进药物有效成分的析出，从而使药效更好地惠及人体。

（三）饮酒与麻醉

在中国早期的外科手术中，酒被用于麻醉。《列子·汤问》记载：“鲁公扈、赵齐婴二人有疾，同请扁鹊求治……扁鹊遂饮二人毒酒，迷死三日，剖胸探心……既悟如初。”故事的真实性虽有待考证，但至少说明，中国很早就开始有了外科手术。很多人认为中医没有解剖学，这是偏见，也是错误的认知。因为在公元前99年至公元前26年成书的中国最早的医学典籍《黄帝内经》中已经有了“解剖”一词，且与解剖有关的文章有117篇，该典籍包含完整、精确的解剖体系。有完整的解剖体系和理论知识，就有进行外科手术的可能。为了减轻病人的痛苦，让手术顺利进行，医生们尝试采取了一些麻醉办法，酒可能是其中的一种办法。直到东汉末年，中国早期的外科手术再次迎来巨大转折，中国医学史上迎来了另一位璀璨耀眼的人物——华佗。华佗被誉为中医外科的鼻祖，他是医史上公认的第一位使用麻醉药来麻醉病人进行外科手术的医者。他发明的麻醉术甚至比欧洲人早了1700年，欧洲人称他是东方的“希波克拉底”[①]。美国的拉瓦尔在《世界药学史》中称：“阿拉伯人使用麻醉剂可能是中国传出的，因为中国名医华佗擅长此术。”[②]

对于这样一位享有盛誉的医者，江湖上自然少不了关于他的传说。中国四大名著之一的《三国演义》中就有华佗为关羽刮骨疗伤的故事。话说关羽被敌军毒箭所伤，毒液渗透，浑身动弹不得。华佗为关羽剖臂刮骨，祛除骨上剧毒。

---

① 陈寅恪：《寒柳堂集》，上海古籍出版社1980年版，第157页。
② 范行准：《中国医学史略》，中医古籍出版社1986年版，第38页。

但这个故事后来被人认为是虚构的，因为历史上的华佗早在关羽被毒箭所伤的几年前已驾鹤西去。但在其他典籍中确有华佗做外科手术的记载，《三国志》卷二十九《华佗传》记载华佗医术：“若病结积在内，针药所不能及，当须刳割者，便饮其麻沸散，须臾便如醉死无所知，因破取。病若在肠中，便断肠湔洗，缝腹膏摩，四五日瘥（病愈），不痛。人亦不自寤。一月之间，即平复矣。”后世的《本草蒙筌》当中也有“魏有华佗，设立疮科，剔骨疗疾，神效良多”的内容。这些记载与我们印象中的中医似乎存在很大偏差，我们印象中高明的中医好似拥有通天的手眼，无须借助现代化的检测设备，只需要望、闻、问、切，就可以“司外揣内”，诊断出病人的病症。但华佗所拥有的技艺似乎比我们想象的要厉害许多，甚至到了让人难以置信的地步。因为他可以开膛破肚，为病人进行外科手术，而这一超群技艺得益于他的伟大发明——麻沸散。在中医的四大经典著作中，很难找到关于麻醉手术的内容，直到华佗出现，才有了外科手术史上从无到有的巨大跨越。华佗的这一发明到底有多厉害，不妨放眼世界比较一番。

在没有麻药的时代，西方普遍沿用的是有西方医学之父之称的希波克拉底发明的放血疗法，其实，中医也有该疗法，但中西医的放血疗法是截然不同的。中医里放血只是一个辅助手段，用于泻火、急救等方面，而且中医认为血对人体弥足珍贵，所以放血一般采用针扎的办法，放血量很少。但古代西方医学家却不以为意，希波克拉底将放血疗法作为治疗体液失衡的重要手段，几百年后，这一理论被后来者发扬光大，形成了更为系统的放血方法，并扩大到几乎所有疾病的治疗中。尤其是在中世纪，放血疗法极为盛行，放血的手段简单粗暴，直接用刀割，这种方法不但在过去，在现在看来，也足以让人胆战心惊、目瞪口呆。且这种方法被认为包治百病，尽管很多病人因为放血过多，过早死亡。据说，美国总统乔治·华盛顿便是其中之一。华盛顿信奉放血疗法，当他感到不舒服时，接连几次要求医生进行放血治疗，滥用放血疗法导致他最终因体内血液流失过多而死亡。连华盛顿这样拥有至高无上身份的人都丧命于放血疗法，在西方漫长的放血疗法发展史中，因此而丧命的普通人必定不在少数。

西方外科手术中也采用这种硬核的麻醉方式，直接给病人放血，使其休克，然后开始手术。那时候的西方医生们认为用这种方法病人就不会感到疼痛，做手术时自然不会四肢乱动影响手术进程。这样的方法，单是想象就足以让人头皮发麻。直到 19 世纪中期，西方才开始对外科手术麻醉药物的探索之旅。1842 年时，法国人黑克曼开始尝试用二氧化碳做麻药，但这种麻药仅限于麻醉动物，无法适用于人。1844 年，美国人科尔顿用一氧化二氮做麻药，效果依然不理

想。直到1848年，美国人莫尔顿才发明了用乙醚做麻药的方法。

相较之下，因为华佗的横空出世，中国人要幸运许多。华佗在做外科手术时，会先给患者饮麻沸散，麻沸散有麻醉功效，可以对病人进行全身麻醉，华佗运用此法为病人进行剖腹手术。但华佗为病人进行外科手术并不是在麻沸散被发明之后才开始的，在发明麻沸散之前，华佗已经想出了可以起到一定麻醉作用的办法，即让病人饮酒，通过饮酒来减轻病人对疼痛的感知。传说华佗想到用酒麻醉是源于生活经验。华佗在一次让他筋疲力尽的外科手术之后为了缓解疲劳，便让妻子打了一斤酒，炒几个小菜，劳累过度加上空腹饮酒，华佗很快就酩酊大醉，不省人事，两个时辰之后才醒过来。华佗从这次经历中发现喝醉酒可能会使人失去知觉，这岂不就是变相的麻醉？为了证实这一发现，华佗又进行了几次醉酒针扎试验，发现酒确实有麻醉作用，所以，他开始在外科手术之前让病人饮酒，醉酒后再进行手术。当然，华佗的这一办法是学习了先人还是自创我们无从得知，但却再次验证了酒在外科手术中被用于麻醉的事实。只不过，相较于先人，华佗并没有满足于仅用酒进行麻醉，他后来发明了有更佳麻醉效果的麻沸散。遗憾的是，由于各种原因，华佗所创的麻沸散的原始处方没有被准确完整地保存下来。后人只能通过古文献中的一些零星记载推测麻沸散大致由乌头、附子、曼陀罗花、羊踯躅等组成。为了加强麻醉效果，华佗还将酒和麻沸散结合使用，极大减轻了病人的痛苦。

由此可见，中国麻醉术的发明要早于西方，将酒与有麻醉效果的药物结合使用进行麻醉，是酒在外科领域应用的一次重大突破。这种方法，在中国被用了几千年，此后的唐代、明代，基本采用这种方法。著名药物学家李时珍以及明、清时期的外国科学家也记载了相似的麻醉药，他们无一例外，都强调将酒与曼陀罗、乌头等有麻醉作用的药物兼用。

（四）世界药酒，各有其貌

除了将酒当作药使用，古代的人们还发明了药酒。药酒一般是把特定植物的根、茎、叶、花、果，或动物的主体和内脏以及某些矿物质按一定比例浸泡在一定浓度食用的酒、黄酒、米酒或葡萄酒中，使药物的有效成分充分溶解析出，经过一段时间后去渣而成，或将药物的有效成分萃取兑入酒中，或将药材与酿酒原料通过发酵等方法而制成。在中国，早在汉代，就已经有了药酒方，比如，张仲景《伤寒杂病论》《金匮要略》中记载有药酒的生产方法，葛洪《肘后备急方》中记有桃仁酒、猪胰酒、海藻酒等治疗性药酒。以菊花酒为例，《西京杂记》中提到，汉高祖时，宫中“九月九日，佩茱萸，食蓬饵，饮菊花酒，云令人长寿”，并介绍了菊花酒的制法：“菊花舒时并采茎叶，杂黍米酿之，来年

九月九日始熟，就饮焉，故谓之菊花酒。”明代菊花酒是用“甘菊花煎汁，同曲、米酿酒。或加地黄、当归、枸杞诸药亦佳”。而到了清代，菊花酒的制造方法又有不同，其酿制以白酒浸渍药材，蒸馏提取。可见，不同时代，不同药酒的酿制方法也有所不同，但人们对药酒功效普遍持高度认可态度。随着现代医学的发展，医者更是认识到了酒精作为良好的半极性有机溶剂的作用，许多具有不同主治功效的药酒被发现。

现在，中国药酒的分类已日趋精细化。根据主治功用可以将酒分为滋补类、活血化瘀类、抗风湿类和壮阳类四类，如十全大补酒、当归酒、木瓜酒、参茸酒等；根据生产标准可将酒分为保健酒和国药准字号药酒，保健酒主要是由多种补益药材制成的功能药酒，用于养生健体；国药准字号药酒是指已获批准文号的药酒，具有和其他药物一样的特性，以临床治病为主要目的。正是因为药酒在中国历史源远流长，至今仍被人们津津乐道，所以很多中国人有泡药酒的习惯。但中国人泡药酒的习惯呈现明显的地域差异，北部地区多高山、高原，气候寒冷，这里的人们无肉不欢。为了让寒冷的冬季不再难熬，滋补益寿，北方人喜欢用人参、鹿茸、枸杞泡酒。南方地区多平原和丘陵，气温普遍较高，生活在这里的人体内容易有湿毒，为了活血祛湿，南方人喜欢用荔枝、龙眼泡酒；东部地区降水丰富，天气较为潮湿，这里的人们认为湿气会影响消化系统，所以喜用杨梅泡酒，以健胃消食；西北地区的人们常年生活在干燥的气候中，容易阳虚、气虚，为了补气，这里的人们喜欢用当归、黄芪等药材泡酒；西南地区高温多雨，生活在这里的人们易形成湿热、痰热、阴虚体质，所以喜用雪莲、虫草泡酒，以滋阴补血、壮阳补肾。除了以上列举的种种药酒，在广袤的中国大地上，还有许多不被人所熟悉的、品名繁多的药酒。

除了中国，世界其他国家也有药酒。只不过，有些国家的药酒，听起来非同寻常。东南亚地区流行蛇酒，人们认为蛇具有较高的药用价值，因此会将活蛇放入高度粮食酒里，然后添加浆果、草药、香料、壁虎等各种材料。这种酒的先驱被认为是中国，据说在西周时期已经有蛇酒，这种酒具有行气活血、滋阴壮阳、祛湿散寒的功效。许多欧洲国家流行白桦树汁酒，这种酒被认为是一种时髦的保健饮品，人们认为它有解毒、消炎等功效。当地人采收白桦汁的方法也很特别，他们会在白桦树的树皮上凿一个小洞，插上一根吸管，汁水流出来之后会被收集到吸管里。除了这些，还有些挑战人类饮用极限的药酒，比如，泰国的蝎子伏特加酒，墨西哥的蠕虫龙舌兰酒，日本的蚕沙烧酒、蟋蟀黑啤等。

总而言之，无论是常规的药酒，还是挑战人类饮用极限

的药酒，它们的历史和现实都至少说明，酒在人类历史上是不可或缺的存在，人们视酒为药有着极深的历史渊源。所以直到现在，人们仍然在继承和创新中，人类与酒、药与酒的种种缘分在延续着。

二、酒精的“毒”与“度”

（一）现代科学视野中的酒精

世界卫生组织国际癌症研究机构（IARC）发表在医学杂志上的一项建模研究成果中，部分内容涉及饮酒对全球癌症的影响估计。该研究基于多个国家的酒精数据，包括调查和销售数据，对其进行建模，在排除了其他致癌因素，如吸烟、肥胖和性传播疾病后，研究人员得出了酒精致癌的结论。世界卫生组织在2020年第一四六届会议EB146（14）中提出，“深切关注到，在全球范围内有害使用酒精每年造成约300万人死亡……强调已有足够证据表明酒精致癌，并强调酒精助长了几种人类癌症的发展”，要求制订2022—2030年有效实施《减少有害使用酒精全球战略》的行动计划，大幅降低酒精使用所致发病率和死亡率。

酒精过量确实会对人体产生很多负面影响，比如肝病，大量饮酒会对人体肝脏造成不可逆转的伤害，引发肝硬化，很多人不以为意，实际上，酒精引起的肝病的发生会经历一个漫长的过程，通常是数年，所以不易被人察觉。酒精还会引起心脏病，过量饮酒会使人心跳异常，增加心脏扩大和心力衰竭的风险，因过量饮酒导致的心脏病发而死亡的案例并不少见。此外，大量饮酒还会引发骨损伤、消化系统疾病、性功能障碍等。更有甚者，过量饮酒，会直接导致人死亡。如果只看这些研究，我们一定会给酒精判死刑，认为其罪大恶极，但还有一些科学研究给出了另外的答案。一项长达 7 年的针对酒精对 65 岁以上人群健康影响的研究显示，正当且适量的饮酒，有益于帮助 65 岁以上的老人减少患上阿尔茨海默病和其他类型的早老性痴呆的概率。[①] 对于其中的原理，科学家们也给出了科学的解释，即，适度的酒精会阻止老年人身体内脂肪的沉淀，避免脂肪堵塞血管，从而确保老年人心脏和脑部供血的正常，减少早老性的痴呆。以上这些研究都是从酒类这个大类上来讨论其利弊，还有一些研究立足不同的酒精饮料，对其利弊进行了研究。

在酒精饮料中，啤酒被称为“液体面包”。研究发现，精酿啤酒中含有人体所需的多种营养物质。其一，啤酒中含有丰富的氨基酸，这种物质对人体免疫力、大脑发育等都有

① 任一平等:《酒精与健康》,《食品与发酵工业》2003 年第 10 期。

影响。尤为难能可贵的是，啤酒中含有的氨基酸种类多达 17 种，其中，有 8 种是人体不可缺少的，分别是亮氨酸、异亮氨酸、苯丙氨酸、色氨酸、蛋氨酸、半胱氨酸、赖氨酸和苏氨酸。这些氨基酸可以调节人体新陈代谢，为人体提供所需的营养物质；其二，啤酒中含有多种维生素，有研究资料显示，一升啤酒可以为人体提供的维生素 B_6 的量可以占到其每日所需总量的 30%，维生素 B_2 的量占每日所需总量的 20%。简言之，喝啤酒可以补充人体所需的维生素；其三，啤酒中还富含多种生物活性物质多酚。我们知道，茶中含有丰富的多酚，在预防心脑血管疾病和癌症等方面有显著效果，精酿啤酒中也有这种物质，其含量可与茶媲美。此外，这种物质还具有一定的美容作用。除了营养价值，啤酒还有一定的保健价值，比如健胃助消化、消暑利尿、生津解渴等。在肯定其营养保健价值的同时，有些研究也提出，啤酒热量较高，长期过量饮用会导致脂肪堆积，形成人们俗称的“啤酒肚”，既影响人体美观，又会导致人体血脂、血压更高，出现心脑血管疾病。

葡萄酒也被认为有很多保健养生功效。葡萄酒中含有褪黑素，睡前喝一杯有助于缓解一天的压力，促进睡眠。葡萄酒中还含有白藜芦醇，这种物质属于抗氧化物，可以防止脂肪在人体动脉里过量堆积，有助于人体健康。《美国流行病学》发布的一项研究报告显示葡萄酒还有预防感冒的作用，该研究结果表明，经常适度饮用葡萄酒的人相比于不喝葡萄酒的人更少得感冒。葡萄酒中还含有酚类物质和奥立多，这些物质可以预防诸如白内障、动脉硬化、阿尔茨海默病等退化性疾病，从而达到防衰老和延年益寿的保健效果。单宁是葡萄酒中的特别存在，有研究认为它在预防人体蛀牙方面有特别作用。对于女性而言，适度饮用葡萄酒还可以起到美容养颜、养气活血的功效，能使女性肌肤更富弹性。虽然兼备多种营养价值，但葡萄酒也富含酒精成分，过度饮用，会对心脏、大脑、胰腺和肝脏造成不良影响，引发人体疾病。最新发表在《英国医学委员会公共健康》（*BMC Public Health*）杂志上的一项研究，着重强调了葡萄酒的危害，并将其与吸烟相提并论，得出的结果是喝一瓶红酒的致癌风险等于抽10根烟，该研究还显示饮酒量的增加也会引发致癌风险的增加。

这些看似截然不同的研究结果，其实并不矛盾，因为它们几乎无一例外都强调一个关键词——“适度”，酒精致癌致病致死的一个重要前提是过量，而酒精对人体有益的重要前提是适度。由此可见，要讨论酒对人体是有益还是有害，绝对不能抛开“度”，否则会陷入误区。

（二）古人眼中的酒精

人类并不是在现代科学诞生之后，通过各种科学工具

和方法才知道酒精对人体的影响。早在古代，人类已经认识到酒精对人体有益，但过量饮酒会引发健康问题。当然，这种认识并不是所有文明的共识。目前来看，中国古人在这方面更有先见之明。因为中国古人在认识到酒对人体有益一面的同时，已经注意到酒对人体有害的一面。《素问·上古天真论》称时人“以酒为浆，以妄为常，醉以入房，以欲竭其精，以耗散其真”。《灵枢·玉版》的说法更夸张，“其如刀剑之可以杀人，如饮酒使人醉也”。将醉酒的严重性与刀剑杀人相提并论，和现在高速路上的禁止酒驾的宣传标语“酒是迷魂汤，醉驾必遭殃”“酒驾，醉驾，为生命砍价”等相比不遑多让。要知道，人们现在对醉酒严重性的认识是在无数血与泪的教训中总结出来的，而这些醉酒引发的各种灾难性事故在古代几乎是不存在的，但那时候的人们居然已经对酒和酒精过量的危害有了如此清醒的认识，不能不让人惊叹，且古人对酒精的认识随着时代的进步也在不断发生变化。明代，中国先民们酿造出了具有更高酒精含量的烧酒，对烧酒对人体的影响，李时珍的《本草纲目》描绘酒“辛、甘，大热，有大毒，过饮败胃伤胆，丧心损寿，甚则黑肠腐胃而死……令人生痔”。这些词语放到现代语境来理解，等同于酒精会导致肝硬化、胃底静脉曲张大出血。在古代中国，尚没有这些病症名词，更为厉害的是，古人用的词为“过饮”，说明古人不但认识到酒的性质和危害，还认识到只有在“过饮”的情况下才可能带来这些危害。也许正因如此，古代中国人的酗酒问题与西方相比，并不严重。

简而言之，酒精有益与有害都有其合理性，到底是有益还是有害关键在于一个“度”的问题。世间万事万物都讲究“度”，就连人类赖以生存的环境，也存在“度”的问题。我们都知道，人类的生存离不开温度、水、大气、食物、阳光、辐射等。这些因素在人类生存所需的范围内时，就是有益的。比如温度，研究表明人类最适宜的温度区间是20℃—25℃，这个区间之外，无论温度过高还是过低，都可能会引起人体的不适感。如果不通过其他措施进行干预，人类在这种会引起不适感的温度下会很快死亡。其他因素亦是如此，一旦超过人类所能承受的限度，都会对人类造成伤害。一言以蔽之，任何人类赖以生存的外部因素，是有利于人还是有害于人，关键在于度，适度为利，过度则可能成为“毒”。从古至今的人类生存实践和医学研究已经证明，酒精对于人类也是这样的存在。

第三节

酒“缘”：“良配”与“孽缘”

美酒与佳肴缘分颇深，自古酒肉不分家，正所谓有酒无肴空欢喜，有肉无酒饭无味。但美酒与佳肴之间的缘分，也有良缘与孽缘之分，有些配合得完美无缺，像是天作之合；有些搭配不但不协调，甚至还会产生不良反应。由此可见，美酒与佳肴之间的搭配就像情侣，既要保持各自特色，又要彼此融合，如此才能琴瑟和鸣、相得益彰。对人类来说，美酒与佳肴都不可或缺。唯物辩证法认为，世界上的一切事物都是彼此联系的，整个世界是相互联系的统一整体。酒与其他饮品、食物都属于人类食谱中的组成成分或环节，它们之间相互联系，又彼此区别。在人类的食谱中，酒与其他饮品和食物之间存在着矛盾，这种矛盾表现为相生型矛盾和相克型矛盾。它们可以相互补充，共同丰富人类的饮食体验，有时，也会彼此相克，对人类的身体产生一定的损害。因此，必须从酒与其他食物的特性出发，正确认识和区分酒与哪些食物会碰撞出不一样的火花，给人带来美妙体验，又会与哪些食物相克，损害人的身体。

一、酒之“良配”

（一）葡萄酒的理想伴侣

很多人选择伴侣时，会采取就近原则，所以同一地区的人们更容易结为伴侣，对区域的考虑往往是因为更近、更了解。酒和美食的搭配有时也讲求区域性。比如说起葡萄酒，人们通常首先会想到的就是法国葡萄酒，因为法国有全世界最著名的葡萄酒产区。对法国不同产区的葡萄酒而言，它们的良缘可能就是那些与它们处于同一个地区，有着一样的气候和风土条件的食物。比如，到了法国罗纳河谷地区，喝这里的科尔纳斯葡萄酒，应当配上黑松露，选择孔得里约葡萄酒，要搭配希古特奶酪。到了法国西南地区，选择马第宏葡萄酒，可以搭配油浸鸭肉。并不是说喝这些地方的葡萄酒必须搭配这些食物，而是它们之间在时空上联系得更为紧密，搭配起来的味道更为特别。当然，不同地区的人喝葡萄酒选择的搭配食物也有差别，在西方国家，葡萄酒被作为佐餐，人们习惯吃饭的时候来一点葡萄酒，既有气氛又可增加食物带给人的美妙体验。红肉是很多西方人的选择，比如法国人，如果是在喝一杯波尔多经典葡萄酒，他们的选择可能会是波尔多小羊排。这二者的搭配会产生绝妙的火花，波尔多葡萄酒酒体浓郁，羊排有油腻感，而喝波尔多葡萄酒会产生良好的解腻效果，加上酒体本身的酸度，可以将羊排烘托

得更加美味。如果吃生蚝，可以搭配夏布利葡萄酒，其含有丰富的果味香气，当这种香气与生蚝的咸鲜味相遇，可以瞬间引爆味蕾，带来不一样的体验。很多西方人还喜欢以牛排搭配红酒，原理与羊排配红酒是相通的，牛排中含有丰富的脂肪和高蛋白，而葡萄酒中含有单宁，单宁的存在使得葡萄酒有干涩的味道，人类对这种味道较为敏感，但当牛排与红酒在口腔中相遇碰撞，一场奇妙的味觉体验就开始了。单宁可以在口腔中唾液的作用下渗透进肉类中，消除肉的油腻感，使牛排散发出更加丰富怡人的风味。与此同时，肉类也在积极参与着葡萄酒的风味重塑，肉类中丰富的脂肪和蛋白质可以悄无声息地弱化葡萄酒中单宁所带来的干涩感，从而突出葡萄酒特有的水果芳香。更不可思议的是，红葡萄酒中的单宁与红肉中的蛋白质相结合，可以促使消化立即开始。这二者珠联璧合，共同为人类奉上了美妙的味觉体验之旅。当然，并不是所有红酒都适合与牛排搭配，其中，尤以赤霞珠、佳美娜、仙粉黛、西拉、黑皮诺等为上乘之选。德国人喜欢白葡萄酒搭配烤猪肉，猪肉的咸香、烟熏和辣味，被葡萄酒的甜度无声地中和，恰到好处的酸度又解了猪脚的腻，一口酒一口肉带来的化学反应，足以带给人十足的满足感。意大利人喜欢用香肠搭配起泡葡萄酒，香肠给口腔带来的厚重的油腻感在与起泡葡萄酒接触的那一刻霎时灰飞烟灭，只留下香肠和葡萄酒混合激荡出的香气，别有一番滋味。葡萄牙是波特酒的主产区，这里的人们饮用波特酒时喜欢搭配当地的甜品，比如蛋类甜品、黑巧克力等，不同的甜味叠加，会产生更丰富的甜度体验。

在东方，葡萄酒也有着丰富的搭配菜系。比如红烧牛肉和门多萨马尔贝克的搭配，红烧酱汁的咸鲜味可以软化单宁的涩味，突出酒体中水果和香料的浓郁味道。莫塞尔雷司令和泰国炒面的搭配，这种将大葱、花生、豆腐、虾、鸡蛋和米粉等多种食材结合的食物，在莫塞尔雷司令这种干净、活泼的白葡萄酒的衬托下，更显其质地和风味，而酒体也因食物变得愈发醇厚。酥脆多汁的烤鸭，搭配具有浆果风味的葡萄酒，也是一绝。扬州炒饭和霞多丽的搭配也别有一番风味，浓浓的酱油味和口感圆润的葡萄酒一经相遇，颇有“金风玉露一相逢，便胜却人间无数”的惊艳感。

（二）啤酒的灵魂搭配

如果说葡萄酒品的是格调，啤酒喝的就是快乐。西方很多国家的人民钟爱啤酒，英国著名的戏剧家莎士比亚如是评价啤酒之于人生的意义：“能够将酿制啤酒一杯与对生命的保证掌握在自己手中的话，名誉是可以弃掉的。”德国人认为“啤酒是健康的根源”，“高贵的啤酒可以充分代替红酒的精力和面包的气力”，德国杰出的作家歌德毫不掩饰自己对啤酒的喜爱，“我们的书籍是垃圾，伟大的只有啤酒。啤酒能够让我们快乐”。

喝啤酒能让人快乐，在喝啤酒的时候搭配合适的食物，无疑会让快乐加倍。不同的啤酒口感不同，搭配的食物也有差异，只有搭配与之相匹配的食物，才能使二者丝丝入扣，产生非凡的味觉体验。啤酒的种类不胜枚举，在此只能粗略论及几种经典的搭配。比如，比利时啤酒，最好搭配奶酪。它们的组合在欧洲被称为神仙CP，比利时迪南市的市长里夏尔·富尔诺在接受新华社记者专访时曾特意说：“我们比利时的啤酒也相当有名。我想请习近平主席喝比利时啤酒配热奶酪。”他还强调该市的“莱夫”修道院啤酒与本地浓郁的奶酪最为搭配。二者的搭配之所以如此天衣无缝，还有一段鲜为人知的前史。奶酪和啤酒都有着十分悠久的历史，它们都是农耕文明诞生之后出现的发酵食物，欧洲修道院的修道士们在酿造啤酒的同时，也会制作奶酪。啤酒的风味和奶酪的香味有很多严丝合缝的地方，比如都有花香、木材味、植物味、烘烤味等。除了香味上的共鸣，比利时啤酒和奶酪还有互补性，啤酒的清新、苦味、碳酸化作用可以在奶酪入口之前净化口腔，使味蕾做好迎来奶酪的准备。总之，喝一口比利时啤酒，品一口奶酪，酒精的刺激和奶酪的醇厚，同时抵达大脑神经末梢，那一刻，似乎你正位于阿彭策尔的山脚下欣赏童话般的仙境。其他啤酒与奶酪的经典搭配还有布里奶酪配金啤，前者柔软的奶酪质地与温和清淡的金啤十分搭配，而口味偏重、口感丝滑和香味浓郁的蓝纹奶酪更适合搭配口感醇厚且透着甜烧酒风味的棕啤，来自西班牙的略带酸味的山羊奶酪与口感酸爽的水果啤酒也是绝配，奶酪入口即使味蕾有了饱满的乳脂体验，再来一口爽口的啤酒，顿时如在云端。德国人是大口吃肉、大口喝酒的典范，蜗牛肠、黑椒图林根香肠、维也纳香肠等各种各样的香肠配上德式酸奶，再配上保拉纳酵母型小麦啤酒，浓郁的肉香和清新爽口、带有淡淡香蕉香气的啤酒碰撞，会带来全新的体验。与英式印度淡色艾尔啤酒最搭配的是清蒸贻贝或蛤蜊，因为这种啤酒酒花偏多，口味偏苦，海鲜的鲜可以升华这种苦味，丰富口腔的体验。英国黑啤最适合的搭配是烤肉，啤酒的麦芽焦香与苦感搭配味道香醇的烧烤，可以为口腔制造足够的冲击和惊艳感。在美国，喝淡色啤酒一定不能少的是比萨，添加了火腿、鸡肉等丰富食材的比萨和清凉的啤酒相遇，余味轻盈、口感绝佳。

在中国，不同地区的人们喝啤酒也有自己的搭配方式。新疆盛产乌苏啤酒，这种啤酒酒精度数比一般啤酒高，它的最佳搭配非当地的羊肉串莫属。在山城重庆，喝一杯山城啤酒吃一口红油火锅被认为是最巴适的搭配。在云南大理这座充满故事的城市，啤酒的名字也显得卓尔不群，风花雪月与建水鸡脚是灵魂伴侣。在哈尔滨，与在全国享有盛誉的哈尔滨啤酒最佳的搭配当然首推烤串、烤腰子。青岛不但是家喻户晓的青岛啤酒的出产地，还盛产各种海鲜，青岛人喝啤酒，最喜配蛤蜊、鱿鱼、扇贝等海鲜。世界各地的人们，对

啤酒似乎都没有什么抵抗力，尤其是在炎热的夏季，冰镇啤酒加上可口的小吃，没人可以抵抗这种诱惑。人们就是在酒与食的美妙碰撞中快意恩仇，享受人生。

（三）蒸馏酒的天作之合

世界上有六大蒸馏酒，它们形成于各自的地域和文化土壤中，拥有截然不同的脾性，这种先天的差别决定了与之相搭配的食物也千差万别。威士忌从味觉上来说，甜味和苦味表现明显，其他如酸味、咸味并不突出；从口感上而言，大致有奶油质感、粗糙感、辣、稠等口感；从香气上而言，有植物、水果、泥煤和香料的香气。总体而言，威士忌的酒体丰满，可以搭配有一定酸度、咸度的食物，但绝不能因此尝试酸度或咸度较高的食物，否则会导致味觉体验的一边倒局面，产生不愉快的饮食体验。不妨搭配巧克力类糕点或熏、腊味菜肴，因为这些食物的香味与威士忌的风味之间存在一定的相似性，它们之间的融合会更畅通无阻。也可以搭配烧肉、卤肉、酱肉等具有浓郁肉香的食物，这些食物与威士忌之间具有一定互补性，威士忌的甜、苦味可以掩饰重口味肉类的咸味并提升其鲜味。白兰地可以和很多食物搭配，海鲜中，白兰地和生鱼片、寿司的搭配为人们所喜爱，因为它们可以平衡白兰地的酸味与果味，使之风味最佳。白兰地也可以和各种肉类搭配，肉类丰富的脂肪和质感能够使白兰地的酒精度和酸度弱化，口感趋向柔顺圆润，而它本身特有的酸度又能降低肉类的油腻感，利于刺激人的胃口。白兰地还可以和各种可以软化酒精的奶油、乳制品、鸡蛋等搭配，它们可以让白兰地这种烈性的酒精饮料变得柔滑圆润，而白兰地的酸味可以中和奶酪厚重的乳脂，突出其风味和质感。

伏特加酒被称为俄罗斯民族的象征，而鱼子酱是伏特加最经典的搭配。俄罗斯人对鱼子酱十分偏爱。虽然在很多人看来这种食物又咸又腥没什么特别，但俄罗斯人却将其当作不含任何添加剂的健康食品，十分钟爱，尤其是红鱼子酱，在俄罗斯十分流行。除了鱼子酱，俄罗斯人还有很多意想不到堪称“狂野”的下酒菜。比如酸黄瓜，不过，这种销魂的味道，不是所有人都能消受得起的。还有萨拉，即一种用盐、胡椒粉腌制的肥肉片，简单腌制之后冷冻，并片成薄如蝉翼的薄片，一边喝伏特加，一边吃肉片，也是战斗民族的喜好之一。俄罗斯人还喜欢伏特加与俄式烤肉串的搭配，俄罗斯烤肉串的规模有些挑战人们的常规想象，一个肉串大概有半斤肉，有些肉串的长度堪比成年人的手臂，伏特加烈焰般的刺激与肉串的浓香碰撞，战斗民族的豪爽顷刻喷涌而出。

中国的饮食文化源远流长、博大精深，能和白酒搭配的食物不计其数。中国有八大经典菜系，每种菜系各有其特

色，与之搭配的白酒也有所讲究。以川菜和湘菜为例，川菜以麻辣著称，代表菜式有酸菜鱼、麻婆豆腐、夫妻肺片、毛血旺、粉蒸肉等，川菜烹调方法别具一格，口味醇浓并重，吃川菜，最适宜的搭配是浓香型白酒。这种香型的白酒窖香优雅、绵甜爽净，配上微辣口重的菜肴，不同的醇厚在口腔碰撞，味道叠加带来的享受着实绝佳。湘菜以酸辣菜和腊制品最为突出，代表菜式有剁椒鱼头、干锅鸡、怀化鸭、豆豉辣椒炒肉等。湘菜的最佳搭档是酱香型白酒，口感香辣突出的湘菜和香味厚重、余味悠长的酱香型白酒混合，在口腔中散发出馥郁的香气，让人回味无穷。中国人自古就信奉养生之道，所以对酒的配餐也十分注重。白酒酒精度数高，搭配甜菜，其中的糖具有保护肝脏的作用，糖醋鱼、糖炒花生等都是不错的选择。酒精还会影响人体的新陈代谢，造成人体蛋白质的缺乏，下酒菜里搭配松花蛋、豆腐、鸡肉等含有丰富蛋白质的食品，无疑可以起到中和作用。酒对肠胃会产生直接刺激，可以选择炒土豆丝、杂粮等富含丰富碳水化合物的食物，它们与酒精的结合能够减缓肠胃对酒精的吸收，从而减轻酒精对肠胃的过度刺激。

酒和食，在人类的物质生活中都扮演着重要的角色，有了它们，人类文明的进化之旅才有了更多的可能。它们之间的配合应当是亲密无间的，就像好的爱情，应当相互补充、彼此升华。而判断它们的关系是否和谐，标准很简单，搭配得好，会让人在顺口之余产生更高级、更美妙的体验；搭配得不好，则会让人产生太过刺激或不愉悦的感受。只有掌握它们各自的脾性和搭配规则，才有可能使它们成为彼此的加分项。

二、酒之“孽缘”

饮食的目的是在饱腹之余享受食物和饮品带来的美妙体验，不快的饮食体验会影响人的心情。有些食物单独食用，味美且鲜，刺激感十足，但和某些酒精饮料搭配，就会变得不伦不类，失去其原有特色。因此，必须避免这种错配导致的“孽缘”。

如果选择葡萄酒，就要尽可能避免任何一种高酸类的食物，因为高酸类食物会使原本不错的葡萄酒面目全非，有人甚至戏称高酸类食物为葡萄酒“杀手”，其对葡萄酒的杀伤力由此可见一斑。原因很简单，葡萄酒本身带有一定的酸味，如果再与高酸类食物搭配，酸感叠加，超出了人的味蕾所能承受的限度，物极必反，必然引发厌恶之感。过于辛辣的食物也不适合与葡萄酒搭配，因为辛辣食物对口腔的刺激是直接的，被强烈刺激的味蕾会变得麻木，无法品出葡萄酒特有的酸甜味，更严重时，会让酒产生苦味。如果要喝啤

酒，有一些食物要尽可能避免。比如海鲜，啤酒里含有嘌呤物质，而海鲜中也含有嘌呤物质，嘌呤物质在经过胃肠代谢之后会变为尿酸，体内尿酸浓度过高会引起痛风。更要引起警觉的是，啤酒中还含有很高的维生素C，它们和海鲜中的五价砷相遇，简直是灾难，因为二者会发生氧化反应，生成砒霜，对身体有害。啤酒也要尽量避免与腌制、熏制食物同食，因为将啤酒与腌制的白菜、肉、酸菜等同食，会产生致癌物质苯并芘，与熏制的肉、鱼等同食则会促进致癌物质的吸收。此外，啤酒也不能和苦瓜、苦菜、紫菜等寒性食物同食，因为啤酒也属于寒性食物，寒寒相遇，寒气会加倍，容易引发脾胃虚寒、腹泻、腹痛等消化疾病。啤酒与咖啡的搭配也被认为是禁忌，因为啤酒和咖啡中都含有让人神经兴奋的物质，一起饮用虽不至于像服用了“兴奋剂”一般夸张，但容易让人出现心情紧张、烦躁不安等神经兴奋的反应。有些人认为浓茶可以解酒，但在喝啤酒时如果喝浓茶，对身体有害无益，因为酒精与咖啡碱会发生反应生成络合物，加重醉酒副作用。还有一些食物和任何一种酒精饮料都不能搭配，比如榴梿，榴梿含有大量硫元素，影响肝脏对酒精的吸收，更容易导致醉酒；山楂、大枣也不适合饮酒时食用，可能会导致结石；菠萝同样不适合喝酒食用，因为菠萝里含有酸性物质，在酒精的作用下，这种酸性物质会刺激肠胃，诱发呕吐、肠胃痉挛等不适。

第四节

酒精趣"问"：那些你想知道的

人们对酒的好奇有着深刻的渊源，古来圣贤的各种诗篇、著作，提到酒的不胜枚举，酒所营造的独特氛围引发了人们的想象。不仅如此，酒与各种政治事件的微妙关系，也素来为人们所津津乐道。到了当下，酒依然是人们日常生活中的重要存在，城市街头数不清的小酒吧里，夜幕降临时各种夜市摊上，现代家庭室内装潢的标配酒柜里，酒的影子无处不在。在这样的氛围下，无论你是爱喝酒的人，还是从不喝酒的人，都或多或少对酒产生好奇。

一、人为什么喜欢喝酒

人为什么喜欢喝酒？这个问题，置于不同的历史背景，不同时代的人们会有不同的答案。将时钟拨回人类进化链条上的某一环，那是人类最初接触酒精的时候，腐烂的水果让

人类有了全新的发现，它意味着更多的糖分与酒精——最高可达8%的酒精浓度。在不经意地品尝之后，人类得到了从未有过的新体验，这种体验让其发自内心地陶醉、新奇。事实上，在此之前，人类已经有了代谢酒精的能力，如果从未接触过，人类是不大可能进化出这一能力的。换言之，在人类真正品尝酒之前，人类的祖先远古人类已经接触过酒精，并使身体进化出了可以消化酒精的能力，这种神秘的物质是ADH_4，它首次出现的时间大约在一千万年前。古人类具备了这种可以消化酒精的物质，与他们喜欢喝酒之间有着密切的联系，如果酒精进入他们的身体之后不能被代谢，他们可能会出现酒精中毒症状，在那个时期，一旦中毒要面临的可能就是死亡，趋利避害的本能一定会让古人类远离酒精这种物质。而他们不但没有远离酒精，反倒钟情于它，不得不说是他们的肌体所具备的强大的酒精消化能力的功劳。毫无疑问，这一能力扫清了他们喝酒的障碍，让他们可以自由选择喝还是不喝。有研究认为，灵长类动物渴望喝酒应当是受到了某种奖励的驱使，比如，“更多的交配权”。还有一种说法，认为远古人类喜欢喝酒是因为酒精会衍生出“开胃酒效应”，即让人们更想吃东西，在摄入更多能量之后，他们就可以心满意足地睡个大觉，为下一顿觅食作准备。之后，随着人类的不断进化和历史的不断向前发展，人们喝酒的理由似乎越来越多。

据说，古代的波斯人在做出重大抉择的时候，通常要做两次决策：一次于清醒时，一次则在喝多以后。如果两次决策的结论一致，他们就会毫不迟疑地采取行动。如果从辩证法的角度来审视古波斯人的决策，显然是不合理的，清醒时候的决策尚能被称为理性思考的结果，醉酒之后的决策没有科学和事实依据，只能被视为本能驱使或随机决策。但在古代人的认知里，理性的思考加上本能反应，已经足够使他们下定决心付诸行动了。做决策要喝酒，悲伤时也要喝酒，古希腊诗人阿尔凯乌斯（Alcaeus）说："我们不能让自己的精神屈服于悲伤……最好的抵抗就是酿制大量的葡萄酒并喝下去。"而对中世纪的英国人来说，喝酒是维持生存的选择，因为他们认为当时很多地方的水都被污染了，充满了细菌，饮用这样的水无异于慢性自杀。据说，为了解决饮水问题，会在伦敦桥上停放一个水车，用来抽吸城市周围的泰晤士河水。被抽上来的干净水源进入管道系统之后，会售卖给当地的人们。富人们当然不必为了用水大费周折，他们只需要支付昂贵的费用，就可以轻而易举地申请到一条私人管道，这条管道可以直接铺设到他们的房子，让他们可以随心所欲地用水。而对普通市民而言，要想喝到清洁的水，简直比登天还难。所以，为了补充水分，为了健康，很多人选择喝啤酒。这种说法也曾出现在历史更久的古埃及神话中。据说，当时古埃及的最高神祇太阳神因被人类冒犯而龙颜大怒，为了惩罚人类，他派出了狮头人身的女神哈托尔，要将人类赶

尽杀绝。但气消之后，他决定收回成命，结果杀红了眼的哈托尔此时压根不听太阳神的命令。眼看事态失控，太阳神赶紧酿出了 7000 桶啤酒，并将它染成红色洒向人间。哈托尔错把啤酒当作人血，她尽情地喝个不停，终于在酒精的作用下昏昏欲睡，停止了杀戮，人类才得以存活。这则神话传递的信息即酒精救人类于危难之中。此后，古埃及人为了纪念酒精的救命之恩，每年都会举办醉酒节。所以，古埃及人爱喝酒大抵是缘于他们期望通过酒精与神灵进行沟通。在古埃及，不喝酒意味着对神明的拒绝，在那个神灵崇拜的时代，没有人敢于拒绝神明。

将酒与神灵扯上关系，同样发生在遥远的东方。在中国的祭祀活动中，酒是不可缺席的重要存在。中国古代的统治者和民众都视酒为美好的东西，出于对上天、神明和祖先的天然崇拜，他们在祭祀时一定会献上酒。《诗经》中记载：“丰年多黍多稌，亦有高廪，万亿及秭。为酒为醴，烝畀祖妣，以洽百礼，降福孔皆。”所以，古人喝酒，更多是将酒作为向神灵表达敬意的载体。既然有视酒为世间最美好、最能表达敬意的东西这种意识在先，人们渐渐喜欢用酒款待亲朋，也就变得自然而然了。酒的尊贵和重要，使得古人们以佳酿作为待客之道。与亲朋畅饮，享受众乐乐之快，成为他们重要的社交及娱乐方式。再后来，人们爱酒的理由更多了。诗人爱酒赋予他的灵感迸发，画家爱酒赋予他的妙笔生花，政治家爱酒激荡他的雄心壮志，英雄豪杰爱酒滋润他的豪情万丈。

现在，人们喜欢喝酒的理由更是有千千万，这些理由中，有许多和先人们的理由是一脉相承的，也有一些是在新的社会形态、社会制度下孕育而生的。酒是现代社交活动中不可缺少的媒介，不同的社交场合，所选用的酒精饮料也有明显区别，但人们对于酒的社交功能的认可却是一致的。英国作家本涅特说："酒能给社交场带来其他任何东西都无法带来的热闹气氛。"喝酒的时候，人们总是更容易暴露出真性情，这种真性情有时会让人与人之间放下戒备，彼此坦诚，比起干巴巴地找话说，畅快地谈天说地显然更让人觉得从容。虽然古代也有不少人面临食不果腹、鬻儿卖女的生存困境，但当代人的焦虑在市场经济、快节奏的社会背景下，无疑被放大了许多倍。面对压力，或许没有什么比几杯酒更能解压的了。为什么？因为酒精能让人短暂麻醉，至少有那么几个时刻可以卸下身上的千斤重担。更科学的解释是酒精会对我们的大脑形成直接刺激，使之产生更多的 γ-氨基丁酸（GABA），这种物质在人类大脑中极为常见，是一种神经抑制剂，它可以让人从高度紧张的精神状态中解脱出来，其效用与医生开具的镇定药物有异曲同工之妙。这也是为什么人喝完酒之后的行为动作与平时不同，说话结结巴巴，走路踉踉跄跄，就是因为这种物质在起作用。当然，这种物质之

所以能发挥这种神奇的作用，和脑的构造有关，脑部最外侧的大脑皮质负责理性与思考，内侧的边缘系统负责情感与记忆，接近后脑勺的小脑掌管运动功能，最里面的脑干则掌管呼吸等维持生命的必要功能。而酒精带来的第一个影响就是抑制大脑皮质的活动，当大脑皮质功能减弱，被理性所抑制的情感与本能的冲动就有可能会显现出来，所以喝酒能够放松，其实只是舒缓平常紧绷的理性神经，让压力得以宣泄！

有人爱喝酒因为觉得酒能让人将悲伤倾泻而出，得到短暂的慰藉。对于人类的这一心理，美国哲学家威廉·詹姆斯的分析可能更接近真相，他说：“酒醉是人生更深刻的神秘与悲剧的一部分……我们对酒醉的感受，也会在对神秘性的更大整体感受中找到位置。”进一步而言，酒并不具备帮助人缓解悲伤的功效，只是人们借喝酒宣泄了悲伤的情绪，这是人体机能自愈的一个过程，酒精只是辅助参与了这一过程，并不在这个过程中起决定性作用。

于是可见，人爱喝酒，有一个漫长的演变发展过程。不论是奉它为与神灵沟通的琼浆玉液，还是视它为维系生存、寄托情感的重要介质，都反映的是不同时期的人对酒这种饮品的认知，体现了人的主观意愿和情志。但是，我们对人类爱喝酒的缘由的分析不能停留在个体的主观层面，应当充分借助现代科技手段，对人类喝酒的身体机制进行探究，以便更为全面地了解人类爱喝酒的深刻原因。澳大利亚非营利性质的科普媒体《对话》（*The Conversation*）曾发布过一则总结各种饮酒理由的文章，它提出人类喜欢喝酒，是多巴胺在“捣鬼”。当酒精进入人体之后，大脑会率先响应，多巴胺的浓度会显著增加，这是一种能让人感到愉快兴奋的物质，而追求快乐是人类的天性，所以人类把喝酒作为寻求快乐的一种手段也就不难理解了。

二、人喝的酒都去了哪儿

酒进入人体之后，就开始了另一场旅程，这趟旅程的复杂程度可能不亚于一个十口之家的大家族的旅行活动。之所以把酒在人体内的复杂代谢过程和十口之家大家族的旅行活动相提并论，是因为其涉及的参与器官要比我们想象的更多，其在不同器官中的作用方式也更复杂。酒入口，口腔首先被影响，口腔与酒的接触就像“前世五百次的回眸才换来今生的一次擦肩而过”，可谓来也匆匆，去也匆匆，只不过，仅仅是一次擦肩而过，已经足够酒液唤醒口腔内的触觉神经，并给其留下无限回味和畅想的空间。接下来，酒液会沿着胃管去往它的第二站——胃部，这是酒精最喜欢的一站，它会在这里停留，与胃部进行深入交流，乙醇分子在这里可以尽情地和分泌黏液的细胞亲密接触。在这个蜜月期内，

大约 20% 的酒精会被胃部吸收。胃部会吸收多少，胃的状态和饮用酒类说了算，比如是否空腹，饮用的是哪种类型的饮料酒。空腹时，胃部对酒精的吸收更快，胃内有食物时吸收相对较慢，与白酒相比，胃部对啤酒的吸收更快。当然，虽然是处于蜜月期，也会有碰撞争吵，酒精会刺激损伤胃黏膜，所以如果饮酒过量，有可能会诱发急性胃炎。接着，剩下约 80% 的酒精会进入小肠，并迅速扩散到血液中。酒精在这里极为活跃，它既能阻碍人体对水分和钠的吸收，让人在喝酒时有越喝越渴之感，又会影响人体对矿物质、蛋白质、维生素等的吸收，这也是为什么有些酒瘾很大的人会营养不良。同时，它还会加快肠胃蠕动，部分人喝酒之后会出现腹痛、腹泻的症状与此有关。在胃部和小肠停留之后，酒精会继续它的下一站，进入人体的血管，然后以这里为中心，酒精会四散开来进入人体的各个器官。

当酒精进入心脏，如果适量，对心脏还是十分友好的，比如适量地饮用葡萄酒，可以软化心脏的动脉壁，使血球不易形成血栓，但如果摄入过量，会损害心脏，直接表现就是让饮酒者血压升高，心脏加速，引发心律不齐、心脏短路等诸多问题，长期摄入过量，会损害心脏。少量的酒精摄入对人体肺部并不会有太大影响，但没有节制的豪饮会加剧肺部重要的抗氧化物的消耗，降低肺部抵抗力，增加患肺炎和其他传染病的风险。当酒精进入人的大脑时，

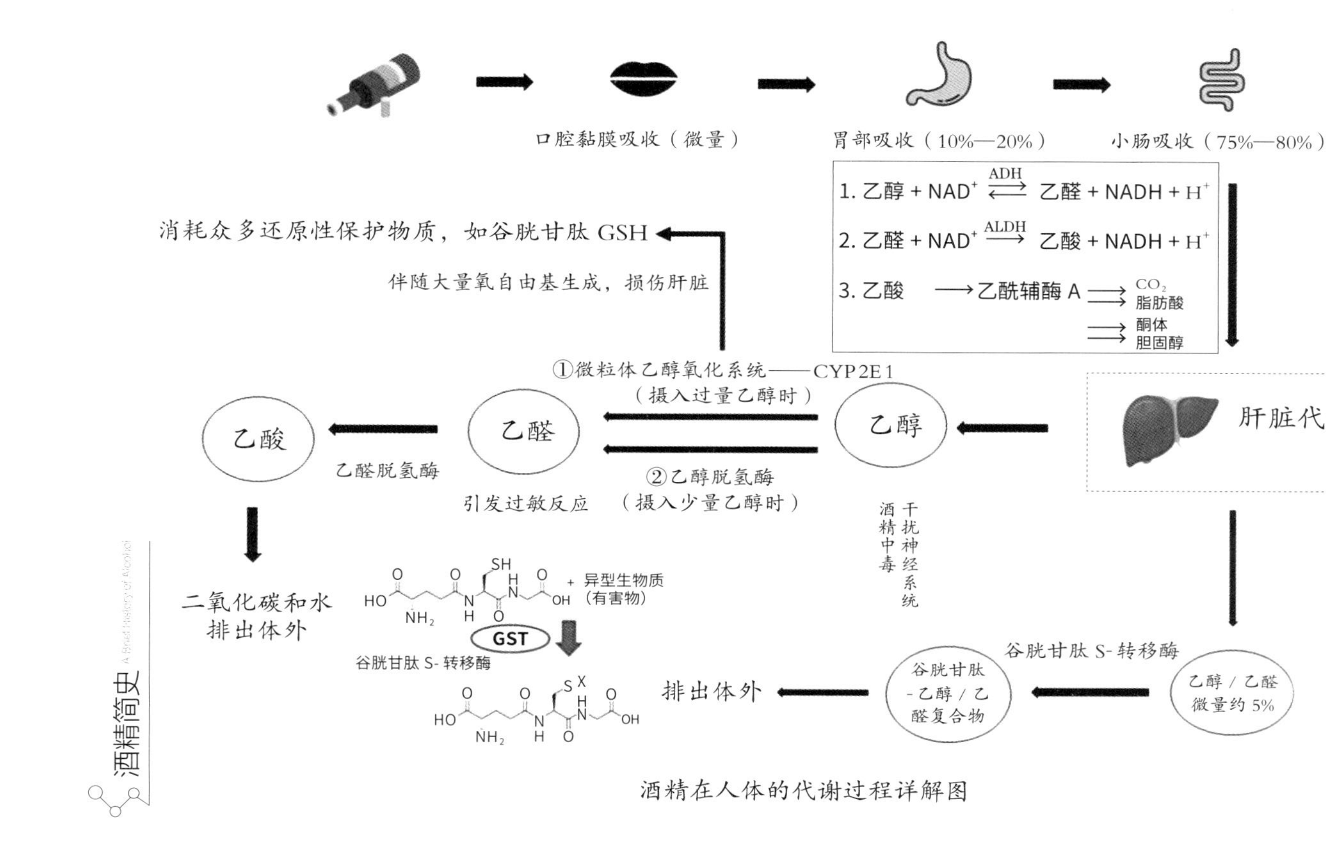

酒精在人体的代谢过程详解图

饮酒者会出现不同的反应，有的会面色潮红，神经兴奋、情绪亢奋，随着酒精浓度的不断增加，饮酒者的行为会逐渐失控，所谓“酒后吐真言”就是言语不受控制的一种表现。还有的饮酒者会大吵大闹、出现各种平时不会做出的行为举动。酒精浓度达到一定高度值之后，比如达到 0.3% 左右，饮酒者多数会烂醉如泥，如果达到或超过 0.4%，饮酒者会逐渐丧失知觉，甚至出现昏迷不醒等症状，严重时会危及生命。肝脏可以代谢大约 90% 的酒精。在乙醇脱氢酶的作用下，酒精被分解成乙醛，这是对人体危害最大的物质，但它很快会在乙醛脱氢酶的作用下分解成为乙酸，在酒精进入人体之后所产生的物质中，这种物质营养价值最大，可以为人体提供所需的热量。但肝脏的代谢功能是有限的，如果长期或一次性大量饮酒，超过了肝脏所能承受的负荷，会导致酒精在肝脏和其他器官堆积，引发酒精中毒症状。当酒精来到了肾脏时，在这里，酒精终于不再活跃，血液中约 5% 的酒精都可以通过肾脏经尿液排出体外。

三、“啤酒肚”是因为喝啤酒吗

不知从什么时候起，一些中年男性身上出现了一种特别的现象——“啤酒肚”。也不知从什么时候起，这种现象不仅仅存在于中年男性身上，在一些 35 岁以下的男性身上也开始出现。而这些男性又似乎有一样的共同点，即爱喝啤酒。所以，慢慢地，人们开始将这种身材称为“啤酒肚”。那么，“啤酒肚”的出现真的是因为喝啤酒吗？这个锅到底应该谁来背？

啤酒、蒸馏酒、葡萄酒属于酒精饮料，为什么人们唯独把罪过推给啤酒？这与啤酒本身的构成有关，啤酒被称为“液体面包”，相较于葡萄酒和蒸馏酒，它拥有的营养更丰富，热量也更高。每克酒精含有 7 千卡（1 千卡=4185.85 焦耳）的热量，是大米的 2 倍，白糖的 1.7 倍。除了酒精，啤酒中还含有丰富的碳水化合物，某种程度上，啤酒可以划归为“糖性饮料”。每升啤酒可以提供 400 千卡左右的热量。从啤酒的特点来看，其确实属于高热量。但与其他高热量食物不同的是，酒精进入人体之后会很快被分解，很难转化成脂肪储存在体内。所以过度饮用酒精会对人体造成一定伤害，但它并不会直接导致肥胖。这并不是说酒精在导致人们肥胖面前很无辜，有些人的肥胖确实与酒精脱不了干系。理由很充分，其一，酒精会影响身体代谢，酒精和脂肪的代谢都需要肝脏发挥作用，但酒精会对肝脏造成一定影响，抑制肝脏对脂肪的代谢，导致人体无法及时分解所吸收的物质，间接导致脂肪在人体堆积。其二，自古酒肉不分家。很少有人干喝啤酒，喝啤酒的时候必然会有各种各样的各种配菜，这些配菜中不乏一些高

热量的烘烤食品和高油、高糖食品。人们一边喝啤酒一边吃各种小食，加上酒精影响了人体的脂肪代谢能力，最终会促进脂肪形成，所以很多爱喝啤酒的人，越喝越胖。其三，酒精可以增加胃肠道血流量，刺激胃肠激素分泌，加速食物在胃肠道的吸收，使更多营养快速进入血液，如果不能及时消耗就会转化成脂肪。其四，酒精可以促进肾上腺素分泌，抑制瘦素生成。肾上腺素可以促进血糖升高和脂肪合成；瘦素可以抑制食欲和促进脂肪分解。这两种激素的失衡都有利于肥胖的发生。人要保持身体健康，管住嘴迈开腿很重要。但是爱喝啤酒的人，一顿吃喝过后，通常选择直接躺下，自然会导致脂肪在身体堆积。

英国 BBC 分析了啤酒肚的形成原因，认为啤酒本身属于高热量饮料，加上人们在喝啤酒的时候，通常搭配一些下酒食物，会导致摄入的热量更多。同时，由于年龄影响，男性在 35 岁以后新陈代谢会变慢，最终导致脂肪在肚子囤积，形成啤酒肚。英国《每日邮报》报道称“啤酒肚”与英国每年 1300 例前列腺癌死亡病例有关。牛津大学专家针对 250 多万男性开展的一项大型研究显示，总体和中心肥胖（腰围较大，俗称啤酒肚）的男性比体重正常的男性死于前列腺癌的风险更高，他们也更可能是年龄较大、每天饮酒 ≥20 毫升、缺乏锻炼以及伴有基础病的人群。分析发现，更粗的腰围和更高的腰臀比会增加死于前列腺癌的风险。男

性腰围每增加 10 厘米，相关风险就增加 7%。[1]

由此可见，酒精并不是导致人体肥胖的直接因素，也不是导致“啤酒肚”的罪魁祸首。“啤酒肚”的形成还与年龄、身体代谢能力、生活习惯、饮食习惯、锻炼行为等有关系，这也就解释了为什么有些并不经常喝啤酒或从不喝啤酒的人也会有“啤酒肚”。也就是说，如果能保证健康的饮食习惯、锻炼习惯，即便经常喝啤酒，若每次能控制好量，也不会出现“啤酒肚”。所以，为了健康，喝啤酒还是应当“悠着点”。

四、全世界都用一样的啤酒瓶盖？

喝过啤酒，没喝过啤酒的人，可能都注意到了一个现象，即啤酒瓶盖是锯齿状的，如果你仔细数一数会发现，每个啤酒瓶盖的锯齿数目都不多不少，正好 21 个，而这样的啤酒瓶盖全球通用。也就是说，世界上凡是生产啤酒的国家，其啤酒瓶盖无论材质、图案如何翻陈出新，啤酒瓶盖的锯齿数目都是 21 个。如果这种情况只出现在一个国家，可能属于偶然、随机设计，出现在某几个国家，我们可以称之为互相模仿，但如果全世界所有国家都采用这样一种特别样式的瓶

① 中国生物技术网：《牛津大学最新研究：有“啤酒肚”的男性有更高的前列腺癌死亡风险》，2022 年 5 月 6 日，见 https://www.163.com/dy/article/H6M1E46Q0512TON6.html。

盖，其中一定有不为我们所知的故事，答案就藏在啤酒的发展历程中。

啤酒这种酒精饮料被发现之后，经历了曲折的发展过程，在这个过程中，其灌装工具也不断演变进化，在铁皮啤酒盖出现之前，啤酒瓶大多采用木头塞子。这种塞子的好处在于原材料易得，制作简单，但对饮用者而言，有时会带来不太愉快的体验。比如如果一个啤酒瓶内气体充足，但由于操作不当，导致其没有被一下子打开，气体就会慢慢逸出，等到把啤酒打开倒出来时，就会发现啤酒无法形成充分的泡沫。对爱喝啤酒的人来说，升腾的泡沫不但代表了啤酒的颜值，还关乎啤酒的风味，若没有泡沫或泡沫不充分，啤酒的美味会大打折扣。这其实并不是喝啤酒的人自以为是、故弄玄虚。科学研究表明，当啤酒的泡沫在味蕾上炸开，可以让人联想起薄荷的清爽或辣椒的辛辣，能够柔滑人的味蕾感知，使人更容易体验到啤酒的真正风味。所以，泡沫对啤酒而言是非常重要的。啤酒泡沫的形成与其原材料有直接关系，酿造啤酒要用到麦芽、酒花和酵母等，这些原料在发酵过程中会产生一种特殊的蛋白质，其溶解在啤酒中时会发生“起泡”作用，产生大量二氧化碳，从而形成泡沫。也不乏有些啤酒在灌装时注入二氧化碳，生成更丰富的泡沫。无论如何，泡沫之于啤酒都是不可替代的重要存在。而用木头塞子无法维持啤酒丰富的泡沫，会影响啤酒的口感，所以这种方式最终在

19 世纪时被更能保持啤酒风味和泡沫的新封装方式所取代。

19 世纪，英国人威廉佩特发明了一种带锯齿的铁皮啤酒瓶盖，他最初设计的锯齿数目为 24 个。在手工加盖的时代，通常是用一台脚踩的压机一个一个将瓶盖盖到瓶子上。这样的瓶盖设计，在当时的生产模式下应用得十分普遍，效果也十分理想。但是到了 20 世纪 30 年代以后，工业化进程的加快，改变了工业生产的方式，啤酒瓶加盖的方式也由手工加盖升级为工业加盖，所有的瓶盖都被装进一个软管，通过机器自动安装。意想不到的新问题出现了，24 齿的瓶盖总是容易堵住自动装填机的软管。实践的需要总是推动认识的不断深化发展，人们发现要解决这个问题，最佳的办法就是将齿数变为单数，所以人们将 24 齿的瓶盖减少 1 齿，变为 23 齿。原来的问题确实得到了解决，但又引发了新的问题，人们发现用 23 齿的瓶盖封装啤酒，密封性变差。最终，人们将瓶盖齿数缩减为 21 齿。这样的设计既能保证啤酒加盖罐装的畅通无阻，又可增加每个褶的基础面积，在方便开启的同时，还最大限度保证啤酒的密封性，可以说是达到了多全其美的效果。因此，从那个时候开始，全世界都开始沿用 21 齿的瓶盖。好奇的人可能会继续发问，为什么偏偏是 21 个，再减少几个变成更小的单数，不是更容易生产吗？当然不行，因为任何正确认识的形成，都需要经过实践、认识、再实践、再认识的复杂过程。啤酒瓶盖

齿目并非想减少几个就能减少几个，维持21齿是在丰富的实践的基础上形成的，是凝聚了发明者智慧的，经得起实践检验的正确认识。这种在一定条件下、一定范围内形成的正确认识，具有具体性、全面性、过程性、客观性，所以这种21齿的发明才会得到全世界的认同，并应用于各国的啤酒生产和瓶装实践。

五、白酒不受外国人欢迎？

白酒不受外国人欢迎？就目前的情形来看，确实如此。在世界六大蒸馏酒中，白酒的地位比较微妙。在中国，白酒是代代相传的历史产物，是镌刻着民族基因的特别存在。在其他蒸馏酒马不停蹄走出国门卖到全世界之时，中国白酒始终被世界主流消费圈拒之门外。个中原因十分复杂，文化属性差异影响最大。白酒在中国历史悠久，中国人视它的醇厚酒香为镌刻在血液里的印记，中国人喝的是感情，但外国人喝的是味道。与其他蒸馏酒味道清淡相比，白酒的味道显得过于突出、浓烈。很多外国人初饮白酒会觉得辣嗓子、呛喉咙，中国人觉得香醇的味道却足以让外国人五官扭曲，对白酒体认感的巨大差异使得白酒很难融入其他国家的市场。同是蒸馏酒，为什么白酒的味道就这么特别？原因在于白酒是蒸馏酒中唯一主动让霉菌加入发酵过程的酒种，中国白酒的酿造会用到“酒引子”，也就是酒曲，它的原材料就是发霉的谷物。酒曲酿造使白酒中含有大量的醛类，醛类和醇类发生酯化反应，也就形成了复杂的不同于其他蒸馏酒大类的浓郁香味。这种另辟蹊径，对中国人来说，是值得骄傲的老祖先智慧的结晶，在迈入国际市场时，却成了缺点。

此外，对任何酒种来说，年轻群体都是重要的目标消费者，然而，中国白酒过去却不怎么受年轻人欢迎。年轻人喜欢的鸡尾酒，基本都是用金酒、伏特加、威士忌、白兰地等蒸馏酒调配的，以中国年轻人喜欢的“微醺”系列鸡尾酒为例，有白兰地、伏特加、朗姆等风味，但却没有白酒风味的，为什么？因为白酒属于高香酒，很难调制出容易被年轻人接受的鸡尾酒。当然，这一情况现在已经得到了一定程度的改善，从 2017 年开始，以五粮液、茅台等为代表的中国白酒行业已经开始迈出中国白酒新生代酒品创制的步伐，用白酒调制鸡尾酒的尝试也越来越好，不过，仍未形成蔚为大观之势，现在市面上尚未有白酒风味的鸡尾酒。进一步说，中国白酒品质高低不一，很多白酒，连国人自己都难以分辨真假高低，外国人就更难“识庐山真面目”了，如果一不小心买到了用酒精 + 水 + 香精勾兑的劣质酒，印象只会更差。

值得庆幸的是，从 2022 年 6 月 1 日起，2021《白酒工业术语》及 GB/T 17204-2021《饮料酒术语和分类》两项国家标

准正式实施，这也被称为白酒新国标。这两项标准的实施明确了几件大事。其一，白酒对应的英文名字明确为“Baijiu”，让外国人用中国人的叫法称呼白酒，无疑是有益于白酒的文化输出的。其二，与白酒有关的专业术语定义更加明确，比如原材料中增加了“粮谷”和“谷物”的定义，在生产设备上根据白酒行业机械化现状增加了“发酵槽”和“装甑机”等术语的定义，在香型上增加了酱香和芝麻香“堆积”工艺的术语和定义。最后，尤为重要的是，新修订的标准中，凡是加了食用添加剂调香调味的酒，不能再叫白酒，叫“配制酒”或“调香白酒”，只有固态法白酒、液态法白酒和固液法白酒才能被称为白酒。换言之，中国白酒以后一律不准用非谷物食用酒精，必须使用大米、玉米、糯米等谷物发酵酿造的酒精，不可以使用食品添加剂。对白酒行业而言，这一规定无疑是白酒品质更上一层楼的预告，对消费者而言，这一规定也是极大的福音。以后消费者在市面上购买的白酒，将是传承传统酿造工艺的，真正意义上的粮食酒。从长远角度考量，此举也显然有益于中国白酒以更加纯粹、健康的姿态走向国际市场，让外国人喝上真正凝聚了历史与传统酿造技艺的中国白酒。

第五节

酒精“冷知识”：那些你可能不知道的

人类在漫长的生产生活实践中积累了大量的知识、经验，起初，或者由于这些知识、经验可以立刻作用于新的实践活动，且效果立竿见影，所以人们对这些知识、经验的记忆异常深刻，并将其代代相传。后来，随着实践活动的日趋丰富，人们获得的知识和经验越来越多，有些如影随形伴随着人们的知识和经验慢慢被忽略，继而演变成了百姓常用而不知的存在。酒精诞生和发展的历史充满了人类留下的印记，但关于酒精的很多知识，却并非普天之下皆知。就像现在，在我们的日常生活中，酒精的影子可谓无处不在，它与人们的生产生活实践保持着千丝万缕的联系，但人们往往只知道其常用领域的知识，对一些显而易见的知识并不知晓。

比如人们知道酒精是构成酒的重要成分，也知道酒精有不同分类，不同类别的酒精常常有不同的用途，医用酒精用于消毒，工业酒精能够用于工业生产。但如果要问，哪些食

物中含有酒精；酒精除了医用、工业用、酿造酒类饮料，还有其他什么用途；高度数的饮料酒能否代替医用酒精进行消毒，可能很多人都模棱两可。而这些与酒精有关的“冷知识”中却蕴含着许多生活常识，掌握这些常识，对于人和酒精的和睦相处大有裨益。

一、爱美人士的“担忧”——酒精护肤品

酒精是护肤品里的“常客”，很多护肤品中含有酒精。有些人认为护肤品中含有酒精，这一定是无良商家所为。显然，这种结论过于主观臆断。护肤品中的酒精是乙醇，不是工业酒精，也不是医用酒精，它与构成酒体主要成分的酒精是一样的，既然可以入口，用来护肤也不必大惊小怪。在护肤品中，酒精是除了水以外唯一被允许使用的溶剂。但与日常所说的酒精有区别的地方在于，护肤品中的酒精会进行一些特殊处理，以减少其挥发性和刺激性。护肤品里为什么用酒精？这绝不是生产者吃饱了撑的没事干，而是因为它的存在确实有特定的功效。

酒精可以促进皮肤对护肤品的吸收。人们常用的爽肤水、乳液等，在使用的时候，如果渗透性好，皮肤吸收得就快。但有些护肤品中的某些有效成分仅靠一己之力很难很

好地被皮肤吸收，这个时候就需要酒精的辅助。因为酒精作为一种溶剂，可以打破细胞间的脂质双分子结构，从而促进皮肤的吸收。当然，酒精还能优化人们的护肤体验。酒精具有挥发性，挥发过程中会带走一部分热量，所以人们在用含有酒精的化妆品时会有清凉感，特别是炎热的夏天，这会让人感觉皮肤透气、舒爽。酒精也有一定的清洁作用，可以带走脸上的油脂，对某些“大油田”、多痘的皮肤而言，是比较友好的。面膜里也含有酒精成分，其作用和爽肤水中酒精的作用一样。面膜具有对皮肤进行补水、保湿、滋养的功能，这些功能的发挥建立在面膜中的营养物质可以较好地渗透进皮肤内层的基础上，而酒精可以帮助这些营养成分更好地渗透。有些人觉得使用了含酒精的面膜皮肤会刺痛，酒精成分过量确实会对皮肤造成一定的刺痛感，但正常情况下，面膜中的酒精含量是符合标准要求的，不会对皮肤造成过度刺激。所以，人们感受到的刺痛感很可能不是酒精引起的，而是由于皮肤过于干燥、缺水，遇上具有高效补水或某些消炎功效的面膜，才出现了刺痛感。

某些防晒霜里也含有酒精，用过防晒产品的人提起其油腻感和厚重感往往无可奈何，虽然嫌弃又离不开。然而，很少有人知道，如果防晒霜里没有酒精，皮肤所能感受到的油腻感和厚重感要更严重。添加适度的酒精，可以改善防晒霜的配方，使它的质感变得更加轻盈。所以，如果看到防晒霜

里含有酒精成分，不必惊慌，它的存在会让皮肤更好地呼吸，用过之后会有清爽感。事物都有两面性，酒精可以带走油脂和热量，也会带走水分，所以有些人用了含酒精的护肤品会觉得皮肤干燥，那些皮肤容易干皮、敏感肌的人，还是要减少含酒精护肤品的使用。

二、成人的快乐——含酒精零食

想象力是人类的一种高级能力，这种能力让人富于创新精神。人类社会就是在日复一日地不断推陈出新中进化发展的。想象力让人类突破了无数极限，创造了无数可能。食物作为维系人类人生的一种重要物质，见证了人类想象力的不断飞跃。用马斯洛需求层次理论，可以将人类对食物的需求划分为生理需求、安全需求、归属需求、尊重需求和自我实现五个层次，在多层次需求的综合作用下，人类在食物上想方设法寻求创新，各种含酒精零食、酒精饮料的出现就是人类创新的结果。

近几年，全球市场上不约而同地出现了许多含酒精的零食。中国小众白酒品牌江小白推出了白酒饼干，中国台湾地区的啤酒品牌台虎推出了含有英式波特（English Porter）啤酒及美式小麦（American Wheat）啤酒的干脆面，泸州老窖推出“酒香五仁川皇酥”月饼，日本六花亭推出了酒心糖，加拿大的一家公司推出了冰酒糖。与此同时，还出现了酒精冰激凌和各种酒精饮料。看起来，酒精与食品之间的缘分还将以更多意想不到的方式延续下去。

酒精与零食最早的搭配是什么不得而知，但要说起最经典的搭配，一定不能错过酒心巧克力。据说，早在1700年，法国人就发明了一种用巧克力包裹樱桃和白兰地的甜点。后来，美国人在此基础上用利口酒代替白兰地，制作出樱桃酒心巧克力。为了延长巧克力的保质期，避免酒味被巧克力本身的香气压住，刚开始时的酒心巧克力基本都使用烈酒。直到现在，低度酒心巧克力才开始流行，比如瑞士的香槟巧克力、日本的啤酒巧克力等。2018年，泸州老窖也推出了酒心巧克力，为了吸引消费者，这款巧克力不但使用了泸州老窖定制级浓香白酒，还从古老的占星术中获得灵感，融古希腊文化和中国古老仪式文化于一体，设计出了形似太阳系、体现中西文化融合的星球版酒心巧克力。

酒精与冰激凌是近几年持续走高的搭配，人类食用冰激凌的历史要比我们想象的悠久许多，目前已知的记载显示，冰激凌大约最早出现在元代。马可·波罗在《东方见闻》一书中说：“东方的黄金国里，居民们喜欢吃奶冰。”所谓奶冰，就是元朝人做出来的冰激凌，元朝人将平常食用的果酱和牛

奶混入其中，这样凝成的冰像沙泥一样，比冰块要柔软很多，入口即化。由此可见，冰激凌的出现与人们的用冰历史有直接关系。古人很早就知道可以将冬天结成冰的河水切割成块，储存于地窖，待夏天取出，同捣碎的水果搅拌后食用。中国较早出现了冰激凌。其被马可·波罗带到欧洲之后，受到人们的欢迎，很多国家开始制作冰激凌。据说，17 世纪，英国开始出现深约 10 米的洞穴用来专门储存冰块，用于制作冷饮和冰激凌。到了 18 世纪末，冰激凌文化蔓延至俄国，冰激凌成为贵族家庭必备的饭后甜点，在首都圣彼得堡的甜品店、咖啡馆、酒吧等场所都出现了冰激凌的身影。之后，冰激凌在全球范围内出现，全球冰激凌市场日渐壮大。数据显示，近年来全球人均冰激凌年消费量约 4.5 千克，中国人均约为 2.9 千克，日本人均约为 10 千克，瑞典人均约为 15 千克，美国人均高达 22.5 千克。庞大的消费市场带来了可观的销售利润，2021 年全球冰激凌收入大约 685.10 亿美元。这些直观的数字足以说明全世界各国人民对冰激凌的喜爱程度。需求决定生产，在需求不断增长的同时，冰激凌产品的花样也日益繁多，商家们绞尽脑汁，翻新出奇。青少年是冰激凌消费的主力军，他们倾向于选择更适合自己个性的冰激凌。

酒精冰激凌是针对成年人开发的新产品，究竟是哪个国家的哪个商人如此敏锐地捕捉到了消费者的需求，不得而知。但酒精冰激凌推出之后，确实受到了很多成年人的欢迎，酒精冰激凌也被称为成年人的甜品。美国、英国、马来西亚、意大利等国在过去的几年推出了不少酒精冰激凌，比如2017年，美国雪糕品牌哈根达斯曾推出5款限定版的烈酒口味冰激凌，分别是威士忌松露巧克力口味、朗姆酒香草焦糖布朗尼口味、爱尔兰奶油咖啡脆饼口味、伏特加柠檬派口味以及朗姆酒姜饼口味。2019年，哈根达斯又推出7款限定口味冰激凌系列，包括波本果仁核桃味、百利甜布朗尼味、百利甜曲奇味、黑啤椒盐脆饼味等，不同酒类的味道混合其他具有不同口感的食材，听起来确实足够诱人。中国酒企在冰激凌市场上的参与相较于国外，姗姗来迟，但迟到总比不来好。一些酒企已经开始行动，2022年5月29日，茅台推出青梅煮酒、经典原味和香草口味三种冰激凌，并取得4万个冰激凌在53分钟内售罄的佳绩。目前，北京、上海、青岛、遵义、哈尔滨等地有茅台冰激凌旗舰店。中国台湾地区的啤酒品牌台虎2019年也推出了两款经典调酒系啤酒长岛冰啤与柯梦脱单，直接做成棒冰，将原本啤酒的9.99%酒精浓度下调至3.5%。酒精冰激凌味道是否比普通冰激凌更胜一筹，不得而知。显而易见的是，因为酒精的加持，酒精冰激凌的价格随之水涨船高，几乎是普通冰激凌的几倍。

催生这些含酒精零食出现的原动力就是人们对酒类的持久消费热情和对酒精天然的亲切情感。人类对酒精的热爱程度绝非夸大其词，英国医学杂志《柳叶刀》报道显示，全

球每名成年人每年的酒精摄入量从1990年的5.9升上升到1997年的6.5升，预计到2030年将增长至7.6升。当然，目前，年轻人消费酒精的态度与往日已不可同日而语。他们既喜欢酒精带来的刺激感，又希望可以将酒精带来的风险限定在可控制范围之内，兼顾健康和口感的含酒精零食的出现无形中满足了年轻消费者的新需求。可以预见，未来，酒精和食品还将产生新的化学反应。

三、食品配料表里出没的食用酒精

含酒精零食所使用的多是原酒，人们对它的安全几乎不担心。但日常生活中，还有很多食品配料表里含有食用酒精成分，这种酒精安全吗？这些食品是否可以放心食用？小孩是否可以吃？以日常生活中常见的调味料醋为例，许多白醋、陈醋或米醋中都含有食用酒精成分，这是怎么回事呢？食醋按照生产方法，一般分为酿造醋和人工合成醋，酿造醋又可细分为粮食醋、糖醋、酒醋、果醋等，其中的酒醋就是用白酒、食用酒精等作为原料制成的。这种含有食用酒精的醋，价格较之纯粮食酿造的醋要便宜。区分二者并不难，只需要仔细观察原料即可。从口味上来说，单纯用粮食、水、食盐等发酵的醋，口感佳，且有营养价值，最适合烹饪食物，而含有食用酒精的醋也可以起到提升菜品风味的作用，只是口感相对较差，味道也不如纯粮食醋醇厚。但是，其安全性一般是有保证的。因为酒醋通常是在醋酸菌的作用下使乙醇发酵氧化成醋酸，在醋酸发酵的过程中，绝大多数乙醇又被氧化成了乙酸。所以，最终酿造出来的醋中虽然含有酒精，但其浓度非常低，食用级别在控制范围内。如果担心孩子的食用安全，可以在高温烹煮食物时添加，这样可以使酒精挥发。总之，如果看到食品配料表里有食用酒精，不必惊慌，可以根据需要选择食用方式，也可以避开这种含有食用酒精的食物。

很多豆腐乳里也含有酒精，其酒精来源主要有二：一是腐乳的红曲霉代谢能产生酒精，二是发酵之前人工加入酒精，后者是最主要的，其指的是食用酒精，目的是防止腐败菌的滋生。腐乳中的酒精含量较低，也可以通过高温加热的方式使其挥发。很多烘焙食品中也含有食用酒精，这与酒精本身具有抗菌能力有直接关系，由于乙醇的安全性高，只需要低浓度就可以达到防腐效果，所以人们将食用酒精作为食品保鲜剂使用。研究显示，酒精气体浓度为 7000—8000ppm 时对蛋糕的防霉效果非常显著，浓度为 8500—9500ppm 时对面包的防霉效果非常显著，浓度为 6000—7000ppm 时对月饼的防霉效果非常显著。[①] 由此可见，食用酒精是安全的，它

① 赖桂中、陈爱贤、何贝等:《酒精气体与烘焙食品的防腐关系》,《食品安全导刊》2020 年第 32 期。

的存在，使人们可以享受更多美食。

四、酒精消毒莫随性

人们普遍认为酒精可以消毒，但是对于酒是否可以消毒，许多人模棱两可。在很多影视剧和小说中，不论古代还是近现代，都不乏直接用酒消毒的情节，那些英雄豪杰或战士们受了刀伤、剑伤或枪伤之后，不约而同地选择猛灌一口酒喷向伤口处。这样的镜头足以让观众或读者热血沸腾，所以很少有人质疑这种方法的科学性。当然，人们之所以不质疑，与这些场景发生的特殊历史时代有很大关系。在缺药少医的紧急情况下，为了避免感染用酒消毒未尝不可。现实生活中，也有一些人在出现伤口之后用酒消毒，在中国，用白酒消毒是很多人惯用的。但酒其实是无法起到和酒精一样的消毒作用的，更需要引起警觉的是，用酒擦拭伤口，可能会使细菌快速生长，非但不能消毒还会起到反作用，影响伤口愈合。因为酒中不但含有酒精，还含有其他复杂的成分，有促进细菌增长的作用。因此，在日常生活中，消毒时，一定要选择经过严格配比而成的75%浓度的酒精或碘伏、碘酒。

小结

对于酒精这种现实生活中司空见惯的事物，人们有自己的理解，这种理解通常是建立在日常的生活经验、知识习得的基础上的，但这种理解有时候并不全面，甚至存在不同程度的片面性。对很多事物而言，不求甚解并没有什么影响，毕竟大千世界里有很多事物，只靠经验传承就可以正常待之、用之。通常情况下，人们不了解酒精的属性、各种知识，也并不影响人们的日常饮用和使用。但若想拓展一下我们的知识面，就有必要多问几个为什么，看看我们自己是否真的知道关于酒精的更多知识。同时，弄清我们已经知道的是不是真知，有哪些是我们的误解，有哪些是被我们忽略却很重要的知识。

尤其是当前，酒精与人类之间的联结更为紧密，酒精在人类日常生活中的应用形式也更加多样化。从理论层面上来说，我们要知晓酒精与人类文明能同频存在，知道它绝非洪水猛兽，不必谈酒精色变，从而轻易辨别那些关于酒精的各种言论，避免人云亦云和夸大扭曲；从实践层面上来说，我们要知晓怎样喝酒才是健康的，不同的酒与哪种食物搭配才能使人享受到更佳的体验，同时又有哪些情况是需要避免的。我们可以放心大胆地尝试一些含酒精的零食，感受一下零食带给味蕾的别样刺激，在日常生活中使用与酒精相关的制品时，也能更安全地使用它，避免被其误伤。

第六章

藏在医学里的严肃秘密
——“酒疑”

换个视角，站在一个更加严肃、深沉的立场上审视酒精，就像是站在一座高塔的顶端，用高倍望远镜俯瞰，每一个细节都显露无遗。这个角度，虽然可能会让我们看到一些令人不安的事实，但也能让我们更深入、全面地理解问题，从而找到更安全地与酒精共处的方法。

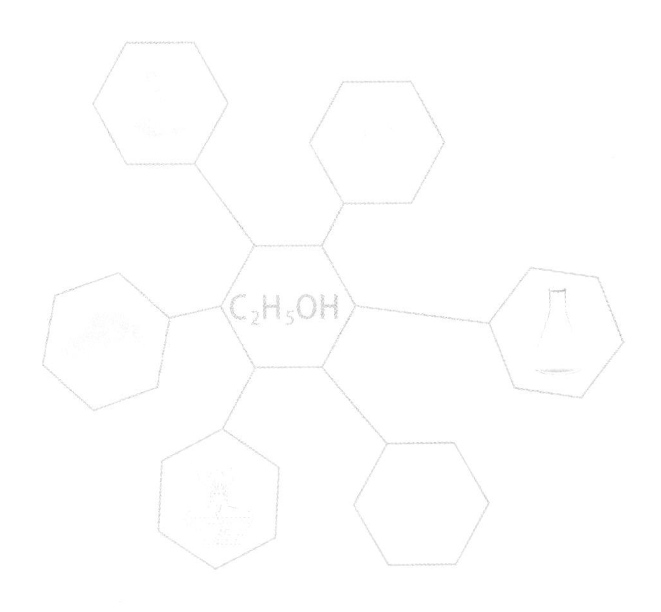

第一节

酒精在人体内的吸收和代谢过程

上一章很清晰地向大家揭示了酒精在身体内的“奇妙旅程”。通过上一章，我们可以知道吸收和代谢的关系类似一个接力赛。吸收过程就像是接力赛的第一棒，当我们摄入食物或饮料后，它们首先会被我们的胃和小肠吸收，就像第一棒运动员把接力棒传给第二棒运动员一样。然后，这些被吸收的物质会进入血液，被运送到我们的肝脏。这就像是接力赛的第二棒，把接力棒传给第三棒运动员一样。在肝脏里，这些物质会经过代谢，被转化成能被身体利用的能量，或者被排出体外，这就像是接力赛的第三棒，把接力棒传给最后一棒的运动员一样。最后，这些经过代谢的物质会被排出体外，或者储存起来供身体以后使用，这就像是接力赛的最后一棒，把接力棒带到终点一样。所以，吸收和代谢是密切相关的。

一、小肠是吸收酒精的“主力军”

酒精进入人体之后，又是怎样被吸收和代谢的？当人们喝下酒精，它首先会进入胃。胃的主要功能是消化食物，但它也会吸收一部分酒精。酒精进入人体后，首先会被胃部的乙醇脱氢酶分解一部分，大约 20%。然后，胃会将食物和酒精混合物通过幽门（胃和小肠之间的一个开口）传送到小肠。小肠是人体吸收营养的主要场所，小肠的吸收面积极大，达 200—300 平方米，相当于一个篮球场的大小，可以形成无数的皱褶和绒毛。这大大增加了小肠与酒精的接触面积，从而使酒精可以在几分钟内被小肠迅速吸收。小肠的主要吸收部位在空肠和回肠，尤其是上段空肠。这里不仅有大量乙醇脱氢酶，而且肠壁薄，血流量大，吸收最为高效，剩余的 80% 的酒精都会被小肠吸收。

酒精在人体内的吸收就像一列高铁穿过山脉，山脉的高低起伏代表着各种影响吸收的因素。如果空腹，就相当于高铁行驶在平坦的大平原上，酒精吸收非常迅速。如果胃装满食物，就是高铁要翻山越岭，酒精吸收速度就会放慢。如果饮酒量大，就像高铁上坐满了乘客，酒精一次过量到达肝脏，肝脏来不及充分代谢。如果饮酒量少，高铁上的乘客则较少，肝脏可以顺利处理。如果是男性，相当于高铁车厢空间较大，可以容纳更多酒精。如果是女性，相当于车厢空间较小，可以容纳的酒精量也较少。所以，酒精吸收就像高铁行驶的路线和车厢载客量，会因许多因素而受到影响，需要合理控制。

二、酒精的代谢过程好比工厂的“生产线”

我们可以将酒精的代谢过程看作一条精心组织的工厂生产线。它先是被消化系统吸收，就像原材料被送入工厂一样。这些原材料被送到小肠，小肠就像一个高效的传送带，将酒精快速地送入血液。接着，血液将酒精送到肝脏，肝脏就像是工厂的生产车间，有专门的工人（酶）在那里工作。这些酶开始快速地分解酒精，将酒精（原料）转化为乙醛（半成品）。然后，乙醛会被另一个酶——乙醛脱氢酶（ALDH），进一步转化为乙酸，这就像工匠把半成品转化为最终的产品。乙酸随后被转化为水和二氧化碳，这些都是身体可以利用或者轻易排出的物质。在整个过程中，肝脏就像一个忙碌的工厂，不断地将酒精分解、转化，最后形成无害的物质。然后，这些无害的物质被送到体内各个部位，或者通过尿液和呼吸排出体外，就像工厂的成品被运送到各个销售点，或者被储存起来一样。然而，如果酒精的摄入量超过了肝脏的处理能力，那么酒精就会在血液中积累，导致醉酒。这就像工厂的生产线被过量的原料堵

塞，无法正常运转。

不同的人，存在代谢酒精的差异，这种差异就像不同的工厂生产线运作的差异。不同生产线规模不同，就像大型工厂有更多的生产线，可以更快地处理原料（酒精）。而拥有大体重的人，有更多的水分，代谢酒精的速度也更快；不同性别的工人工作效率可能不同，就像男性和女性代谢酒精的速度不同；老化的工厂，生产线的效率可能会降低，就像随着年龄的增长，人体代谢酒精的速度会降低；空腹喝酒，酒精会更快地被吸收进血液，就像原料直接进入生产线，而在饮食之后喝酒，食物可以减慢酒精的吸收，就像原料需要先存储，再逐渐投入生产；人的健康状况，譬如肝脏疾病或其他健康问题，可能会影响酒精的代谢，就像工厂设备的故障会影响生产；人的遗传因素，也会影响酒精代谢，一些人的体内可能缺乏足够的酶来分解酒精，就像某些工人可能缺乏必要的技能来处理某种原料；外部因素也会影响酒精代谢，就像人服用的一些药物可能会影响肝脏的代谢能力，就像外部因素可能会影响工厂的生产。

酒精之所以有如此大的杀伤力，主要是因为酒精是一种中枢神经系统抑制剂，过量饮酒会抑制中枢神经系统的功能，导致人意识模糊、行为异常、协调能力下降等。这种中枢神经系统的抑制不仅影响个体的正常功能，还可能导致严重的呼吸衰竭。酒精中毒引起的呼吸抑制可能导致缺氧和二氧化碳潴留，严重时甚至导致人呼吸停止，最终失去生命。同时，长期大量饮酒会对身体各个系统造成损害，例如肝脏疾病（如肝炎和肝硬化）、心脏病、神经系统障碍等。这些酒精相关疾病在严重情况下可能导致器官衰竭，进而使人失去生命。

酒精也是肝脏的克星。当我们喝酒时，酒精会被吸收进血液，然后通过肝脏进行代谢和排泄。然而，肝脏只能处理一定量的酒精。如果喝酒过量，肝脏就会因为过度工作而受到损伤。长期饮酒会导致肝脏出现脂肪肝、酒精性肝炎和肝硬化等疾病。脂肪肝是最早期的酒精性肝病，它是由于肝脏代谢过多的酒精而导致脂肪在肝脏内积聚。如果不及时治疗，脂肪肝可能会发展成为更严重的酒精性肝炎和肝硬化。酒精性肝炎是一种急性肝炎，症状包括肝脏疼痛、黄疸、恶心、呕吐和发热等。如果不及时治疗，酒精性肝炎可能会导致肝脏功能衰竭。肝硬化是最严重的酒精性肝病，它是由于长期饮酒导致肝脏组织受到严重损伤和纤维化而引起的。肝硬化会导致肝脏功能衰竭、腹水、脾功能亢进、脑功能障碍和死亡等严重后果。那么，酒精是如何做到对肝脏的巨大伤害的呢？如果用显微镜观察，会发现，酒精可直接进入肝脏，与细胞内的蛋白质结合，破坏细胞的结构和功能。这种破坏不仅影响肝脏的解毒功能，还会导致细胞的死亡和组织

的纤维化。然而，这还不是全部。酒精还会激活肝星状细胞。这些细胞会释放出一种叫作肝星状细胞生长因子的物质，它会引发炎症反应和纤维化过程，最终导致肝脏组织的硬化和功能衰竭。

第二节

酒量是否可以“练”出来

一、对酒量的误解

酒量，简单来说就是一个人在一定时期内（短期）最多能喝下多少酒还不至于醉的最大量。酒量也是中国人“发明”的“空间概念”，“量”是一种刻度，在古代是一种容器，中国人巧妙地用它来比喻一个人的饮酒能力这一抽象概念。那么人的酒量是否能被训练出来？日常生活中，无论是家族聚会、同事聚餐，经常会有人站出来劝酒，如果哪个人以自己酒量不行为由推脱，通常会被人告知：酒量，就是要练，多练就好了。这种说法好像酒量提升是“田径训练”，“这个月跑 400 米，下个月跑 800 米，再下一个月直接跑到 2000 米”，在反复训练中酒量就能得到突飞猛进式的增长。在这些人看来，每次喝酒都是一次锻炼，只有通过不断地挑战自己，酒量才会变得越来越厉害。

不妨先寻根问底问一下人为什么想要训练酒量。有些人想要训练酒量是因为社交压力，在某些社交场合，喝酒可能被视为一种社交礼仪，而且有时候会有一些饮酒比赛或挑战。对于那些认为自己酒量较小的人来说，提高酒量可能会让他们在社交场合有一种自信和满足感。他们希望能够在喝酒的时候表现得更好，而不是喝几口就变得晕晕乎乎，满脸通红，身体摇摇欲坠不听使唤。有些人喜欢品尝各种类型的酒，而提高酒量可以让他们更好地品尝和享受酒的味道。他们可能希望能够更长时间地品尝酒的风味，而不是很快就感到醉意。还有一些人喜欢挑战自己的极限，包括酒量。他们认为通过训练酒量，他们可以超越自己的极限，展示出自己的毅力和耐力。无论出于什么原因，显而易见，很多人都认为酒量可以训练，只要功夫深，一定能出成果。

也不怪人们会产生这样的认知，毕竟从古至今，有这样想法的人不在少数。据说，早在古罗马时期，人们就有训练酒量的想法和实践了。在古罗马社会中，酒是一种重要的社交媒介，经常在宴会、庆祝活动和公共场合中使用。拥有较大的酒量，在当时被认为是一种社交技能和身份的象征。为了提高酒量，古罗马人采取了一些特殊的方法。一种常见的方法是通过渐进式地增加饮酒量来逐渐适应更大的酒量。古罗马人相信，通过反复训练和适应，他们的身体和胃部可以逐渐适应更大的饮酒量。此外，古罗马人还使用一些药物来帮助增加酒量。例如，他们可能会使用一种被称为“乌鸦草”的植物，他们认为它可以减轻酒精对身体的影响，并延长饮酒时间。

二、酒量无法真正训练出来

但酒量真的可以训练出来吗？在弄清这个问题之前，可能先要弄明白什么是酒量。酒量是指一个人能够消耗多少酒精而不产生明显的醉酒症状。它主要取决于身体对酒精的分解能力，即酒精代谢酶的活性水平。酒精主要在肝脏中通过乙醇脱氢酶（ADH）和乙醛脱氢酶（ALDH）的作用进行分解代谢。如果一个人的酒精代谢酶活性较高，那么他的酒量就会较大，能够消耗更多的酒精而不产生明显的醉酒症状。相反，如果一个人的酒精代谢酶活性较低，那么他的酒量就会较小，只要摄入较少的酒精就可能出现明显的醉酒反应。人体的酒精代谢酶活性又取决于许多因素，遗传因素就像是酒精代谢酶的导演，决定了整个演出的基调。有些人天生就有高活性的酒精代谢酶，他们就是那种能喝下一杯又一杯却不醉的人。而有些人的酒精代谢酶活性相对较低，他们只需轻轻一杯就会感到醉意；性别也是一个重要的因素。女性的酒精代谢酶活性通常较低，所以她们在酒局上可能需要更小心翼翼地控制酒精摄入量，以免醉倒在酒桌上。年龄也是一

个关键要素。年轻人的酒精代谢酶活性通常较高，可以轻松地应对大量的酒精。但随着年龄的增长，酒精代谢酶的活性也会逐渐下降。肝功能就像是酒精代谢酶的舞台，它负责过滤和分解酒精。如果肝脏功能不佳，那么酒精代谢酶就无法正常发挥作用，酒精就会在体内滞留更久，让人醉得更快、更深。饮食和营养状态就像是酒精代谢酶的后勤保障，提供所需的能量和营养。如果饮食均衡，摄入足够的维生素和蛋白质，那么酒精代谢酶就会更加活跃，让人在酒局上更加从容自信。

说到这里，肯定有人要跳出来提出相反的观点，因为他们有亲身经历，那就是他们确实越喝越能喝了，从一杯就倒到千杯不醉，他们认为这就是酒量可以练出来的铁证。而事实上，其中的关键在于酒精耐受度的改变。有些人无论喝多少次酒，都认为酒无论是从口腔感受还是身体感受上都无法带给他们愉悦的体验。也有些人，随着饮酒次数和饮酒量的增加，慢慢发现，喝同等分量的酒时，身体的不适感在减轻。但这并不是酒量上涨了，而是人体对酒精的耐受性变得比以前强大了。从生理适应性角度来看，长期饮酒会导致身体逐渐适应酒精的作用，从而增加对酒精的耐受性。这是因为肝脏会逐渐增加代谢酒精的酶的产量，使得酒精在体内分解得更快。这种适应性可能会导致个体需要更多的酒精才能达到相同的醉酒程度。从心理因素来论，当一个人经常饮酒并且相信自己有较高的酒量时，他可能会更加自信地面对饮酒，从而在某种程度上增加了他的酒精耐受能力。这个角度的酒量增大实际上是以健康危害的增加为代价的。由此可见，即便表面看起来一些人似乎更能喝，也更能控制自己的言行了，也改变不了多喝酒练不出酒量的事实。相反，在分解能力固定的情况下，摄入更多酒精对身体有害无利，如果不能及时代谢，就会损伤肝、胃、食道等器官。

第三节

酒精到底是镇静剂还是兴奋剂

在人们的日常生活中，存在很多“既能是A也能是B”的事物。比如，锻炼可以起到强身健体的作用，但过度锻炼也可能造成体力透支伤害身体；工作如果投入适度可以获得成就感，投入过度又容易导致烦躁和压力。酒精也是如此，酒精在不同剂量下，可以作为兴奋剂，也可以作为镇静剂。适量饮酒可以减轻焦虑，帮助睡眠。大量饮酒，酒精则会从镇静剂转变为兴奋剂，使人们出现过度兴奋、言语不清、情绪激动、行为失控等表现。

一、酒精在一定剂量下可作为镇静剂

在医学上，酒精被认为是一种能够作用于中枢神经系统的药物。当血液中的酒精浓度较低时，它能够抑制大脑皮层的特定区域，使人产生兴奋和欢快的感觉。但是，当血液中的酒精浓度升高到一定程度时，就会对其他脑区产生抑制作用，带来镇静和催眠效果。具体来说，酒精能增强神经传递物质 GABA（γ-氨基丁酸）的功能。GABA 是一种重要的抑制性神经递质，能抑制脑细胞的兴奋性，从而产生镇静的作用。在酒精的影响下，GABA 对脑细胞的抑制效应增强，中枢神经系统活动减弱，出现睡意增强、反应迟钝等镇静症状。此外，酒精还能抑制兴奋性神经递质谷氨酸的释放。谷氨酸是促进中枢神经兴奋的重要物质。酒精通过降低谷氨酸水平，可以进一步抑制脑细胞活动，产生镇静效果。

酒精作为镇静剂，在临床上很普遍。某些手术前，医生会开具少量含酒精的药物让病人服用，例如，西泮等苯二氮卓类药物。这种药物可以产生轻度的镇静效果，减轻病人的焦虑情绪，使手术过程更加顺利。对酒精戒断综合征的治疗也会用到酒精，长期酗酒者在突然停止饮酒后，可能出现戒断综合征，表现为焦虑、失眠、震颤等。为防止严重的戒断反应，医生会开具少量酒精制剂，然后逐步减少剂量，以帮助患者安全完成酒精戒断过程。轻度忧郁症的自我治疗也会使用到酒精，在忧郁症较轻的情况下，少量白酒也可用于自我镇静，减轻焦虑。但这只能作为辅助手段，不能替代药物和心理治疗，过量或长期依赖酒精治疗忧郁症会产生负面效果。脑损伤后的镇静也有酒精的身影，严重脑损伤后，病人可能出现激动、警觉性减退等症状。医生会根据病情开具含

酒精的镇静剂，以抑制中枢兴奋，防止继发性脑损害。但剂量必须严格控制，不能因镇静过度而影响生命体征。需要注意的是，酒精作为药物的镇静效果只能在一定剂量范围内实现。而所谓的“一定剂量”是按照患者身体的体重、年龄、职业和生活习惯综合判断的，需要专业医生进行测定。

二、酒精也会让人过度兴奋

为什么人们在喝了酒之后会出现兴奋和异常反应呢？世界各国的影视中，经常出现各种因醉酒而过度兴奋的镜头。例如，醉酒后，人们往往会变得大声喧哗，不受控制地大声笑、尖叫或者高歌；人们常常会跳起舞来，不管是在舞池里狂欢，还是在家中或者街头摇摆；人们的社交抑制力降低，他们可能会亲吻朋友、同事甚至是陌生人；人们可能会变得情绪激动，勇敢地表达自己的情感，包括爱慕之情、友谊或者道歉；人们可能会玩弄周围的道具，比如把酒瓶当作话筒，或者用杯子做出有趣的动作。这是因为酒精不仅有抑制神经的作用，它还会刺激其他部分的神经系统，导致人们产生兴奋感和异常反应。

酒精就像是一个调皮捣蛋的小精灵，悄悄地进入饮酒者的身体，刺激下丘脑和大脑边缘系统，这些部分对情绪和行为的调节起着重要作用。当这些部分受到刺激后，会释放一些兴奋性神经递质，如多巴胺和去甲肾上腺素，这会使人感到兴奋和愉悦。酒精还会影响大脑中的其他神经递质系统，如 GABA 系统。GABA 能减少神经元之间的兴奋性传递。酒精可以增强 GABA 的抑制效应，从而抑制大脑皮层的兴奋。然而，当酒精浓度较高时，它也会抑制谷氨酸系统，这是一种兴奋性神经递质系统。这种抑制谷氨酸系统的作用，会降低大脑皮层的兴奋性，从而产生镇静、安定、减少焦虑等效果。酒精这种类似于兴奋剂的作用，也存在很大的危害，可能导致人们变得冲动、易怒或失去控制，从而引发争吵、暴力行为或其他社交问题。当然，个体差异也会影响人们对酒精的反应。一些人可能对酒精更敏感，即使摄入较少的酒精也会产生兴奋和异常反应。而另一些人可能对酒精的抑制作用反应更为显著，表现出沉默和抑制的反应。

想象一下，人就像是一辆汽车，而酒精就像是一杯汽油。当人喝下酒精时，就像是给车引擎注入了一股强大的动力。这时，人的大脑就开始加速奔驰。首先，酒精会进入人的血液，然后通过血液运输到人的大脑。一旦酒精到达大脑，就会开始与人的神经元进行一场狂欢派对。酒精会与大脑中的神经递质进行亲密接触，比如多巴胺和去甲肾上腺素。这些神经递质是人感受快乐和兴奋的关键角色，所以当它们被酒精激活时，人就会感到一种前所未有的兴奋和愉

悦。然而，酒精的效果是有限度的。当喝得太多时，这辆赛车就会失控，可能会出现各种异常反应，比如说话不清、步态不稳甚至记忆丧失。所以，想要享受酒精带来的兴奋感，一定要适量饮用，不能超速驾驶！此外，过度兴奋通常只出现在酒精摄入量较低时。当饮酒超过一定量，酒精的镇静作用就会占主导地位，使人出现乏力、疲劳、反应迟钝等醉酒状态。所以饮酒仍需要适量，避免完全失去自我控制。

第四节

酒精是影响血压的“隐形杀手”

结束了一天繁忙的工作之后，许多人渴望找到一种方式来放松身心，减轻压力。喝一杯小酒似乎成了许多人的首选，它给人一种放松和愉悦的感觉，仿佛一下子将所有的疲惫和忧虑都抛诸脑后。然而，人们却很少意识到，这个看似无害的习惯实际上可能对他们的血压构成威胁。尤其是对那些本身有高血压这种基础病的人而言，酒精会让他们的身体像坐过山车一样惊险。

一、正常人的血压也会因为饮酒发生变化

酒精进入口腔，在口腔短暂停留之后，就会进入血管。随着酒精的进入，血管开始扩张，宛如万千细小的河流蓄势待发。随着酒精的摄入量增加，血管的扩张变得更加明显。血流量增加，血液在血管壁上的摩擦减少，仿佛一股无形的

力量在推动着血液的流动。血压开始上升，仿佛一座小山在身体中逐渐升起。这种因饮酒发生的血压变化，在正常人身上也会出现，只不过正常人的身体通常能够自行调节血压，将其保持在正常范围内。但这并不意味着正常人饮酒不会导致血压升高，事实上，正常人过量饮酒时，血压升高的幅度也会变大。此时，他们的心脏也会承受更大的负担，需要更加努力地将血液推送到全身各个角落，以确保身体各部分得到充足的供氧和营养。然而，这种过度的努力会让心脏不堪重负。随着时间的推移，心脏可能会逐渐疲惫，衰竭的风险也会增加。

酒精对血压的影响有短期和长期之别。短期来看，当我们饮酒时，酒精会进入血液循环系统，对血管产生直接的影响。酒精可以扩张血管，导致血管扩张，从而使血压下降。然而，这种血管扩张只是暂时的，当酒精的效应消失时，血管会收缩回到正常状态，血压也会回升。而长期大量饮酒将对血管产生严重的不良影响，导致血管变得僵硬。这是由于酒精对血管内皮细胞和血管壁的破坏所引起的。血管内皮细胞受损会导致血管壁的弹性和柔韧性降低，从而使血管变得僵硬。血管的僵硬性将对整个循环系统产生负面影响。

二、高血压群体要坚决对酒精说“不”

酒精对血压的影响是与饮酒量直接相关的。一般来说，适度饮酒对于大多数人来说不会对血压产生明显的不良影响。适度饮酒的定义是每天男性饮用不超过两个标准饮品（每个标准饮品相当于 14 克纯酒精），女性饮用不超过一个标准饮品。14 克的酒精相当于多少酒呢？这要看你喝的是什么样的酒。不同种类和度数的酒含有不同比例的酒精。一般来说，啤酒含有 4%—6% 的酒精，葡萄酒含有 12%—15% 的酒精，白酒含有 40%—60% 的酒精。酒精量是指饮料中所含的纯酒精的克数，可以用以下公式计算：

酒精量（克）= 饮料容量（毫升）× 酒精度数（%）× 0.8

例如，一瓶 500 毫升、4 度的啤酒的酒精量为：

酒精量（克）= 500 × 4% × 0.8 = 16 克

一杯 100 毫升、38 度的白酒的酒精量为：

酒精量（克）= 100 × 38% × 0.8 = 30.4 克

一杯 200 毫升、12 度的葡萄酒的酒精量为：

酒精量（克）= 200 × 12% × 0.8 = 19.2 克

所以，如果你喝啤酒，那么 14 克的酒精相当于 300 毫升左右；如果你喝葡萄酒，那么 14 克的酒精相当于 100 毫升左右；如果你喝白酒，那么 14 克的酒精相当于 50 毫升左右。

但是，对于高血压患者来说，即便是少量饮酒，也可能会让他们的血压急剧上升，造成严重后果。这部分人本就承受着高血压带来的负担，酒精的摄入会进一步加重他们的病情，给他们的健康带来更大的威胁。形象一点说，血管就像一条河，河水就是血液。高血压患者的血管像老旧的水管，血流就像里面流动的水。平时老旧的血管勉强可以运输正常的血液，这就像老旧的水管可以供应正常用水。但一旦喝酒，高血压患者身体内的血流量会加大，这就好比老旧水管里的水突然变多了，极有可能因为承受不了水流暴涨，“轰”的一声就爆开了。所以，高血压患者千万不能碰酒，哪怕一点点也不行，必须像对待毒药一样远离酒精，保护自己的血管安全。

第五节

喝葡萄酒真的可以睡得更好吗

很多人听过，睡前喝一小杯葡萄酒有助于睡眠。是不是真的如此？对于忙忙碌碌的成年人来说，有时候，虽然身体已疲倦万分，上下眼皮也在不停打架，但真闭上眼，却发现脑子里思绪万千，久久无法平静，也无法入睡。这些难以入睡的人，喝一小杯葡萄酒，会感受到葡萄酒温暖的味道在口腔散开，然后慢慢地蔓延到全身，取而代之的是一种舒适和放松，就像是在云彩上飘浮一样。这个时候，人们的眼皮会变得越来越沉重，思绪也会渐渐模糊，最终，人们会无声地沉入梦乡，享受美好的睡眠。这真的是葡萄酒的功劳吗？

一、提高入睡速度有据可依

有些人将人们在睡前喝一小杯葡萄酒之后所产生的美妙感受归结为心理因素，持这种观点的人们认为，人的心理状

态对睡眠质量有很大的影响。如果你相信喝葡萄酒可以帮助你入睡，那么你会更加放松，更容易入睡。这种心理作用被称为“安慰剂效应”，它可以让人们感觉到更好的睡眠质量，即使实际上并没有发生实质性的改变。但也有一些研究表明，喝葡萄酒确实可以起到一定程度的改善睡眠的作用。例如，一项发表在《欧洲心脏杂志》上的研究发现，每天适量饮用葡萄酒（150毫升）可以改善睡眠质量，理由是葡萄酒中含有很多有助于睡眠的物质。当葡萄酒的醇香滑过喉间，精神就像被温和地按摩着，整个人放松下来，睡意也随之而来。比如，葡萄酒中有多酚类化合物，能够帮助大脑放松，缓解压力，就像头疼时贴一个热敷贴，慢慢地舒缓开来；葡萄酒中的褪黑素前体，可以促进褪黑素的生成，褪黑素是助眠的重要物质，就像催眠曲一样，让人更容易入睡，也像泡在一个温泉池中，轻音乐响起，四肢和心灵都舒缓开来，进入甜美的梦乡。所以，适量的葡萄酒就像给大脑的睡眠开关按下了“开启”键，让人更容易进入深度睡眠。

二、喝葡萄酒会扰乱人们的睡眠结构

也有医生提出，虽然适量饮酒可以帮助一些人入睡，但酒精实际上会扰乱人们的睡眠结构，从而导致睡眠质量下降。理由是酒精可以减缓大脑的活动，使人感到放松和困倦。但是，随着酒精在体内被代谢，它会影响人们的睡眠结构，导致人们在睡眠的浅阶段停留更长时间，而在深度睡眠阶段的时间则缩短。具体而言，酒精会抑制人体的生物钟，影响睡眠的节律；会使人的身体温度升高，导致人在睡眠中容易出汗和感到不适，频繁醒来。此外，酒精还会引起梦魇和夜惊症等睡眠障碍。这些都会影响睡眠的质量和持续时间。因此，长期来看，酒精会影响睡眠质量和身体健康。如果想改善睡眠，最好采取其他方法，如保持规律的睡眠时间表、减少咖啡因的摄入、避免在睡前使用电子设备等。

还需要注意的是，葡萄酒的助眠效果可能因人而异。每个人的身体都与他人不同，对葡萄酒的反应也会有所不同。适量饮用葡萄酒可能可以帮助一些人获得更高质量的睡眠，但过量饮酒反而可能会对睡眠产生负面影响。因此，如果打算尝试喝葡萄酒来改善睡眠，建议适量饮用，并注意自身的反应。

第六节

正在服药的人能不能饮酒

人体就像一个化学实验室，药物和酒精都是外来的化学物质。服用药物后，药物在体内进行代谢，这就像一个复杂的化学反应过程。如果这个时候加入酒精，就可能影响原有的代谢反应，产生一些副作用。可以想象一下，一个精心设计的化学实验正在进行，突然有人往试管里滴加了一些未知的化学物质。这很可能会破坏原有的实验步骤，产生一些危险的化学反应，就像服药后突然饮酒可能产生一些不良反应一样。当然，是否可以在服药期间饮酒，取决于正在服用的具体药物。有些药物和酒精会产生交互作用，可能导致药物效果减弱、副作用增加，甚至产生严重的健康问题。以下介绍几种不可在服用时喝酒的药物。

一、服用抗生素期间应远离酒精

抗生素是人们日常生活中非常常见和常用的药物。它就像救援队员，当我们的身体像一座城池一样遭到细菌的袭击时，抗生素这支救援队伍会迅速赶到，对抗入侵的细菌“敌人”。它是我们身体的守卫者，没有抗生素的帮助，许多疾病会让我们陷入苦战。对于有些有酒瘾且正在服用抗生素的人来说，能不能在服药期间喝酒呢？答案是不能。

酒精会严重干扰抗生素的疗效。酒精会加速抗生素的代谢和排泄，酒精可促进肝脏产生代谢抗生素的酶，加快抗生素在肝脏内的代谢速度。同时，酒精还可以增加肾脏对抗生素的过滤和排泄，缩短抗生素在血液和组织内的循环时间。这两方面作用的结果是抗生素在体内的有效浓度下降，药效时间缩短。酒精可使肝细胞发生损伤，肝脏代谢功能下降。某些抗生素如四环素类需要肝脏代谢激活才能发挥药效，酒精会影响这一过程，导致抗生素疗效减弱。另外，代谢产物也可能积累，增加肝毒性。酒精还会改变抗生素在人体内的分布，酒精影响细胞膜的通透性，这会导致抗生素无法有效地进入感染部位的组织和细胞，治疗浓度不足，最终影响疗效。

抗生素与酒精共同使用会产生严重不良反应。如巨环内酯类抗生素与酒精共同使用，会产生反应性低血糖，引起头晕、出汗等不良反应。四环素类与酒精共用会增加头痛、呕吐等毒性反应，头孢菌素、氟喹诺酮类等与酒精共用，会导

致头晕、皮疹等加重。此外，酒精本身可以引起胃肠道出血、肝脏负担加重等情况，这可能会加重病情或抗生素的副作用。如果病人已经有肝肾功能不全的问题，更应避免饮酒。饮酒会使得肠道菌群失调，减弱抗生素治疗感染的效果。总之，服用抗生素代表身体正在和病菌作抗争。这时需要身体集中全部资源和能量来帮助抗生素杀菌，不能被酒精分散注意力。

二、服用解热镇痛药要完全禁酒

解热镇痛药主要有解热和镇痛两大主要作用。解热镇痛药可以抑制脑部温度调节中心，降低体温，常见的解热药物有泰诺、对乙酰氨基酚等。这些药物通过抑制环氧化酶的活性，减少前列腺素的合成，从而发挥解热作用。同时，解热镇痛药可以抑制脑内疼痛传导系统，提高疼痛阈值，从而达到镇痛的效果。阿司匹林、布洛芬等药物，可以抑制前列腺素的合成，减少组织中的炎性介质，起到抗炎和镇痛的作用。

在服用解热镇痛药期间绝对不可以喝酒。理由如下：第一，酒精可以促进肝脏中酶的活性，加速药物在肝脏的代谢过程。解热镇痛药大多需要经肝脏代谢才能排出体外，饮酒后肝脏代谢能力增强，药物代谢加快，药效时间就会缩短。如果按照正常用药时间间隔继续服药，就可能出现血药浓度不足，影响治疗效果。第二，酒精能够抑制中枢神经系统的活性，与镇痛药共同使用就可能产生加成作用，增强镇痛效果，增加镇静嗜睡的风险。如果服用含有对乙酰氨基酚类药物的解热镇痛药，这种危险性更大。严重时可能会抑制呼吸中枢，威胁生命安全。第三，酒精会引起胃肠道出血的风险。长期饮酒可以导致胃和十二指肠溃疡，如果在服用解热镇痛药时大量饮酒，药物刺激胃肠黏膜的作用会加重，增加溃疡出血的风险，这对于老年人和长期服用抗凝药物的患者来说尤其危险。第四，一些镇痛药与酒精共同使用会产生药物相互作用，增加头晕、头痛、呕吐等不良反应。严重时可能会导致意识障碍、呼吸抑制等危险。所以为了药物治疗的效果和安全，在服用解热镇痛药期间，应当完全禁酒，避免上述风险的发生。

三、服用抗过敏药期间饮酒类似于吃安眠药

在服用抗过敏药期间饮酒，会让人像吃了安眠药一样。因为酒精本身就有一定的镇静作用，可以抑制中枢神经，导致嗜睡。常用的抗过敏药如苯海拉明、氯苯那敏等都有一定的镇静作用，它们都是 H_1 受体阻断剂，可以抑制组胺的作

用，从而有轻度的镇静效果。两者同时使用，酒精和抗过敏药的镇静作用会相互叠加，使镇静效果加强，增加嗜睡倾向，就像服用了催眠药一样，严重时可出现注意力散漫、行为迟缓、反射迟钝等类似醉酒的症状。

此外，服用抗过敏药期间饮酒，还可能诱发一系列不良反应。譬如心悸，抗过敏药和酒精都可能引起心动过速，共同使用会加重心悸的风险，也可能增加头晕、头痛等中枢神经系统的不良反应。抗过敏药和酒精都有降低血压的作用。如果合并使用，可能会出现明显的低血压反应，导致站立性低血压，出现头晕、眼前发黑、晕厥等症状。酒精还会抑制抗过敏药的代谢过程，使药物在体内停留时间延长，从而增加毒性作用的风险。

小结

在现代人的生活中，酒似乎是一种不可或缺的存在，喝酒成为生活的一部分。下班后和同事小酌一杯，聊聊天，工作中的烦心事可以在轻松的氛围中暂时被抛开。朋友聚会时边喝酒，边聊天或玩些游戏，可以加深友谊。西式餐厅用餐时，喝上一杯葡萄酒，可以提升用餐体验。情侣约会时，喝点小酒，可以活跃气氛，使彼此关系更融洽。但喝酒的背后隐藏的风险也不容忽视，在注重情绪价值的同时也更需要注重身体健康。

想要喝酒喝得安全，应当掌握一些医学常识，知道一些医学禁忌。要了解不同人群的饮酒禁忌，如孕妇、哺乳期妇女、服用特定药物的人群、未成年人等，避免对身体造成伤害。要弄清酒精与某些疾病或药物的相互作用，以免产生无法挽回的意外后果。还应当学习酒精中毒急救的基本知识，以便对他人进行及时救助。此外，应该在全社会倡导适当饮酒、健康饮酒的良好风尚。

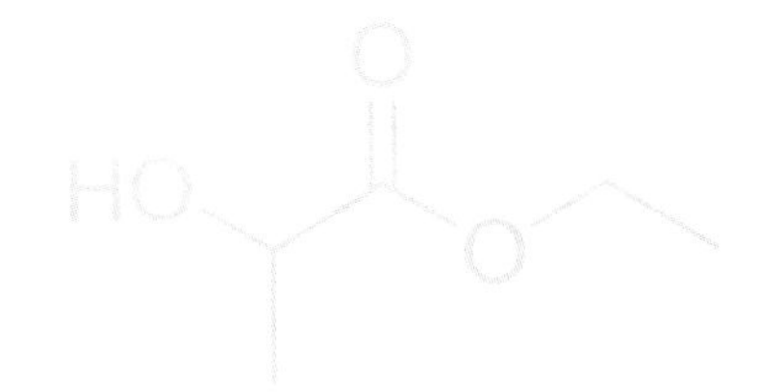

酒精余话

从酒精与人类的关系来看，酒精的基础之用、常规之用，酒精的日用与医用，是酒精与人类最早也最密切的联结，但并非唯一的联结，酒精在人类的政治生活、经济生活和文化等多方面都发挥着重要作用。研究酒精的历史，即研究酒精被人类使用、认知、珍视和消费的历史，通过对几千年来世界上许多地区的酒精历史进行考察，一个呼之欲出、无时无处不在的事实就是，酒精自诞生以来就有了很大的争议性。有时，它被奉为人与神灵沟通的桥梁；有时，它被当作重要的社交工具；有时，它被作为治病的良药。而还有一些不同寻常的时候，它被作为个人和社会灾难的诱发者，比如酗酒引发的道德沦丧、身心疾病、社会犯罪等。可以说，从与人类扯上关系的那一刻开始，它就不只是酒精，它的一切都被深深地打上了人类文明活动的烙印。要揭开酒精的面纱，就不可避免地要探寻人类文明的发展史。

在没有人类之前，地球上已经存在着各种各样的植物，所有的植物中都是含有糖分的，酒精的产生并不神秘，也不复杂，只要有酵母和糖分，保证环境里没有氧气，就会产生酒精。所以，可能从地球上有植物开始，就有了酒精。酒精的历史比人类长了多少倍，我们无从知晓。但酒精的历史是与人类文明捆绑在一起的，没有人类，酒精或许只能永远以一种寂寂无闻的方式存在于宇宙之中，人类的出现和丰富多彩的实践活动，赋予了酒精新的形态和精神。简而言之，大自然创造了酒精，人类改造和发展了酒精。因此，探究酒精的历史，不可能也不应该将其剥离人类文明的范畴，本书的研究某种程度上可以说是人类酒精简史。从远古人类到当代人类，人类文明的每一步进程，都有酒精的影子，政治、经济、文化、宗教、健康……如此种种，哪一个才是整个人类酒精史的核心？这个问题，着实难以回答。毕竟，这些要素从来都不是以形单影只的方式出现在人类社会，且在人类社会发展的不同阶段，人的实践活动和认识活动有很大区别，我们不可能用古人的眼光看待酒精在现在社会中的角色，也不可能抛开特定的时代背景仅从当代人的视角审视酒精在古代社会、在不同阶段人类文明进程中的地位和作用。但毋庸置疑，在任何历史时期，酒精都不仅仅是作为一种液体存在的，它承载的社会功用、精神意识形态属性是它与人类联系的桥梁，也是它以自己独有的方式参与人类文明的佐证。

酒精在人类社会中的最初作用是借由酒发挥的，这种可入口的液体为早期人类打开了新世界的大门，也开启了人类酒精简史的第一个节点。以此为起点，人类与酒精开启了一场别开生面的双向奔赴之旅。酒精不断渗入人们生活生产的各个领域，人类以其特有的改造客观世界的方式，不断形塑着酒精，最终，人类与酒精共同搭上了人类文明的列车，一起从蛮荒驶入农业文明、工业文明，直到进入现当代。在如此漫长的过程中，人类与酒精的互动形式不断被丰富，从最初的饮用，到药用，再到工业用途，人类与酒精之间已经建立起了经纬交织、盘根错节的紧密联系。如今，酒精在人们生活生产中的内涵和形式又有了新变化，在各种食品中作为保鲜防腐剂存在的酒精，含酒精的新型个性化零食，各种低度数的含酒精的饮料……人们在以新的认知赋予酒精新的内涵与形式的同时，也在享受着酒精带给人们的种种惊喜，这种从远古时期延续下来的神秘缘分，未来或许还会以更加精彩的方式呈现。无论如何，人类与酒精的关系注定非同一般。

我们已经关注到了酒精在文化、政治、经济，甚至精神等层面带给人类的诸多影响，也已知道不同类型酒精之间的区别。从宏观层面上来看，我们似乎已经基本掌握了人类酒精简史的脉络和一些具有代表性意义的大事件。但倘若深究一下，我们会发现，也许还有很多我们未注意到却颇有价值的问题值得我们去探索。比如，全球范围内的酒精流通到底是从什么时候开始的？或者说酒精是什么时候开始商业化的步伐的？酒精贸易始于何时？神话传说中将酒精这种奇妙的液体看作是神的赐予，认为是神把它带到了世界各地。显然，这并非事实，要想拨云见日找到真正的原因，还是要退回人类文明的起点。

说到商业贸易，不妨将时钟拨回到原始社会后期。因为正是在这一时期，出现了许多新的生产工具，人们的生产力得到了提高，产生了私有制。人们生产的东西在满足自己需求的同时有了剩余，而后出现了交换，人们开始通过一些简单的商业贸易活动各取所需。根据现代考古的结果，最早的商业贸易活动大概起源于公元前3500年的美索不达米亚，这里出现了人类最早的文明——苏美尔文明。两河流域得天独厚的水源优势，使得这里农业较为发达，尤其是美索不达米亚平原北部，人们种植谷物、大麦、果蔬等各种农作物，农产品十分丰富。这为他们用过剩的农作物和水果酿造啤酒和葡萄酒创造了条件，并最终驱使他们开辟农场和葡萄园，用以从事专门的酿酒生产活动。公元前3000年左右，苏美尔文明中的城邦拉加什，已经拥有许多葡萄园。同一时期，美索不达米亚平原南部和北部已经出现了物物交易。所以，农场和葡萄园主用产出的酒支付工人薪酬，工人用酒换取生活必需品，在美索不达米亚极为常见。随后，美索不达米亚平原贸易活动日趋频繁，贸易范围由农产品扩大到手工制品、贵金属、饰品等，贸易版图从域内扩展到域外，葡萄酒贸易也在其中。20 世纪 30 年代，考古学家们在位于今天叙利亚境内的苏美尔文明古代城邦马里发掘出超过 25000 块公元前 2000 年左右的楔形文字泥板，其中有大量关于葡萄酒贸易方面的记录。这些记录显示，以马里古城为据点，美索不达米亚的葡萄酒贸易已经从平原内部扩展到了其他地区，比如向西延伸进入地中海，向东南部则进入波斯湾地区。马里古城的葡萄酒贸易之所以能发展起来，得益于它地处幼发拉底河上游的区位条件，从这里出发，商人们可以走水路将葡萄酒销往南部平原、靠近波斯湾的地带，甚至到更远的亚洲地区。或者可以向西沿着陆路，销往黎凡特地区，出售给擅长贸易的腓尼基人。在腓尼基人这里，葡萄酒贸易迎来了新的春天，他们将葡萄酒带到了世界上更多的地区。

其实，同一时间，美索不达米亚平原也已经出现了很多不同种类的啤酒。公元前 1700 年巴比伦的《汉谟拉比法典》中还明确对啤酒的生产和销售作了各种规定，在古埃及建造金字塔的过程中，啤酒也被作为支付工人报酬的一种方式。公元前 450 年，希腊开始流行大麦酒饮料，其实就是啤酒。这个时期，啤酒和葡萄酒都很流行，双方不分伯仲。到了罗马帝国时代，啤酒随着罗马帝国的扩张来到了亚非拉三大洲的广袤土地上，法国、英国等地都出现了啤酒。但当时啤酒的酿造技术不成熟，啤酒液中上有漂浮物、下有沉淀物的混浊问题，以及保质期太短容易发酸的问题，一直悬而未解。所以，在罗马帝国农业兴起，葡萄被大规模种植之后，啤酒的地位渐渐被弱化。其中还有其他更为复杂的因素，比如当时基督教盛行，人们奉葡萄酒为圣血，葡萄酒因此被赋予了不可替代的宗教含义，而且当时无论在古希腊还是古罗马都存在对啤酒的歧视现象。古希腊一些作家视啤酒为野蛮人的饮品，古罗马人的观点也如出一辙，他们认为啤酒是未开化的饮料，因此歧视啤酒和喝啤酒的人。这些因素交织，最终导致啤酒被排挤到了罗马帝国的边缘地区，也就是今天的德国、捷克、奥地利和英格兰地区。

也许正因如此，啤酒没有像葡萄酒那样伴随腓尼基人的步伐走向世界，但腓尼基人着实盘活了葡萄酒贸易。古代商业贸易活动是有一个渐进式的发展过程的，在交通运输尚未发展起来的时候，人们还无法克服山脉、草原、沙漠、海洋等天然屏障，只能就近在家门口交换商品，但后来，这种情况随着交通运输条件的改善有了新变化，航海就是使商业贸易活动可以拓展到更广阔范围内的主要推手。在世界航海史的古代阶段，最为著名的是埃及人、地中海海域的腓尼基人、北欧海域的维京人、印度洋海域的阿拉伯人，当其他民族还在进行陆上交易时，他们已经在地中海区域开始了频繁的海上贸易。古埃及人并不是最早发明航海工具的，美索不达米亚欧贝德时期（公元前6000—前4300年）的遗址发掘提供了帆船发明的直接证据，已知最早的船模型在埃利都考古遗址第17层被发现，时间属于欧贝德Ⅰ期（公元前5800—前5300年），它有弯曲的两端和平坦的底部，所有表面都被厚厚的沥青涂料覆盖。但古埃及人却凭借着成熟的航海技术和造船技术，开辟了航海路线，其与尼罗河水道以及境内外陆路共同组成了人类早期历史上最复杂的海陆交通网络之一。据记载，大约公元前1490年曾有一支埃及海上贸易船队出红海靠近亚丁湾的东非索马里沿岸的蓬特国开展贸易活动，并满载黑檀木、金子等商品而归。维京人即北欧人，被称为侵略峡湾邻近国家的人，4—8世纪，维京人的主要航海活动就是劫掠，有些史学家称他们为强盗，他们的足迹几乎遍布世界各地。阿拉伯人重视商业和航海，在称霸中东之后，他们理所当然地成为东西方贸易通道上的主宰者。腓尼基人是迦南人的后裔，生活在地中海东端，他们的文化和历史可以追溯到公元前4000年。公元前1500年左右，腓尼基的海外贸易开始蓬勃发展，他们成为这个时代最耀眼的航海家和商人，纵横航行于地中海，往来各地进行贸易，而世界葡萄酒的贸易史就是经由他们串联起来的。

定居地中海是腓尼基人商业版图的起点，依靠港口优势，腓尼基人很早就开始依靠航海经商，他们的经营范围极其广泛，从木材、羊皮纸到橄榄油、葡萄酒等，吃穿用度几乎一应俱全。他们将葡萄酒带到了包括以色列、北非、古希腊和意大利等在内的地区，随后，依靠精明的商业头脑和成熟的航海技术，他们开辟出了一条异常发达的海上商路，在地中海地区建立起了许多殖民地，构筑起了巨大的葡萄酒贸易网络，使得地中海地区的葡萄酒贸易兴盛起来。公元前1100年，腓尼基人穿越地中海来到西班牙，在如今的西班牙南部加的斯（Cádiz）建立了贸易站，为西班牙葡萄酒的崛起奠定了基础。公元前800年，通过腓尼基人接触葡萄酒的古希腊人成为葡萄酒传播史的又一重要节点，葡萄酒在这里进一步完善，成为贸易、宗教和健康等的象征。随后，葡萄酒伴随希腊殖民地的扩张来到更多地方，可以说，每开拓一个殖民地，他们就将葡萄树和葡萄酒带到当地，并沿着各个殖民地又传播到更远的地方。比如以意大利的西西里岛和南部为起点，葡萄酒向北传播到了古罗马。公元前146年，古罗马开始接受葡萄酒，在其向欧洲扩张的过程中，葡萄树种植和酿制葡萄酒在德国、法国、葡萄牙等多个国家兴起，这为欧洲国家葡萄酒贸易的繁荣奠定了基础。在罗马人的努力下，西班牙的葡萄酒生产与贸易开始大踏步前进。以北部的Terraconensis（现在的塔拉戈纳）和南部的Baetica（现在的雪莉酒之乡，安达卢西亚）两大主产区为首的西班牙葡萄酒很快成为罗马军团除了亚平宁半岛之外的另一块葡萄酒供应地，并在整个罗马帝国进行广泛出口和交易，甚至一度成为销量第一的葡萄酒产地。波尔多是罗马统治时期葡萄酒的一个优良产区，虽然当时统治权力不断更替，但波尔多却因教会的保护，加上天然的港口优势，可以畅通无阻地进行葡萄酒出口贸易。

到了中世纪，整个欧洲范围内都形成了饮用葡萄酒的风尚，葡萄酒也取代啤酒成为宴会上的绝对主角，尤其是在权贵们的奢侈宴会上，葡萄酒更是不可或缺的存在，毫无疑问，葡萄酒俨然已是身份的象征。对葡萄酒的狂热为葡萄酒开辟了更广阔的销路，葡萄酒贸易也迅速发展。12 世纪中后期，波尔多的葡萄酒贸易迎来了一次转折，阿基坦公国的继承人埃莉诺嫁给了英格兰的亨利，阿基坦公国作为嫁妆理所当然地成为英国的领土，而作为阿基坦公国一部分的波尔多也被英国收入囊中。亨利二世继承王位之后，波尔多的葡萄酒贸易飞速发展。为了让波尔多的葡萄酒来到英国，国王夫妇费了不少心思。他们通过开放两地口岸、减免关税等各种措施为波尔多葡萄酒进入英国扫清了障碍，待到他们的儿子查理一世继位之后，针对波尔多的政策优惠继续升级，直接免除了波尔多葡萄酒进入英国的一切税负。一连串的政策利好，使波尔多地区迅速成长为欧洲最重要的葡萄酒产区和葡萄酒贸易的绝对中心，欧洲其他产区的葡萄酒也蜂拥而至，将波尔多作为抢滩英国市场的最佳跳板。

同一时期，啤酒的商业化进程显然坎坷了许多。12 世纪前，欧洲只有修道院可以使啤酒生产接近商业化规模，比如位于今瑞士的圣加尔修道院，该修道院内建有三个用于酿造啤酒的酒厂，其酿造的啤酒主要提供给客人、朝圣者和穷人及本院修道士等人群。其中，为客人酿造的啤酒质量最高。但作为宗教组织，政府并不允许修道院卖酒营利，所以啤酒贸易和与之有关的商业活动在当时无法发展起来。直到几百年之后，啤酒业的发展终于迎来转折。英属哥伦比亚大学的理查德·昂格尔在对中世纪技术和贸易的研究过程中发现，啤酒酿酒业在12—13世纪迎来了变化与革新，啤酒花这一添加剂的出现在这一时期直接推动了商业酿酒的进程。由于这种添加物的防腐效果远远超过被教会控制的格鲁特，且任何人都可以使用，酿酒商们终于可以在啤酒市场大显身手了。他们开始大批量生产啤酒，并将其带到更远的地方开展贸易。至此，商业化酿酒开始普及，啤酒也开始了它的全球化进程。

德国的啤酒商们最先嗅到了大规模生产和出口啤酒的商机，1284年，在贸易城市汉堡被一场大火横扫之后，德国的啤酒商们成立了汉莎同盟，他们利用重建城市设施的时机建造了大量的酿酒屋，汉堡也因此在重建后获得“汉莎啤酒屋”的称号。之所以成立汉莎同盟，是因为商人们意识到海盗和窃贼侵害是贸易线路上的不定时炸弹，他们建立汉莎同盟的目的就是加大对贸易工具的投资，比如打造更安全的商船、防水木桶等，通过加强安全保障措施来推动波罗的海到北海的多条贸易线路的发展。在意识到啤酒花对于啤酒防腐的重要意义之后，他们知道大规模酿造啤酒和进行啤酒贸易的时机到了。作为港口城市，汉堡拥有采购酿造啤酒所需的各种谷物和添加剂啤酒花的便捷优势，他们瞄准了这个地方，在航道附近建起宽敞的酒窖和厂房，并应用最新的铜沸锅技术进行啤酒生产。这一布局显然极富前瞻性和战略性，14 世纪，汉堡的啤酒贸易大获成功，这个城市近一半的收入来源于啤酒出口贸易。此后，在汉莎贸易系统的带动下，德国北部其他贸易城市也相继加入啤酒出口市场。多个贸易城市的崛起也加剧了德国啤酒行业的竞争，汉莎同盟的出口盛世逐渐不复往昔。

1492—1600 年，葡萄酒伴随西班牙和葡萄牙的殖民扩张步伐扩散到了南美洲的墨西哥、巴西、智利、阿根廷等地区及亚洲的日本等地，成为全球商业贸易活动中的重要成员。在大航海时代到来之后，靠贸易起家的荷兰王国也想在葡萄酒贸易中分一杯羹，但那时候葡萄酒贸易几乎被英法两国垄断，两国之间不可撼动的利益关系让荷兰人很难插足。聪明的荷兰人想出了另一个迂回的办法，他们决定先在波尔多做供应商。利用本国的排水造田技术，荷兰人将现今梅克多地区的海水全部排空，并在这里进行葡萄种植，在荷兰人的精心培育下，梅克多地区成为波尔多最重要的产区。17 世纪，荷兰人成为海上贸易的霸主、东西方贸易的“海上马车夫”。为了将波尔多葡萄酒保质保量地销往更多地区，以从中获得更多财富，荷兰人开始研究延长葡萄酒保质期的办法，并最终将用硫黄熏蒸过的橡木桶用于葡萄酒的存放，这一发明开启了葡萄酒贸易的又一划时代篇章。从这时起，葡萄酒可以存放更长时间，出口到更远的国家。而占据了生产上游优势和贸易下游优势的荷兰人也因为葡萄酒贸易，赚得盆满钵满。17 世纪后半叶，拉菲、拉图、玛歌等一批令人瞩目的酒庄相继建立起来，波尔多葡萄酒畅销海外。

在葡萄酒贸易继续向全球扩张的同时，啤酒贸易也开始了它的全球化步伐。14 世纪，欧洲很多靠出口纺织品来获取巨额财富的城市渐渐衰落，为了获取税收，这些城市开始转战其他领域，啤酒行业成为其新目标。当时，这些城市的啤酒主要依靠进口，各地政府对进口啤酒征收重税为其创造了契机。荷兰北部的城市阿姆斯特丹和哈姆勒在掌握啤酒花技术之后，开始模仿汉堡酒厂，进行啤酒的规模化生产，这意味着它们也正式加入了加花啤酒的竞争中。整个欧洲市场开始向加花啤酒转型，其带来的直接结果就是消费增长，啤酒普及。进入 16 世纪之后，各个城市商业酒厂里的酿酒锅容量都迎来大幅增长，啤酒酿酒行业日趋商业化、集中化和规模化，啤酒贸易进入黄金时代。

相较于啤酒和葡萄酒，蒸馏酒贸易的发展要缓慢许多，这与蒸馏酒普及较晚有很大关系。蒸馏酒需要用到蒸馏技术，虽然早在公元前1000多年就已经出现了蒸馏技术，但这种技术最初并未被用到酒类酿造中。直到8—10世纪，人们才发现蒸馏技术可以用于提纯酒精。此后，蒸馏酒才开始缓慢发展。渐渐地，人们发现，作为一种烈酒，蒸馏酒更易于保存和运输，且酒劲更大、成瘾性更高。最先发现这一秘密的可能是葡萄牙。在殖民扩张的过程中，葡萄牙人发现面对勇猛善战的非洲土著，他们很难占到便宜。15世纪初期，他们攻击了非洲的摩洛哥，但伤亡惨重，1570年，不甘心的葡萄牙人再次在非洲大陆上掀起战争风云，但猪瘟等自然灾害的暴发和非洲土著人的顽强反抗，再一次让他们铩羽而归。虽然屡战屡败，但葡萄牙人并不打算放弃，因为非洲的黄金、宝石和成群的奴隶对他们具有十足的诱惑力。想在这里建立殖民地，他们只能另辟蹊径。17世纪，荷兰人研发出了更高效率的蒸馏设备，促进了蒸馏酒在欧洲的普及。葡萄牙人从蒸馏中发现了对付非洲土著的秘密武器，他们意识到后劲更强、更具成瘾性的蒸馏酒远比枪炮有用，而此时，生产蒸馏酒对他们而言已经不算难事。

自从哥伦布发现美洲并在那里建立殖民地后，葡萄牙就把美洲作为自己贸易路线上的原料地，他们在那里大规模种植甘蔗、咖啡等各种原料，并将其运返至欧洲销售。甘蔗是制糖的主要原料，也是生产朗姆酒的原料，控制原料的葡萄牙人可以轻而易举地生产出朗姆酒，将其运往非洲。这种酒精度数高的蒸馏酒很快便让非洲土著们欲罢不能，顺理成章地成为葡萄牙殖民贸易的王牌。葡萄牙人用朗姆酒与土著交换财货和奴隶，同时把交换来的黑奴运往美洲，强迫他们在种植园内劳动种植甘蔗制成糖，再把糖运回欧洲制成劣质掺水的朗姆酒运往非洲售卖，从中赚取高额利润。如此一来，便形成了“种植园—黑奴—瘾品贸易”的铁三角。它的形成促进了蒸馏酒的大规模生产与消费，为此后欧洲蒸馏酒进入非洲大陆提供了可借鉴的样本。

18 世纪，欧洲工业革命肇始。工业革命给葡萄酒生产带来了新的变化，严格的温控条件和技术的改善，使得优质葡萄酒的生产更加可靠。加上英国全球扩张步伐的加快，促进了葡萄酒贸易的自由化，葡萄酒贸易因此得以更加蓬勃发展，甚至扩大到一些国家经济主要依赖它的程度。这一时期，葡萄酒的分级制度也更加成熟，其实早在 1647 年，波尔多政府为了方便税收与贸易，已经尝试制定分级制度，但这个分级制度主要是为了方便当地政府收税，存在较大功利性，且并不权威。直到 1855 年的世博会，在拿破仑三世的要求下，波尔多人提出了更精确的分级制度，并得到官方认定，波尔多 1855 年列级酒庄分级制度也成为世界上最重要的葡萄酒分级制度之一。它像一个风向标，向世界各地的人们展示着葡萄酒的质量和品质标准。此后，波尔多地区分级制度的影响力扩散到全世界，成为新旧世界葡萄酒交易中一个重要的衡量标准，对全世界的葡萄酒贸易发挥了指导性的作用。

对啤酒行业来说，18 世纪也是一个重要的分界线。在此之前，啤酒的酿造可以被称为古法酿造，但 18 世纪之后，啤酒酿造科技开始萌芽。18 世纪后期，蒸汽机、温度计、比重计等先后被用于啤酒酿造，给啤酒生产带来了革命性的意义。1750 年左右，英国的啤酒酿造师开始将温度计用于研究不同的麦芽干燥温度对麦汁颜色及发酵温度的影响，相比于经验测温，温度计可以保证测量结果的一致性，使酿酒过程的标准化成为可能。1784 年，位于英国伦敦的一家酿酒厂开始使用蒸汽机，这台蒸汽机可以从事多种工作。1785 年，比重计也开始被应用于啤酒酿造，比重计可以测量啤酒麦芽汁中糖分和其他可溶解固体的含量，对于控制发酵成果有重要作用。标准化的酿酒过程、机械化的生产、发酵成果的可控性，当这些有利因素叠加到一起的时候，工业化的啤酒厂开始大量出现。19 世纪中期，随着冷冻机的问世，酿造温度可控，啤酒的工业化大生产时代开启。到 19 世纪晚期，啤酒产量的增长十分迅猛，全世界的啤酒贸易由此进入了一个新的发展阶段。

在葡萄酒和啤酒贸易迅猛发展的同时，蒸馏酒的发展步伐显得有些缓慢。18 世纪，蒸馏技术没有什么特别的改进，所以蒸馏酒行业并没有什么惊天动地的大事件发生，它们在各自的国度里，以自己的方式跟随历史的脚步继续向前。但 19 世纪上半叶，爱德华·亚当发明了可以每天加热 8 次的蒸馏器，爱尔兰人科菲发明了蒸馏速度更快的科菲蒸馏器。新的蒸馏器蒸馏速度可以比传统蒸馏器快 15—30 倍，这意味着可以生产出更纯净、浓烈的蒸馏酒，生产速度也更快。威士忌、白兰地等蒸馏酒相继进入商业化生产时代，蒸馏酒贸易因此逐渐兴盛。欧洲的蒸馏酒商们显然已经从葡萄牙对非洲的殖民输出中找到了让他们兴奋的某种暗示，不出意外，包括杜松子酒、朗姆酒和威士忌在内的蒸馏酒伴随着欧洲殖民扩张的步伐大量涌入非洲大陆，非洲对蒸馏酒的进口量迅速增多。西非沿海地区民众对于廉价蒸馏酒的喜好，使得杜松子酒和朗姆酒一度成为该地区银币出现之前市场上的重要交易媒介。1884—1885 年柏林会议召开时，酒类就是西非地区贸易的重要货币形式。而到 19 世纪末，包括杜松子酒、威士忌、白兰地和朗姆酒在内的“贸易烈酒（trade spirts）”成为撒哈拉以南非洲殖民地政府重要的收入来源，这也就难怪当时的殖民者和商贩视蒸馏酒为推动殖民地出口贸易的重要工具。毫不夸张地说，这一时期，蒸馏酒贸易是欧洲很多国家的生财之道。

20世纪，两次世界大战的爆发影响了如日中天的啤酒和葡萄酒贸易。1914年，第一次世界大战爆发，法国葡萄酒发展速度放缓，对德国和比利时等地的葡萄酒出口不得不中断。1917年，因为俄国十月革命爆发，对俄国的葡萄酒出口也被迫中断，很多葡萄酒酿酒商为了渡过经济衰退的危机不得不出售部分葡萄园，葡萄酒贸易的发展速度有所放缓。而啤酒也在同一时期遭遇严峻考验，战争席卷了欧洲大陆，摧毁了许多啤酒酿酒厂，欧洲的啤酒产量因此受到严重影响，直接下降了70%，比利时和法国等许多被占领国的啤酒行业出现了巨额亏损，很多酒厂被迫关闭，就连在当时拥有世界上最大啤酒市场的德国也遭受重创。一战后，以法国为代表的一些欧洲国家啤酒产量出现强劲复苏，但第二次世界大战的爆发，加剧了啤酒酿酒原料的短缺，啤酒装瓶必备的金属和软木塞也出现短缺，这些都严重影响了全球啤酒贸易的进一步发展。加上这一时期，美国、英国等都对啤酒进行政府管制，啤酒产量受到严重影响。庆幸的是，当和平重新降临，葡萄酒和啤酒市场也逐渐走出阴霾，恢复以往的活力，很多知名产区的葡萄酒再次走向世界，啤酒也开始了新的黄金时代。

同一时期的蒸馏酒，在经历两次世界大战之后，基本沿着“波浪式前进，螺旋式上升”的发展规律继续前行。以威士忌为例，20世纪60年代，在美国市场对苏格兰威士忌

的巨大需求的刺激下，苏格兰威士忌迎来了发展繁荣期。很多大型酒业集团把苏格兰威士忌当作投资对象，一家加拿大的酒业公司在1950年收购了斯特拉塞斯拉（Strathisla）威士忌，继而又收购了格伦利物（Glenlivet）威士忌和芝华士（Chivas）威士忌。这一时期，出现了很多新的酿酒厂，一些原有的酿酒厂规模扩大了，威士忌得以迅猛发展，出口贸易大幅增加。但1970年世界性的经济衰退，加上口味和生活方式的变化，使得苏格兰威士忌又一次陷入了危机，出现了威士忌的大量过剩，大量的蒸馏酒厂破产倒闭，苏格兰威士忌的出口贸易受到严重影响。但危机中往往孕育着机遇，20世纪80年代，单一麦芽威士忌的成功使得威士忌市场再次兴盛，很多巨头公司加入发展单一麦芽市场的行列，世界范围内的威士忌贸易也再度破冰迎春。世界上其他蒸馏酒的发展也大抵如此，都经历了兴盛—陷入困境—再度复兴的发展道路。

到了21世纪的今天，人类已经拥有更加科学高效的立体化交通运输体系，世界各国之间的经贸往来更加频繁，各类酒精贸易也更加便利自由，世界各地的人都可以在本土品尝到来自全球各地的酒精饮料。当然，酒精饮料贸易只是酒精贸易之一隅，过去，受制于科技、政策等因素，酒精饮料是各国酒精贸易的主角。而现在，全球已经形成了包括酒精饮品、食用酒精、燃料酒精、医用酒精、工业酒精等多样化的酒精贸易市场。与此同时，酒精饮品、食用酒精、燃料酒精、医用酒精和工业酒精的生产工艺不断改进、日趋完善，各种酒精产品的销量也基本保持稳中有增，全球酒精贸易更加活跃。根据联合国数据中心的统计结果，2016 年全球酒精进出口贸易总额为 118.93 亿美元，预计全球酒精原料的市场规模在 2021—2025 年将成长到 10 亿 4000 万美元，在预测期间内预计将以 10% 的年复合增长率推移。与此同时，2021 年，全球酒精成分市场总规模达到 117.06 亿元人民币，在 2021—2027 年预测期间内，预计酒精成分市场将以 13.95% 的复合年增长率稳步增长，预计在 2027 年全球酒精成分市场总规模将会达到 256.2 亿元。

从历史来看，谁控制了世界贸易，谁就控制了世界财富，西班牙、葡萄兰、荷兰、英国等国家的先后崛起就是最好的证明。所以，在交通并不发达的年代，殖民者们想尽办法控制海洋，通过海上霸权来控制世界贸易和整个市场。正是在这个过程中，酒精实现了它的全球化步伐。现在，交通条件对酒精全球化流通的制约作用已日渐弱化，随着全球联系的不断增强，全球范围内的酒精贸易会更加频繁，贸易范围也会不断扩大，必然会进一步刺激酒精的生产和消费。因此，有必要了解一下当下酒精的生产和消费趋势。就目前来看，世界各国在燃料乙醇、酒精饮料等方面的消费较为旺盛，所以仅从这两个维度入手略作探讨。

燃料乙醇是可再生液体燃料的代表之一，可补充化石燃料资源，降低石油资源对外依存度，减少温室气体和污染物的排放，受到世界各国的广泛认可。美国是目前全球最大的燃料乙醇生产国，2018 年燃料乙醇产量达 4824 万吨，占全球总产量的 48.4%。其他主要生产国或地区包括巴西、中国、欧盟和印度，产量分别为 2532 万吨、789 万吨、541 万吨和 208 万吨，分别占全球总产量的 25.1%、7.8%、5.4% 和 2.1%。美国是目前全球最大的燃料乙醇消费国，2018 年燃料乙醇国内消费量为 4329 万吨，占国内产量的 90%、全球总消费量的 80%。在美可再生燃料标准强制法规的要求下，其燃料乙醇国内消费迅速实现了全国范围内混配 10% 的目标。美国也是最大的燃料乙醇出口国，主要出口巴西和加拿大，美国出口这两个国家的燃料乙醇在其燃料乙醇出口总额中的占比达到一半，中国也是美国燃料乙醇重要的出口市场，近几年，受中美经贸摩擦影响，导致美对华出口下降。巴西为全球第二大燃料乙醇生产、第三大燃料乙醇消费国，乙醇为巴西食糖的直接竞争品。巴西的燃料乙醇产业经历了一个崛起—低谷—复兴的过程，为了发展燃料乙醇，巴西不断调整乙醇的进出口政策。巴西超过 90% 的燃料乙醇出口自中南部地区，美国为最大出口目的地。巴西的燃料乙醇主要进口至东北部，绝大部分进口自美国，受政策波动大。从 2010 年 4 月开始，乙醇就被巴西政府纳入进口关税的“例外名单”，所谓例外就是政府会机动灵活地根据国内乙醇供需及其他因素，对乙醇进口关税进行不定期调整。所以随后的几年，巴西的进口关税出现过下调至零，也出现过不断调整零关税进口配额。自 2020 年 12 月 14 日至今，随着美国和巴西谈判的破裂，巴西对进口自美国的燃料乙醇征收 20% 的关税。中国目前是全球第三大燃料乙醇生产国和消费国，混配燃料乙醇的乙醇汽油被誉为绿色清洁燃料，所以中国一直在进行乙醇汽油的发展部署。目前，中国乙醇汽油仅占消费量的 30% 左右，仍然有许多闲置酒精产能和新增燃料乙醇产能有待释放。随着乙醇汽油的有序推广，随着中国新能源汽车产业的成长升级和燃料乙醇生产技术的日渐成熟，未来中国对燃料乙醇等清洁可再生能源的需求还会进一步增加，中国燃料乙醇行业必将释放更大活力。

从美国、巴西、中国三个具有代表性的燃料乙醇生产国和消费国的现实情况不难看出，这三国对燃料乙醇都有较大需求，未来，随着绿色发展等环保理念的深入人心及各国对降低石油依赖度的现实需求，会有更多国家意识到发展燃料乙醇的战略意义，各国势必会在政策上予以倾斜，为燃料乙醇的发展营造良好环境。如此，燃料乙醇的需求量可能会迎来井喷。

全球酒精饮料的消费情况又是另一番境地。2019年5月7日，《柳叶刀》在线发表了针对1990—2017年全球饮酒情况的研究，并对2030年的情况作了预测。根据该研究，在全球范围内，人均酒精消费量从1990年的5.9L增加到2017年的6.5L。在接下来的13年中，人均酒精消费量预计将增长17%，2030年估计将达到7.6L。根据WHO划分区域来看，1990—2017年，欧洲地区的人均酒精消费量有所减少，减少了20%。但东南亚和西太平洋地区出现了增长，东南亚地区的人均酒精消费量增加了104%，西太平洋地区增加了54%，非洲、美洲和东地中海地区的消费量相对稳定。2010—2017年，东南亚地区的人均酒精消费量从3.5L增加到4.7L，增长了34%。欧洲地区的人均酒精消费量从11.2L减少到9.8L，减少了12.5%。与此同时，酒精消费总量，从1990年的209.99亿L增加到2017年的356.76亿L，增长了70%。在高收入国家，酒精消费总量保持稳定，而在中低收入国家则有所增长。预计2030年，高收入国家在全球酒精消费量中的占比将显著减少。还有一个现象，自1990年以来，男性与女性饮酒者的比值几乎保持不变（1990年为1.42，2017年为1.40），预计到2030年，全球男性和女性之间的差距将缓慢缩小（2030年为1.37）。

从这些数据可以看出，饮酒作为全球普遍的现象存在显著的地区差异，《柳叶刀》将这些差异归因于宗教、饮酒政策和经济增长。有些国家出于宗教信仰，禁止饮酒和酒精销售，比如伊朗、沙特阿拉伯等伊斯兰国家，对酒精饮料有严格的限制。伊朗的法律设计里，穆斯林公民是禁止酿酒、卖酒和饮酒的，这些行为被认定是违法行为，违反者会遭遇罚款、鞭刑等，严重的甚至会被判刑或处死。沙特阿拉伯将生产、进口、销售酒精列为违法行为，饮酒也是禁止的，如果醉酒会受到鞭刑惩罚。不过，据英国《太阳报》4 月 25 日报道，沙特阿拉伯将进行一些改革，其中就包括用监禁和罚款代替对醉酒等行为的鞭刑惩罚。此外，如果旅客去沙特阿拉伯旅游，在机场要面临的一项严格检查就是酒精检查，携带酒精是不被允许入境的。而且即便是非穆斯林教徒或外国人，在沙特阿拉伯也不允许喝酒，被发现喝酒的人也会面临惩罚。在宗教信仰和严苛的禁酒政策下，某些国家的酒精消费量低也就顺理成章了。在酒精消费年龄等政策方面，全世界存在共通性，对于酒精购买的年龄要求普遍大于等于 18 岁，只有少数国家是低于 18 岁的，比如塞浦路斯、荷兰、葡萄牙等，这些国家普遍在 16 岁左右。美国规定酒精消费年龄是 21 岁，是对年龄要求最高的地方。经济增长被认为是酒精消费增长的重要促进因素，事实证明，近 30 年，伴随着中低收入和中高收入国家经济财富的增加，酒精使用量的确显著增加。

在酒精消费量日益增加的同时，人们的酒精消费态度和行为似乎也在发生着与以往不同的变化。就像世界很多国家几乎在同一时间不约而同地出现了酒一样，全世界范围内的新生代消费者们也超时空地达成了某种情感和消费模式上的默契，他们开始追求一种让自己变得更加轻松快乐的饮酒方式，他们喜欢的不是红酒、啤酒、蒸馏酒，而是一种以“甜”为主的低度酒。为什么会有这种选择，大抵是缘于人类发展到今天意识到取悦自己是一件极为重要的事。这也预示着世界酒精文化正在发生一次新改变，人类酒精发展历史将迎来低酒精文化时期。根据 IWSR 最新调研数据，无、低酒精饮料的表现持续走高，在酒精饮料市场的份额不断增加。在澳大利亚、巴西、加拿大、法国、德国、日本、南非、西班牙、英国和美国等重点市场，这一类别的销售额已从 2018 年的 78 亿美元增长到 2021 年的略低于 100 亿美元。IWSR 数据显示，在 2021 年的 10 个主要全球重点市场，无、低酒精啤酒，苹果酒，葡萄酒，烈酒和即饮（RTD）产品增长超过 6%。此外，IWSR 预测，2021—2025 年，无、低酒精饮料将以 8% 的复合年增长率（CAGR）增长，而同期常规酒精饮料的复合年增长率为 0.7%。

低度酒是低酒精文化的中心，却并不是低酒精文化潮流下的产物。在蒸馏技术诞生之前，人类所饮用的发酵酒几乎都在 10 度以内。随着蒸馏酒的出现，人们又开始了一段追求高度酒的历史。历史总是在循环往复中向前发展，从 20 世纪的某一时期起，有些国家就开始推出低度酒，比如英国。1997 年之后，英国预调酒品牌冰锐（Breezer）进入中国，并在酒吧、KTV 等场所推广销售。紧随其后，1999 年，中国鸡尾酒品牌锐澳（RIO）也迅速崛起。经过 20 多年的发展，低度酒品牌在世界各国遍地开花。除了英国的冰锐、中国的锐澳、美国的四洛克（Four loko）、日本三得利旗下的和乐怡（Horoyoi）这些老牌玩家，近几年还出现了许多新的低度酒品牌，如贝瑞甜心（MissBerry）、梅见、十点一刻、空卡、落饮等。新老低度酒品牌的叠加，引爆了低度酒市场。CBN Data《2020 年轻人群酒水消费洞察报告》显示，在 2020 年酒水消费市场中，“90 后”“95 后”是消费占比提升的人群，低度酒正成为“年轻人喝的第一口酒”。

有些人开始远离酒精，对高度酒更是敬而远之，而低度酒的销售却在日益增长，这背后隐藏的一个不争的事实是，当代年轻人不是不爱喝酒，只是不再像以前那样喝酒。那么，当代年轻人爱喝的低度酒到底是什么酒呢？传统的低度酒多为发酵酒，如啤酒、葡萄酒、黄酒、米酒、清酒等。新型低度酒则多为配制酒，主要类别为即饮酒（RTD），RTD 饮料包括鸡尾酒、硬茶、硬咖啡、硬康普茶、气泡葡萄酒和风味酒精饮料等，以及一些利用发酵型低度酒（啤酒、米酒、清酒等）或某些高度酒为基酒添加其他风味物质的酒类（果啤、花香味米酒等），这种低度酒通常具有更加丰富和立体的风味与口感。根据欧睿（Euromonitor）信息咨询公司发布的数据，2020年全球RTD酒精饮料市场规模58.4亿升，同比增长15.8%，2016—2020年复合增速10.4%，相较于其他酒精饮料类别增速明显。[①] 日本、美国、澳大利亚的RTD酒销售量市场份额分别为19.4%、6.8%、8.5%，中国目前即饮酒渗透率较低，仅为0.6%，存在较大的发展空间和潜力。[②] 从即饮酒的市场分布和头部玩家来看，亚太地区和北美是新型低度酒的主要消费市场，头部公司与品牌也多集中于这两个地区。

对当代年轻人来说，酒是要喝的，但他们喝酒追求的是一种微醺的状态。微醺介乎清醒与不清醒之间，与忘乎所以、丑态百出的酩酊大醉相比，微醺显然是更为理想的一种饮酒状态。那些所有由饮酒引发的恶性事件几乎都与喝醉有关，而保持微醺，不失为保持文明的一种有益尝试。除了追求喝的舒适度，精神与心理需求也是驱动他们选择低度酒的重要因素。当前，人类已进入了一个拥有较高物质生活水平的新阶段，但这个阶段的人们却面临着以往的人们不曾有或者表现并不突出的问题——焦虑。当代年轻人普遍存在不同程度的焦虑，生活、工作、住房、学业、育儿……焦虑无

---

① CBNData：《2020年轻人群酒水消费洞察报告》，2020年9月9日，见https://www.cbndata.com/report/2406/detail?isReading=report&page=1。

② BAI资本：《预调酒，低度酒，年轻人摸不准的新胃口》，2020年9月17日，见https://www.sohu.com/a/419075295_647985。

处不在，“像个人一样”享受生活，保持日常的快乐和自在，成为许多人最朴素的追求。让人既能享受惬意、放松身体又不会有不适，带有甜味和果味，具有高度适口性的低度酒，就是在这样的群体心理和社会文化背景下，成为一种主潮流。对很多不爱喝浓烈的蒸馏酒、不喜喝带有微苦味道的啤酒的年轻群体而言，低度酒的出现是福音。因为他们再无须借用“酒精过敏”“最近在吃药”等诸多借口拒绝饮酒，他们终于能以一种更为放松的状态呼朋引伴，享受微醺的风情。对当代年轻人而言，酒精还是曾经的酒精，具有一定的刺激性，能让人感到兴奋，但酒已不再是从前的酒，它是一种新的可以轻松使用、不用再有负担的社交名片，是身处高压状态下的年轻人释放情绪的最佳陪伴，是新生活方式的时尚标签。

低度酒消费欣欣向荣发展的背后，还有一个现象值得关注，即女性酒精消费。在讨论女性酒精消费之前，或许我们可以探讨一下女性与酒之间的关系。因为在人类酒精历史上，女性可能还发挥过更为重要的作用。有一种观点认为，在人类有意识地进行酒的酿造实践的过程中，女性可能是主导者，这个观点绝非臆测。原始母系氏族社会中，女性掌握着主导权，在一个族群内部，男性通常负责捕鱼打猎，女性则负责采集果实、分配食物等工作。因此，果实发酵霉烂产生酒这一过程有可能先由女性发现。在黑死病暴发前的几十年，在北安普敦郡布里格斯托克的一个庄园里，有超过300名妇女为了销售而酿造麦芽酒，而那时，生活在那里的所有女性的数量也只有900多名。还有记录显示，在14世纪早期，牛津每10000名居民中就有大约115名酿酒女，在诺维奇，250名酿酒女承担了为17000名居民酿造麦芽酒的职责。[①] 由此可见，女性在很长一段时期内，都是酒酿造和生产的主要参与者。到底从什么时候开始，女性在酿酒活动中的参与度开始降低，可能是在酿酒由家庭转向商业化酿酒之后。历史学家朱迪斯·本内特（Judith Bennett）提出，妇女退出酿酒业，是各种形式的厌女文化的结果。这种厌女文化存在于世界上很多国家。在奥林匹斯神话体系中，有很多恶女形象的描述。比如潘多拉，虽然她兼具美貌与贤德，却还是在好奇心的驱使下打开了释放人间种种罪恶的魔盒；再比如海妖塞壬，她面容绝佳，但她会在海上唱出魅惑的歌声，只为将行人吞下……如此众多的描写，似乎都在暗示女性拥有不圣洁的原罪。

这种厌女现象也存在于饮酒文化中。历史上，饮酒的主要群体是男性，但一些爱喝酒的男性却一直对女性饮酒耿耿于怀。原因何在？大概是因为他们认为酒精会影响女性对性的约束，尽管就代谢酒精的速度而言，男性与女性并没有

① Judith M.Bennett, *Ale, Beer and Brewsters in England: Women's Work in A Changing World, 1300–1600,* New York: Oxford University Press, 1996, pp. 18–19.

不同，也没有证据表明，同样的饮酒条件下，女性更容易从事危险行为。但男性却一直存在对女性饮酒的焦虑，这无疑是一种性道德双重标准的体现。而这种标准在世界上的很多国家，持续了很多年。在古罗马，人们对已婚妇女的饮酒问题高度警觉，喝酒的已婚妇女通常要面临离婚甚至死刑的处罚，处罚的严重程度与通奸一样。到了第一次世界大战期间，受妇女解放运动等的影响，一些国家的妇女开始有了更多的工作机会和收入，她们开始光顾酒吧。这种情况很快引起了人们对女性饮酒的焦虑，战争结束的时候，出现了许多让女性回到女性形象本位的尝试，比如解雇女性工作者。如此种种，本质其实是文化焦虑和性别歧视。而如今，世界很多国家的女性权利和地位与过去相比，发生了翻天覆地的变化，女性不必再偷偷摸摸饮酒。在低酒精文化中，这一现象更为突出。据 CBNData 数据，“90 后”“95 后”的线上消费人群中，女性的消费人群占比为 50% 左右。为了满足女性消费者对低度酒的要求，甚至诞生了“女生酒”“晚安酒”等专业名词。CBNData 联合考拉海购发布《2020 考拉海购女性酒消费洞察报告》，报告显示，精致妈妈、资深中产、新锐白领成为女性酒消费的主力人群，女性酒消费呈现出口味尝鲜、悦己小酌、专业品鉴等消费热点。[1] 在漫长的酒精文

① 第一财经商业数据中心：《“她饮酒”时代来临，女性果酒消费较去年增长 100%》，2020 年 9 月 30 日，见 https://www.sohu.com/a/421953611_414647。

化简史中，这无疑也是一个极具历史意义的转折点。

在这个转折点出现之前，女性对于酒精的消费其实已经传递出了某些与以往不同的讯息。世界知名拍卖行苏富比证实，在过去五年中，在中国内地和中国香港的稀有葡萄酒和烈酒拍卖会上，女性买家的年增长率为55%，而国际酒类行业分析公司IWSR的数据也证实了这一点。[①] 世界健康研究协会亚太区研究总监汤米·基林（Tommy Keeling）在一份报告中说："葡萄酒为渴望饮酒的中国女性消费者提供了一种精致的饮品，它提供了一种比啤酒更时尚的感觉，消费者也被它的健康益处所吸引。"这些似乎都在昭示，满足女性口味正成为越来越多酒类品牌挖掘市场潜力、寻求产品创新的突破点。这种情况绝不仅仅存在于中国，放眼国际，越是经济发达的地区，女性饮酒频次和消费能力往往越高。饮酒女性的数量在发达国家远比发展中国家多，北美洲、南美洲、欧洲等地饮酒女性的数量远超其他地方。

要想有效触达女性消费者，势必要了解其喜好。初接触酒精饮料的女性，一般会选择度数低、口感偏甜的酒类产品，果酒、甜葡萄酒无疑是最佳选择，只有经过这一阶段的过渡，女性消费者对口感醇厚、舒适度高的高酒精产品的接

① 凤凰网酒业：《女性是酒类行业的下一个重要消费群体》，2022年10月14日，见 https://jiu.ifeng.com/c/8K5PmsKaSCd。

受能力才会进一步增强。所以，越来越多的女性选择低度酒，无疑是低酒精市场火爆的一个重要诱发因素。重视女性消费者，这个在其他商业领域被奉为圣经的信条，如今也要在酒精行业引起重视了。畅想一下，当“她力量”成为酒业“新力量”之后，酒业市场会呈现怎样别有洞天的新风景？相较于男性的理性，女性被视为感性的代名词，男性饮酒偏向于嗜好性、功利性消费，而女性饮酒多是为了怡情小酌，是服务于自我的自发性表达或者宣泄。女性饮酒追求美好、甜蜜，当下低酒精市场出现的清新香甜的果味与酒精结合的产品，显然是契合了女性的这一情感、心理及饮用诉求。女性对于颜值也有着与生俱来的重视，放在喝酒这件事上也不例外。一项对女性消费者购买酒水影响因素的调查显示，五彩缤纷的酒水颜色、高颜值的包装对于她们的购买行为有重要影响，这也就解释了近些年，为什么全世界范围内出现了不少小瓶装、五颜六色、口味五花八门的低度酒。女性消费者的大量参与昭示着未来酒精饮料市场可能还会发生意想不到的变动，对这种变动的结果，我们尚无法准确预言。但变化已经开始，且将持续。

酒精消费态度和消费行为在改变，酒精的生产和销售也在发生改变。从酒精漫长的商业史和全球化进程中，我们看到了殖民扩张、战争、国家政策等对酒精生产和销售的影响。如今，影响酒精生产和销售的因素更加复杂，除了消费观念、文化氛围等，还有一个不容忽略的因素，那就是科技。近几十年，我们已经见识到了科学技术的巨大威力。过去对人类来说只能凭借想象和神话传说描绘的遥不可及的事物，现在正在被人类以现代科技手段不断接近；全海深载人潜水器的出现，则昭示人类“下海”已经卓有成效；拥有超计算能力，1 分钟的计算相当于全球 70 多亿人同时用计算器不间断计算 32 年的超级计算机的出现，展现了人类在计算速度方面的技术成就……除了“上天”“下海”“超计算”，人类还创造了大数据、区块链、人工智能、移动支付等新技术，有了这些科学技术的加持，人类有了更强的创造性，人类的实践活动有了更多的可能性，人类的学习、生活和生产活动也被极大地改变。在酒精的发展中，科学技术自然不会缺位，它对酒精的发展也曾起到过、未来还将起到更多重要的作用。

马克思认为，科学是一种在历史上起推动作用的、革命的力量。在人类过去和现在的历史中，我们已经见识到了科学技术产生的巨大威力。科学家是科学技术的主导者，“科学家”（Scientist）一词最早出现在 1833 年，在剑桥召开的英国科学促进会的会议上，威廉·休厄尔（William Whewell）提议仿照 artist 造出新词。这意味着，在此之前，一个统一的“科学家”的社会角色并未形成。伴随着这个新词的诞生，近代科学革命的序幕也缓缓拉开。从那时起到现在，不同领域的科学家们苦心孤诣，取得了许许多多在人类历史上具有划时代意义的科研成果，为人类的诸多实践活动开辟了新道路。那一时期，出现了很多享誉世界的科学家，诺贝尔就是其中之一，作为著名的化学家、发明家，诺贝尔一生拥有 355 项专利发明。1895 年，诺贝尔立下遗嘱，设置诺贝尔奖，共设立物理学奖、化学奖、和平奖、生理学或医学奖和文学奖，旨在表彰“对人类做出最大贡献”的人士。从那时起到现在，有很多杰出的人物获得了这一殊荣。其中，有两个人较为特殊，特殊之处在于他们的研究都与酒有关。一位是德国科学家布希纳，他靠对酶在酒精中的研究和发现，获得了 1907 年的诺尔贝化学奖。另一位是美国科学家格拉塞尔，他通过观察啤酒泡得到灵感，用啤酒代替高能粒子穿越的介质，最终探测到了高能粒子的飞行轨迹。后者的研究对酒精的发展并无意义，但前者的研究，却对世界酿酒史和人类酒精历史产生了深刻的影响，现在的酒精工业技术、酿酒技术，都大量使用酶制剂。当下，以人工智能等为代表的先进科学技术的运用，已经使许多长期存在于人类历史中的工作被取代，它们在酒精行业的应用又将带来怎样的变化呢？

目前，已经有一些国家开始在酒精酿造领域采用人工智能技术。如日本南部的美人酒厂，该酒厂开发设计出了一款可以智能计算和分析大米最佳浸泡时间的人工智能工具。过去，这项工作主要由经验丰富的酿酒师傅负责，他们通常以秒表作为观察大米吸水程度的工具。现在，人工智能手段的运用，可以确保大米处于最佳浸泡时间，从而保证酒的口味更上乘。美国的帕尔马斯葡萄酒庄自主研发了一套人工智能发酵罐控制系统 Felix，可以对酒庄的发酵罐进行实时自动监控，以严格精确控制发酵温度，同时，可以根据测量发酵罐底部的两个控制杆的声速的超声波密度计，推算葡萄汁中的含糖量，以酿造出口感更佳的葡萄酒。中国科学院自动化所（洛阳）在 2017 年研发出了酒醅上甑机器人，由机器人代替人工进行酒醅搬运。相较于人工，机器人可以实时获取醅桶中的热量分布，并可以通过精准化操作，确保酒醅的“轻撒匀铺”和“探气上甑”。由此可见，相较于人工，人工智能的控制力更强，操作更规范、更准确，所以稳定性更强，难怪越来越多的酿酒商认为，人工智能技术的运用将会提高酒类品质。瑞士威士忌酒厂麦克米拉（Mackmyra）在 2019 年和微软以及芬兰技术咨询公司合作开发了一款由机器学习算法设计的单一麦芽威士忌。这款威士忌配方既融入了历史配方，又综合分析了客户偏好、销售数字等方面的信息，在此基础上生成更被消费者喜欢、销量更佳的威士忌配方，可以满足更多客户的个性化饮用需求。还有一家叫 Intelligent X 的初创公司也是这样做的，该公司推出了世界上第一个利用人工智能酿造的啤酒品牌“AI”，其中包括四种口味的啤酒。[①]

① 《在酿啤酒这件事上 人工智能也要取代人类了》，2017 年 11 月 8 日，见 https://m.jiemian.com/article/1735609.html。

与前述单一麦芽威士忌一样，它们的共同之处在于利用人工智能的算法及其学习功能对用户反馈数据进行收集、分析，并能根据学习结果迅速做出反应，调整酿造工艺。这意味着，只要消费者有反馈、有需求，AI 机器人就可以最大可能地满足消费者需求。

这一切可能仅仅只是开始，人工智能技术不仅开始在酒类酿造过程中被使用，它的应用范围还拓展到了酒类品鉴过程。美国国家标准与技术研究所（NIST）的科学家和他们的合作者，开发了一种新型的人工智能硬件，可以使用更少的能源，运行更快，并且它已经通过了虚拟品酒测试。该团队使用来自 178 个数据集的 148 种葡萄酒来训练这一新型人工智能硬件，其中包括 30 种它从未见过的葡萄酒。数据集由 3 种类型的葡萄制成，每种虚拟酒都有 13 个特征需要考虑，比如酒精含量、颜色、类黄酮、灰分、碱度和镁含量。每个特征都被赋予一个介于 0 和 1 之间的值，以便网络在区分一种葡萄酒时加以考虑。[①] 结果，该系统以 95.3% 的成功率通过品酒测试，在它没有训练过的 30 种葡萄酒中，它只犯了两个错误。相较于前文所述一些学习品酒的人士在品鉴酒类时张冠李戴、低级错误不断，人工智能品酒师显然拥有更多优势。

① 人工智源库：《AI 变身品酒师，速度更快，成功率达 95.3%》，2022 年 7 月 19 日，见 https://www.xianjichina.com/news/details_294121.html。

照着这样的发展势头，确实很难想象，还有什么是人工智能所不能做的，在酒精的生产和销售中，科技还会以什么样的形式发挥作用。但有一点毋庸置疑，那就是有了科技赋能，酒精的生产和销售将出现更多可能，也许还有某些具有颠覆性的巨变在等待人们去实现。无论如何，酒精不但不会从人类历史中消失，还会以更加多样的方式参与人类的生产、社会生活、家庭生活和精神生活，酒精与人类的爱恨纠葛也许会一直持续下去，直到人类的终结。

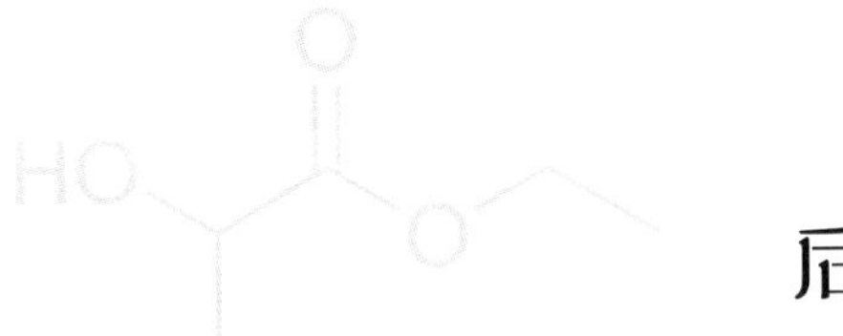

后记

2006年冬天上映的中国香港电影《伤城》，在影片开头，故事主人公丘健邦（金城武饰演）和他的上级刘正熙（梁朝伟饰演），在交流一个案件时，刘正熙为了表述案情存在很多可能性，就用古代炼金术引出烧酒的发现，以及威士忌存放几年后的良好口感，说明需要抽丝剥茧才能找到凶手的道理。这似乎也在告诉我们，包括味觉等痕迹是可以被训练、追溯和记忆的。随后，镜头中的丘健邦举起酒杯问道："酒有什么好喝的？"刘正熙回答："酒的好喝，正是因为它难喝。"这似乎又告诉我们，有很多东西，我们每天见到它们，接触它们，但却不了解它们，有时甚至与它们进入"相爱相杀"的境遇。文艺、悬疑交织的电影故事的线索脉络发展也呈现了这一点。

很惭愧，本书并不是严格意义上关于酒精的学术专著，也不是对酒精制备新技术的生化论文，而是一本关于酒、酒精以及酒精与社会学、医学等诸多知识关系图谱的通识类读物。有感于二十余年在与饮料酒打交道的工作中所积累的“十万个为什么”，如“为什么有乙醇汽油，酒和油不是由于密度不同而呈分离状态吗”“为什么要喝粮食酒，不能喝酒精勾兑酒”“为什么喝的酒有度数，分别代表了什么”“为什么含有甲醇的工业酒精会喝死人”“甲醇、乙醇或者某某醇都是酒精吗”“酒精在人体内的代谢过程是什么，评判优劣酒的标准是不是身体的耐受程度”，这些问题有时甚至使人哑然失笑，我也着实做了很多次“祥林嫂”。其中很多问题又涉及我这个自诩为酒史研究者的短处，对于生化等理工科的知识，我一直是不擅长的。在与其他社会人士相处交流时，回答这些问题实在是让我甚为忧虑。而且随着社会知识传播，尤其是所谓专业知识传播面和渠道的扩充，很多人随着年龄的增长，其心智中已经有成型的知识体系，会本能地坚持自己的认知，即使被告知更全面和详尽的信息，但至少在“口风”上大多也不会“认尿”。那么我觉得有义务来解答一些大家所关心和关注的问题，尽量在科技史和社会史的结合中，找到适合大家阅读、了解的广谱性知识。对于我而言，这也是一个将知识碎片进行系统拼接的再次学习机会。

本书写作之初的另外一个重要动因，是我思考困扰人类现代化进程的一个普遍现象：“在我们这个时代，每一种事物好像都包含有自己的反面。”如同机器的神奇力量引起了饥饿和过度疲劳，新发现的财富源泉似乎造成了更多贫困现象。而且技术的胜利似乎是以道德的败坏为代价，人类愈益控制自然，也就愈益成为别人的奴隶和自身卑劣行为的奴隶，甚至科学的纯洁光辉也只能在愚昧无知的黑暗背景上闪耀。援引的另外一个观点是“我们的一切发现和进步，似乎结果是使物质力量成为有智慧的生命，而人的生命则化为愚钝的物质力量。现代工业和科学为一方与现代贫困和衰颓为另一方的这种对抗，我们时代的生产力与社会关系之间的这种对抗，是显而易见的、不可避免的和无庸争辩的事实”[①]。那么作为既传统又现代的酒呢？和其他化学产品被陆续发明出来一样，发酵酒作为自然现象被人类所发现、模仿与运用，继而使用科学原理进行人工合成，伴随的是提纯技术的不断精熟，不同原料所制成的发酵剂和糖化剂，使酒精被越来越廉价地制造出来，成为人类成瘾类消费的合法商品。人们在享受短暂身体愉悦快感的同时也被披上了精神享受的一层外衣，这也是构成商品文化或社会文化的一个外在表现。

各种纷繁晦涩的化学分子式是我们对酒精这一微生物工业理解的基础皮毛，包括理解酒精如何作用于人体，酒精醇类物质是兴奋剂还是镇静剂，等等。就如同在 19 世纪中后期

① 《在〈人民报〉创刊纪念会上的演说》，《马克思恩格斯选集》第 1 卷，人民出版社 1995 年版，第 775 页。

围绕着酒的一大争论——发酵是生物学还是化学，奉行拉瓦锡理论的传统科学家坚持发酵是一个纯粹的化学过程，而巴斯德则认为是生物过程，直到巴斯德1895年去世，该问题都没有结论。直至19世纪末20世纪初，德国科学家布赫纳在酿酒酵母菌中发现了酶，他推动了生物化学、酶化学和发酵生理学的发展，也促成了食品工程与医药学之间的融合。

沿着科学足迹，秉承科学精神。本书试图跨越固有的信息鸿沟，“重组”各种关于酒的知识，将浅薄“伪装”成高深，以满足我们对很多关于酒知识的共性的心理需求，希望探究关于酒知识的源头来弥补我们的好奇心，更是可以作为大家茶余饭后、酒酣耳热时的“谈资”。同时也真诚地向有机会看到此拙劣之书的专业性读者发出检讨，希望文中错漏的一些化学专业描述和其他不忍卒读的文字能得到大家的谅解，大家的宽容是我不断前进的不竭动力。

感谢为本书做出文稿初校并提出修改意见的南京大学化工学院李瑜昆博士、南京市第五中学田华老师、江苏洋河酒厂酒体技术中心刁亚琴主任、江苏洋河酒厂品牌文化专员顾萍。感谢广西大学文学院文艺学专业研究生赵娜娜对本书所需资料的前期搜集和整理工作。对其他在江苏洋河酒厂工作的我过去的同事也一并表示谢意。

感谢江苏洋河酒厂股份有限公司对本书的各项资助。感谢江苏洋河酒厂股份有限公司作为一个有强烈社会责任感的行业标杆企业，让我有更多机会和企业一道来达成普惠的知识分享。

薛化松

作于南京板桥

2023 年 12 月